戦闘力

なぜドイツ陸軍は最強なのか

FIGHTING POWER

［著］
マーチン・ファン・クレフェルト
［訳］
塚本勝也

日本経済新聞出版

戦闘力

なぜドイツ陸軍は最強なのか

FIGHTING POWER

［著者］
マーチン・ファン・クレフェルト

［訳者］
塚本勝也

日本経済新聞出版

FIGHTING POWER

by Martin van Creveld

謝辞

本書の完成は、執筆中の様々な段階で原稿を読んで修正や批判を加えてくれたり、筆者の話にただ耳を傾けてくれたりした、多くの人に負うところが大きい。その方々の名前を網羅することなどとてもできないが、手短に列挙するだけでも以下の方々は必須であろう。マンフリート・メッサーシュミット教授（フライブルクのドイツ連邦軍軍事史研究所科学部長）〔一九八一年当時、以下同〕、ヴィルヘルム・ダイスト博士（ドイツ連邦軍軍事史研究所）、ヤフーダ・エルカナ教授、ベンヤミン・ケダー博士、アムノン・セラ博士、モシェ・ジマーマン博士（以上、エルサレムのヘブライ大学）、トビア・ベン・モーシェ氏（同じくヘブライ大学）、フレデリック・ロバーツ教授（ジョージア州アトランタ在住）、バリー・ルービン博士（ワシントンDCのジョージタウン大学国際戦略問題研究所）、スティーヴ・キャンビー博士、エドワード・ルトワック教授、トレヴァー・N・デュプイ退役大佐（以上、ワシントンDC在住）の諸氏である。

フライブルク、エルサレム、ワシントンDCでは司書やアーキビストが、およそ詳細不明な文書を探すのをいつも快く手助けしてくれた。多くの方々の助力を得たので各人の名前を記すことはできないが、彼ら全員に感謝したい。

ここで、フライブルク在住のダイスマン氏とR・ダイスマン博士に謝意を表したい。彼らのひとかたならぬ厚意やもてなしに、筆者は家族ともども言葉では表現しきれない恩義を受けた。本書の執筆中に彼らから受けた助力の内容をここで記せば、友情の定義そのものになろう。

最後に、本書の執筆にはボンにあるアレクサンダー・フォン・フンボルト財団から寛大な資金援助を受けた。ドイツでの一年は興味深いだけでなく、その支援のおかげで非常に愉快なものとなったのである。

一九八一年五月　フライブルク・イム・ブライスガウにて

目次

第1章 問題の所在

歴史上、他を凌駕する優れた軍隊が存在する。カエサルの時代のローマ軍、チンギス・ハーンのモンゴル軍、ナポレオンのフランス軍はいずれも戦闘組織として抜群であった。

勝利なくして軍事的に優れているとは認めがたいが、勝つことだけが優秀さの指標ではない。寡勢であれば大軍に圧倒されるかもしれない。手の施しようのない政治的・経済的な格差を前に、質で勝る軍が何らの落ち度もないのに敗北してしまうこともあろう。軍事面の優秀さ（あるいはそれ以外の分野でも同じであるが）を見極めようとすれば、勝敗だけでなく、固有の質というものも勘案しなければならない。この作業なくしては、質という概念そのものが成り立たなくなる。

規模の制約を考慮すると、装備の質と量を本書でいう「戦闘力（Fighting Power）」で掛け合わせたものが軍事的手段としての軍の価値となる。戦闘力が拠って立つのは、精神的、知的、組織的な基盤である。その力は、規律と団結力、士気と主導性、勇猛さと頑強さ、必要ならば死ぬ覚悟と戦意を様々に組み合わせた形で体現される。つまり、「戦闘力」は軍を戦いへと駆り立てる気質の総体として定義できよう。

戦争の兵器と手法は変化するが、戦闘力の本質は不変である。先述した個々の資質の比重は時代によって変わるかもしれないが、資質そのものは二〇〇〇年前にカエサルが率いた熟練兵であっても、現代とほとんど変わりはない[1]。戦闘力の不足は優れた装備品である程度までは補えるかもしれない（逆もまた真である）が、戦闘力を欠く軍は脆弱な手段でしかない。表向きは精強で優れた装備を誇る軍であっても、戦闘力がなかったがゆえに戦闘の第一撃で総崩れになる事例が歴史にはあふれており、それは近年であっても例外ではない。

戦闘力にはいかなる秘密が潜んでいるのであろうか。クセノポン〔古代ギリシアの哲学者〕をはじめとする著述家は、民族性、軍隊と社会の関係、宗教的・イデオロギー的信念の強い影響力や第一次集団凝集性〔家族やそれに近い集団に対する帰属意識のこと〕などを挙げ、この問いに答えようと試みてきた。理想的な軍隊の精神的構図を思い描くのは確かにたやすい。そのような軍をなすのは、高い社会的尊敬を受け、よく訓練され、規律正しく、統率も行き届いた生粋の武人であろう。だが、こうした気質を育《はぐく》み、受け継ぐ組織を描くのははるかに困難である。本書は、ほとんど称賛に値する水準まで戦闘力を発展させた歴史上の組織である、第二次世界大戦時のドイツ陸軍に着目することで、その描写に取り組んでいる。

歴史は名声で成り立っていると言われる。名声を軍の質の指標とするなら、ドイツ陸軍が卓越した存在なのは確実であろう[2]。歴史家の大半はドイツ陸軍の質の高さについて簡単に言及するだけだが、一部はその起源の解明を試みている[3]。しかし、他の要因では理解不能な事実を、質によって説明しようとしたのは少数にとどまる。例えば、かのウルトラ〔ドイツのエニグマ暗号を解読したグループによって得られた情報〕が第二次世界大戦に与えた影響は、期待されていたほど大きくなかったのである。[4]ドイツ軍は戦闘面での質の高さゆえに、それに比べて劣る他国の軍隊の実力を計る基準として使われるようになった。[5]最後に、少なくとも一人の歴史家が、第二次世界大戦時のドイツ陸軍は他国の軍隊に比して優れていなかったことを示さんとする明確な意図から単著を出した。だが、「(ドイツ国防軍は、)緒戦の勝利であまりに見事な成功を収め、敗勢の時期においても頑強に抵抗したため、戦史で高い地位を占めることは確実である」と結論するに至ったのである。[6]

勝利を軍事的な質の指標とした場合でも、ドイツ陸軍は勝利に応分の貢献をなしてきた。フランス(一九四〇年)、ソ連(一九四一年)、北アフリカ(一九四一年と一九四二年)における作戦は、いまだに用兵術の傑作とされており、ほぼ伝説の域に達しているのは確実である。ノルウェー(一九四〇年)

---

1 兵士に求められる資質の時代に応じた変化を論じるには別個の著作が必要であり、本書では論じきれない。いずれにせよ、戦闘力は時を経ても変わらない兵士の精神的組成と定義してよいであろう。

2 赤軍、アメリカ陸軍、ドイツ連邦軍、かつてのドイツ国防軍を軍事的な質で順位付けするよう求められると、西ドイツ人回答者の七四・五%がドイツ国防軍を第一位に挙げた。R. Weltz, *Wie Steht es um die Bundeswehr?* (Hamburg, 1964), p. 31 を参照。

3 直近のものとして、W. V. Madej, "Effectiveness and Cohesion of the German Ground Forces in World War II," *Journal of Political and Military Sociology* 6 (1978): 233-45 参照。

4 R. Lewin, *Ultra Goes to War* (London, 1978), pp. 155, 344.

5 R. A. Gabriel and P. L. Savage, *Crisis in Command: Mismanagement in the Army* (New York, 1978), 特に chs. 1 および 3.

6 M. Cooper, *The German Army 1933-1945* (London, 1978), ch. 12 および page 166.

やクレタ島（一九四一年）での作戦は、規模は小さいながらも非常に驚くべき大胆さで成し遂げた勝利の事例であった。ポーランドやバルカン諸国といった実力で劣る敵国に対しても、ドイツ国防軍は比類なき自信と覚悟を示したのである。

　ドイツ軍が収めた勝利に関して最も重要な点を一つ述べておく。それは、ドイツ軍はかなりの数的不利にあって、しばしば兵站の備えも不十分な状況を覆して勝利したのであり、その勝因が物的優位とは無縁であった点である。[7] 多くの著述家が指摘しているように、一九三九年時点ではドイツ国防軍の準備は整っておらず、〔アドルフ・〕ヒトラーの計画では戦争は四年後に起こることになっていた。時間の重圧のせいもあり、国家社会主義者〔ナチス〕指導部の意図的な選択のせいでもあったが、徹底的な再軍備は実施されていなかった。その結果、ドイツ陸軍の装備品の大半は陳腐化しており、全部隊の八〇％が馬匹《ばひつ》による輸送に頼っていた。過大評価を受ける装甲師団ですらも、戦車の三分の二が訓練用に設計されたものであったというのはその一例に過ぎない。ドイツ陸軍は貧者の戦争を行うことを強いられたが、高い戦闘力を生み出して不足を補い、それを可能にした。実際には人員、装備の両面で数的劣勢にあったにもかかわらず、フランスを六週間で打倒し、逆に圧倒的な優位にあった連合国がフランスからドイツ軍を駆逐するには四カ月を要した。ソ連では、数で大きく水をあけられていたドイツ国防軍がモスクワの入り口に達するまで五カ月しかかからなかった。逆に（その時点では計測不能なほどの優位にあった）連合国側がドイツ軍を侵攻開始地点まで押し戻すのに、丸二年半を要したのである。

　しかしながら、ドイツ国陸軍の戦闘力が高いという名声は、どれほど見事な戦勝を収めても、勝ったという事実だけに大きく依拠しているわけではない。というのも、歴史家が向き合ったのは、特定の戦線や兵科によって違いはあれども、三対一や五対一、時には七対一もの数的不利に陥っていた軍隊なのである。ところが、ドイツ国防軍は逃げ出さず、総崩れにもならなかった。上官の殺害も起こらなかった。それどころか頑強に戦い続けたのである。ドイツ国内ではヒトラーの戦争への支持は実際にはあまり高くなかったにもかかわらず戦い抜いた。[8] 後世の歴史家と同じくドイツ軍の将官の多くも、自らの総司令官を支離滅裂な狂人より多少ましな程度とみなしていたが戦い続けた。[9] ドイツ軍はナルヴィク〔ノルウェー北部の交通の要衝〕やアラメイン〔エジプト北部の町。エル・アラメインとも呼ばれる〕でも戦った。勝利への最後の望みが潰《つい》えても長期にわたり戦った。「連合国情報概要」によると、一九四五年四月までドイツ兵は現地の戦術的状況が許せば戦闘を続けたという。[10] その時点で、ドイツ軍は戦死者だけで一八〇万人を数え、さらにそのほぼ半数にあたる兵員がソ連の捕虜収容所で囚われており、永遠に姿を消す運命にあった。[11] こうした状況にもかかわらず、ドイツ軍部隊は本来の

---

7 M. van Creveld, *Supplying War: Logistics from Wallenstein to Patton* (Cambridge, 1977), chs. 5 および 6.

8 M. Messerschmidt, *Die Wehrmacht im NS Staat* (Hamburg, 1969), pp. 480-92; M. G. Steinert, *Hitlers Krieg und die Deutschen* (Düsseldorf, 1970), pp. 588-98. ヒトラーがこの事実を認識していた点は、S. Haffner, *Anmerkungen zu Hitler* (Munich, 1978), p. 56で明らかにされている。

9 この問題についての私見を、"Warlord Hitler; Some Points Reconsidered," *European Studies Review* 4 (1974): 57-79 で述べている。ヒトラーが本当に軍事的に無知であったか否かは議論の余地がある。確かなのは、ヒトラーと将官の間のいさかいがドイツの戦争努力に否定的な影響を与えたことである。

10 SHAEF (Supreme Headquarters, Allied Expeditionary〔原文は European となっているが誤りと思われる〕Forces) Weekly Intelligence Summary for Psychological Warfare, No. 28, 9 April 1945, file 332/52/268 at the National Archives (NA), Washington, D.C.

戦力の二〇％まで低下した場合でも持ちこたえ、抵抗を続けた。これはいかなる軍隊でも真似のできない偉業であった[12]。

優秀さの基準の締めくくりとして、アメリカ陸軍退役大佐のトレヴァー・N・デュプイがドイツ陸軍の実力を数値化しようと二度にわたって試みた取り組みがある。このうち最初の試みは、戦闘の数学的モデルの構築からなっていた。すなわち、一連のかなり複雑な方程式からなるモデルで、双方の兵力数、兵器、地形、態勢、空軍力の影響の有無などの要素を勘案したものであった。第二次世界大戦における七八の戦闘から得られたデータを数式に当てはめると、モデルの予想を実戦の結果（つまり、数値で割り振られた勝敗）と合致させるには、兵士対兵士、部隊対部隊のレベルで、ドイツ軍がその相手であるイギリス軍やアメリカ軍よりも二〇〜三〇％以上効果的とする以外はなかった。言い方を変えれば、このモデルで戦闘の結果に影響をおよぼすあらゆる物的要素を統制しても、ドイツ軍部隊と連合軍部隊の間で説明が必要な格差が残されるのである[13]。

ドイツ軍の能力を他国の軍隊と比較する第二の方法でより単純なのは、双方の部隊が被った死傷者数を一対一のベースで数えることである。このためには、まず双方から戦闘に参加した人数を明らかにする必要がある。第二に、死傷者数――戦死者、負傷者、行方不明者からなり、戦闘後に捕虜となった兵士を除く――を、双方の戦闘日誌や損耗人員報告書によって確定しなければならない。第三に、「得点」、つまり双方の一〇〇人の兵士からなる「集合（ブロック）」ごとに敵に与えた死傷者の平均数を計算する。最後に、態勢に応じた定数（先述した第一のモデルで算出された）によって「得点」を割ることで、「得点効果」が得られる。この定数は、攻撃（A）は一、即席防御（HD）は一・三、準備防御（PD）は一・五、要塞防御（FD）は一・六、遅滞抵抗（Del）は一・二となっている。

次ページの表1－1は、デュプイのデータを多少修正した形で示している。この表の右端の数字はドイツ軍の得点効果を連合国側の得点効果で割ってその差を記したものである。

連合国側による六五の攻撃における平均差異　一対一・五六
ドイツ側による一三の攻撃における平均差異　一対一・四九
アメリカ軍部隊とドイツ軍部隊の交戦における平均差異　一対一・五五
合計七八の交戦すべての平均　一対一・五二

表1－1の数値は様々な形に細分化できる。東部戦線、あるいは第一次世界大戦についても同様の表を作成可能であり、実際に作られている。ドイツの優越は連合国側の経験不足によるものではないことが、一九四四年中に行われた四一の交戦から得られたデータによって示されている。それによれば、この間の差異は一・四五（アメリカ軍との交戦に絞れば一・四三）である。だが、この点は本書とは無関係であり、デュプイによる総括を引用すれば十分であろう。

（この）記録が示すのは、最終的にドイツ軍を打倒した連合軍は数ではるかに上回っていたが、

11　これらの数字は、B. Mueller-Hillebrand, *Das Heer*, 3 vols. (Frankfurt am Main, 1968-), 3:248-66 から引用。
12　C. Barnett, "The Education of Military Elites," *Journal of Contemporary History* 2 (1967):26.
13　T. N. Dupuy, *Numbers, Predictions and War* (New York, 1979).

41	US88ID	A	3.09	94&71ID	FD	2.33	1：1.10
42	US85ID	A	2.62	94ID	FD	4.46	1：1.70
43	US88ID	A	2.89	94&71ID	Del	1.95	1：0.67
44	US85ID	A	1.98	94ID	FD	3.04	1：1.53
45	US88ID	A	2.10	94ID	HD	2.33	1：1.10
46	US85ID	A	2.06	94ID	HD	2.77	1：1.34
47	US88ID	A	1.50	94ID	Del	3.14	1：2.64
48	US85ID	A	1.64	94ID	HD	4.34	1：0.79
49	B5ID	A	2.43	4Pa	FD	1.92	1：0.63
50	US1AD	A	2.48	65ID	FD	1.58	1：0.85
51	US1AD	A	2.04	3&362ID	FD	1.74	1：1.18
52	US31ID	A	2.48	362ID	FD	2.94	1：1.02
53	US85ID	A	1.43	29Pz	HD	1.47	1：0.92
54	US1AD	A	3.84	362ID	FD	3.54	1：0.63
55	US34ID	A	2.29	3Pz Gr	FD	1.45	1：0.75
56	US45ID	A	2.34	65ID	FD	1.76	1：0.88
57	B51ID	A	1.81	4Pa	FD	1.60	1：1.13
58	US34ID	A	1.97	3Pz Gr	FD	2.24	1：1.06
59	US1&45ID	A	2.02	3&65ID	FD	2.16	1：1.03
60	B1&51ID	A	2.36	1 Army	FD	2.44	1：1.23
61	USXX Cp	A	1.20	1 Army	PD	1.48	1：1.46
62	USXX Cp	A	1.09	1 Army	Del	1.60	1：1.58
63	USXX Cp	A	1.11	1 Army	HD	1.76	1：1.13
64	US7AD	A	1.97	48ID	HD	2.24	1：2.13
65	US7AD	A	1.03	XIII SS	PD	2.13	1：2.81
66	US35&26&4AD	A-HD	1.14	Cp	FD-A	3.21	1：4.06
67	US4AD	A	0.87	361ID	Del	3.54	1：1.55
68	US4AD	A	1.27	Pz Lehr&361ID	HD-A	1.98	1：0.89
69	US4AD	A	1.41	Pz Lehr&361ID	HD	1.26	1：0.75
70	US4AD	A	1.54	Pz Lehr	HD	1.17	1：0.75
71	US4AD	A	1.01	Pz Lehr	Del	0.76	1：0.75
72	US4AD	A	0.73	11Pz&Pz Lehr	PD	1.93	1：2.64
73	US4AD	A	0.92	25Pz Gr&11Pz	FD	1.52	1：1.65
74	USXII Cp	A	1.69	XIII SS&LXXXIX Cp	Del	2.97	1：1.65
75	USXII Cp	A	1.75	XIII SS&LXXXIX Cp	Del	2.54	1：1.45
76	USXII Cp	A	1.45	XIII SS&LXXXIX Cp	Del	1.82	1：1.25
77	USXII Cp	A	1.13	XIII SS&LXXXIX Cp	Del	1.29	1：1.14
78	USXII Cp	A	1.39	XIII SS&XC Cp	Del	1.47	1：1.05

出典：T. N. Dupuy, *A Genius for War* (London, 1977), appendix E.

＊1　戦闘のリストについては付録Bを参照

＊2　Bはイギリス、IDは歩兵師団、USはアメリカ、ADは機甲師団、Cpは軍団

＊3　Aは攻撃、HDは即席防御、PDは準備防御、FDは要塞防御、Delは遅滞抵抗

＊4　Pzは装甲師団、Pz Grは装甲擲弾師団、HGはヘルマン・ゲーリング、Ltは軽師団、Paは空挺師団

表1-1　78の戦闘におけるドイツ軍と連合軍の戦闘効果

戦闘*1	連合軍部隊*2	態勢*3	得点効果	ドイツ軍部隊*4	態勢*3	得点効果	差異
1	B46ID	A	1.02	16Pz	PD	3.85	1：3.77
2	B56ID	A	0.99	16Pz	PD	2.75	1：2.77
3	US54ID	A	1.12	16Pz	HD	2.45	1：2.18
4	US45ID	HD	1.96	16&29Pz	A	2.51	1：1.28
5	B46ID	HD	1.78	HG Pz	A	2.30	1：1.29
6	B56ID	HD	1.61	16Pz	A	3.86	1：2.39
7	B46ID	HD	1.59	HG Pz	A	1.74	1：1.09
8	B56ID	A	0.98	16Pz	Del	2.02	1：2.06
9	US45ID	A	0.96	16&26Pz	Del	2.44	1：2.54
10	B7AD	A	0.68	15Pz Gr	PD	2.05	1：3.67
11	B56ID	A	1.08	HG Pz	PD	3.94	1：3.23
12	US31ID	A	0.75	HG Pz	PD	2.50	1：3.33
13	US45ID	A	1.26	3&26Pz	Del	1.22	1：0.96
14	US34ID	A	0.58	3Pz Gr	Del	1.66	1：2.86
15	B46ID	A	0.51	15Pz Gr	PD	2.94	1：5.76
16	US34ID	A	0.89	3Pz Gr	Del	1.33	1：1.49
17	B46ID	A	0.93	15Pz Gr	PD	1.73	1：1.86
18	B7AD	A	0.75	15Pz Gr	PD	1.60	1：2.13
19	B&AD	A	0.96	15Pz Gr	PD	1.06	1：1.10
20	B56ID	A	0.76	HG Pz	PD	2.20	1：2.89
21	US34ID	A	1.28	3Pz Gr	FD	3.28	1：2.56
22	US31ID	A	1.34	3Pz Gr	FD	2.82	1：2.10
23	US45ID	A	0.54	3Pz Gr	FD	1.59	1：2.94
24	B56ID	A	0.81	15Pz Gr	FD	2.06	1：2.54
25	B56ID	HD	0.42	15Pz Gr	A	2.24	1：5.33
26	US31ID	A	0.66	3Pz Gr	FD	1.36	1：2.06
27	B56ID	A	1.25	15Pz Gr	FD	3.27	1：2.16
28	B46ID	A	0.84	15Pz Gr	FD	2.95	1：3.51
29	US36ID	A	0.59	15&29Pz	FD	1.82	1：3.08
30	B1ID	A	0.81	3Pz Gr	HD	4.60	1：5.67
31	B1ID	HD	0.73	3Pz Gr	A	1.10	1：1.50
32	B1ID	A	0.87	3Pz Gr	PD	1.71	1：1.96
33	B1ID	HD	3.14	HG Pz	A	3.11	1：0.99
34	B1ID	HD	1.56	3Pz Gr	A	1.47	1：0.94
35	B45ID	HD	1.40	65ID	A	1.33	1：0.95
36	B1ID	HD	1.35	HG Pz	A	2.08	1：1.54
37	US45ID	A	1.77	715Lt	HD	1.50	1：0.84
38	US45ID	HD	1.88	4 divs	A	1.26	1：0.67
39	B56ID	HD	1.88	65ID&4Pa	A	4.56	1：2.42
40	US45ID	PD	0.78	114Lt	HD	1.28	1：1.64

一貫してドイツ軍の方がよく戦ったということである。……一対一のベースでは、いかなる状況においても、ドイツ陸軍兵が敵対する米英軍兵士によって被る死傷者よりも、約五〇％多くの損耗を与え続けている。このことは、ドイツ軍が攻撃しても防御しても同じであり、局地的な数的優位にあろうと、常態化していた数的劣勢にあろうと関係なく、制空権の有無や勝敗とも相関がなかった。[14]

ヒトラーやその下にあった最高司令部は、ダンケルクから始まり、スターリングラードを経てバルジの戦いに至るまで、無数の戦略的失態を犯した。とはいえ、この事実が結論を左右したわけではない。実はその逆の方が正しいようである。なぜなら、この問題に関して言えば、ドイツ国防軍が勝敗を問わず、〔リビア東部の都市である〕トブルクへの入り口やチュニジアの窮地にあっても変わらず善戦した点は全く驚くに値しないからである。本書のテーマをなすのはヒトラーの軍事的「天才」の浮き沈みではなく、ドイツ軍の一貫して高い能力の秘密なのである。

ドイツ軍の能力の秘密を明らかにするには、その輪郭を浮き彫りにする比較対象が不可欠であった。このために選んだのが、第二次世界大戦期のアメリカ陸軍である。その理由は、アメリカ陸軍が明らかに全く異質であると推定されるからではない。アメリカ陸軍も世界中の陸軍と同じようにドイツ軍をモデルとし、とりわけ参謀本部制度を含め、その組織の大部分を模倣していた。むしろ、アメリカ陸軍を選んだのは、他に比較可能な軍隊よりも多くの情報が公刊された形で入手できたからに過ぎない。振り返ってみると、この選択は適切であったことが明らかになった。なぜなら、アメリカ陸軍は莫大な経済的・技術的資源を背景に全く異なる戦争様式を生み出したからである。だが、ドイツ陸軍の戦闘力の秘密を解き明かすという目的を本書が実際になしえたかどうかは、読者に判断を委ねたい。

14　T. N. Dupuy, *A Genius for War* (London, 1977), pp. 234-35. なぜ第二の手法の方が第一の手法よりも差異が大きいのかという問題について、デュプイ大佐と著者の間でやり取りがあった。おそらく二つの要因で説明できるであろう。つまり、①パンサー戦車、八八ミリ対戦車砲、MP38・40サブマシンガン、MG42機関銃（MG42はその優秀さゆえに現在でも使用されている）といったドイツの陸軍兵器の多くが誇った質的優位を、第二の手法が捨象していること、②第二の手法で算出された得点効果とは異なり、第一の手法で計測された戦闘効果は交戦結果を勘案していることである。この結果、デュプイ大佐は、「軍隊間の人的損耗を与える能力の比は、相対的な戦闘効果の比率を二乗したものになる」と結論している（一九八一年五月一五日付、著者宛ての手紙）。全体としては、本章で定義した軍隊の戦闘力の指標としては、おそらく得点効果より戦闘効果の方が優れている。

第2章 民族性の役割

歴史を概観しただけでも、好戦性において一貫して他をしのぐ社会の存在が明らかになる。しかし、この好戦性という資質と、それ以外の要素（地理、気候、社会生活、性的抑圧など）の関係を明らかにしようとする試みは、現在に至るまで顕著な成功を収めていない[1]。この問題を複雑にするのは、あらゆる民族集団は当然ながら多種多様な人間から成り立っており、戦争を行ううえでも時には相矛盾する数多くの資質が求められるという事実である。さらに、現代の兵士をより原始的な社会と同じ意味で「好戦的」と表現するのは誤解を招く恐れがある。なぜなら、現代の戦いには筋力だけでなく、知力も必要だからである。今でも粗野で残忍な人間が多いことは重要かもしれないが、もはやそれだけでは十分ではないのである。

これらに加え、一民族の戦闘に関わる資質は変容する可能性があり、それも時には驚くべきスピードで変化を遂げるという事実によってさらに複雑になる。本書のテーマであるドイツ民族は、一九世紀半ばに突如、世界最強の軍事国家として台頭したが、それ以前は特に優れた兵士とみなされていなかった。ベトナム人は、一九三九年以前には支配者のフランス人からどちらかというと無能と見下されていたが、一九五四年にはそのフランス人を決定的に打倒した。その後まもなくしてベトナムは二つに分裂し、一方はまさしく無能であったが、他方は二〇年にわたって見事に戦い抜いた。一九六七年のアラブ諸国の敗北によって、「道徳観念なき家族主義者」として知られる性質の存在が明らかになった。この社会的性質のせいで他人との協力ができなくなっていたとされる。道徳観念なき家族主義者が〔第四次中東戦争が勃発した〕一九七三年までに絶滅したわけではおそらくないが、アラブ諸国軍の戦闘行為によってその性質が姿を消したのは明らかであった。[2]

こうした方法論をめぐる難題を踏まえると、特定社会の「好戦性」に関する科学的、すなわち統計的な資料を入手するのが非常に難しいのは不思議なことではないだろう。したがって、以下ではこの問題に多少触れるだけにとどめておく。

もし、戦争に訴える頻度をある民族の戦闘に関する資質の指標とするなら、クインシー・ライト〔戦争研究で著名なアメリカの政治学者〕のデータではプロシア／ドイツかアメリカの二強となる。次ページの表2－1を検討する際に、ドイツがヨーロッパのまさしく中央に位置する一方、アメリカは孤立しており、西半球全域において事実上唯一の大国である点を見過ごしてはならない。

1　S. Andreski, *Military Organization and Society* (Berkeley, 1968) p. 12. また、S. Bidwell, *Modern Warfare* (London, 1973) p. 145 および W. Nöbel, "Das Verhalten von Soldaten im Gefecht," *Wehrwissenschaftliche Rundschau* 28 (1979): 115 も参照。

2　Y. Harkabi, "Basic Factors in the Arab Collapse during the Six Day War," *Orbis* 2 (1967): 677-91.

表2-1　ドイツとアメリカの歴史における戦争

戦争名	時期	参戦		参戦期間（年）	
		プロシア／ドイツ	アメリカ	プロシア／ドイツ	アメリカ
アメリカ独立戦争	1776～1783年		X		7
バイエルン継承戦争	1777～1779年	X		2	
第一次対仏大同盟	1792～1797年	X		5	
第一次バーバリ戦争	1801～1805年		X		4
第三次対仏同盟	1806～1807年	X		1	
米英戦争	1812～1814年		X		2
第四次対仏同盟	1813～1814年	X		2	
第五次対仏同盟	1815年	X		0.15	
第二次バーバリ戦争	1815年		X		0.3
アメリカ・メキシコ戦争	1846～1848年		X		2
第一次シュレースヴィヒ＝ホルシュタイン戦争	1848年	X		3	
アメリカ南北戦争	1861～1865年		X		4
第二次シュレースヴィヒ＝ホルシュタイン戦争	1864年	X		1	
普墺戦争	1866年	X		0.15	
普仏戦争	1870～1871年	X		0.8	
米西戦争	1898年		X		1
義和団の乱（北清事変）	1900年	X	X	1.5	1.5
メキシコ出兵	1912年		X		1
第一次世界大戦	1914～1918年	X	X	4	1.5
第二次世界大戦	1939～1945年	X	X	5.5	3.5
計		12	11	26.1	27.8

出典：Q. Wright, *A Study of War* (Chicago, 1965), tables 36-42, pp. 645-46.

もし、第二次世界大戦後の時代も考察の対象に含めるなら、アメリカによる戦争の数は一四となり、期間は三七・三年へと跳ね上がる。したがって、この比較では、ドイツ人が総体としてアメリカ人よりもはるかに好戦的であるとは示せない。

ドイツ人とアメリカ人を直接比較した研究の多くは、第二次世界大戦後に流行した「ナチス狩り」型のものであり、本書の目的にはあまり役立たない。両国の若者に一連のアンケートを行った結果、ドイツ人は明らかに権威に従順であり、アメリカ人は独自の判断と行動を好む傾向があった。[3] しかし、このような少なくとも二〇〇年前から存在する陳腐な見方ですらも、別の研究で否定されている。[4] この研究によれば、驚くべきことに、戦後ドイツの若者は命令の背景にある理由を尋ねる傾向がアメリカ人よりも強いことが明らかになっている。[5] いずれにせよ、現代戦には言いなりになるよりもあらゆるレベルで知的な協力（この点については第5章を参照）が求められるため、ロボット人間の国が優れた兵士を生み出すかどうかは疑わしい。

3　D. V. Granahan, "A Comparison of Social Attitudes among American and German Youth," *Journal of Abnormal and Social Psychology* 41 (1946): 244-47, 255.

4　〔アメリカ独立戦争時に〕大陸軍の訓練総監であったプロシア人のフォン・シュトイベン男爵は次のように述べている。「この国民の天賦の才は、オーストリア人、プロシア人、あるいはフランス人のそれとは全く比較の対象にならない。兵士に『これをやれ』と言えば実行する。だが、〔アメリカ兵は〕私が『それをやるべき理由はこれだ』と言わないと実行しない」

5　D. C. McClelland, J. F. Sturr, R. N. Knopp, and H. W. Wendt, "Obligations to Self and Society in the US and Germany," *Journal of Abnormal and Social Psychology* 56 (1958):253.

さらに、アンケートの結果から、ドイツ人はアメリカ人よりも冷酷とされてきた。というのは、ドイツ人が最悪の罪とみなすのは、他人に対する暴力ではなく、確立された権威に服従しないことや面目を失うことだからである。この結論は、両国における殺人発生率では明確に立証されていない。だが、調査対象となった時期には、ドイツ最悪の殺人犯の多くが制服を着用し、鉄条網の内側で公務として犯罪行為を行っていた点に留意しなければならない。[6]

最後に、ある比較研究では、アメリカと違い、ドイツの若者は勤労自体を目的とみなす、と結論されている。なぜなら、「勤労により、人は怠けたいという身勝手な衝動などを抑え込んでいることを示すから」である。[7]当然だが、ここでいう「など」という表現はとりわけ示唆的である。

つまり、既存の比較研究ではドイツ人がアメリカ人よりも兵士として優れているという結論には至らず、実際にはいかなる結論も全く導き出せない可能性がある。次に、この問題を明らかにするため、ドイツ民族の「集合的な魂」の理解を目的に、大半が戦後まもなく行われた無数の研究に注目する。例えば、ドイツの社会的パターンは、「父子関係の権威主義的性格の強さ……加えて、より厳格な形式と階層による職業制度」において、他の西側諸国と異なるとされてきた。[8]ドイツの子供たちは権威を恐れ、秩序維持への強迫観念が強まり、男子の場合は優しさ、同情、後悔といった衝動を抑え込むという意味での「男らしさ」を身につける。[9]ある著者は、「ドイツの民族性で不変なものの一部」は、完璧主義、秩序への愛、よい作法や礼儀の欠如、頑固さ、恍惚《エクスタシー》、狂信性であると明らかにした。[10]

これらすべては、ドイツの母親がしばしば行う、幼年期の早すぎるトイレトレーニングが招いた結果であることは疑いない。[11]一部の心理学者は、ヴィルヘルム・ライヒ〔人間の精神に対する性的抑圧の影響を指摘したオーストリアの精神科医〕の考えを用いてドイツ人男性には強迫的な肛門愛的性格があると結論付けている。この性格により、ドイツ人は厳格で規律正しくなり、柔軟性を欠く。ドイツ人の女性に対する態度は、「しばしば意識的・無意識的な恐怖、攻撃性、軽蔑が特徴である」[12]という（ある研究は、アメリカ人男性も他国に比べて女性に育てられることが多いといい、全く同じ性格を持つと主張しているのが興味深い）[13]。

　引き続き先行研究を見ていくと、「ライヒ的ドイツ人」は厳格で冷淡な父親を持つとされる。また、父親は家庭を支配し、幼い息子が甘やかしてくれる母親から満足を得るような愛情の深い絆を不快に思う。それに対して、母親は父子の間で仲介者の役割を果たし、その双方から愛情と憎悪の矛盾した感情を抱かれる。その結果、青年期においては愛情表現で急激な反抗心や「孤高の天才」症候群が現れるようになる。最終的には、「反抗と従順なる服従という特異な組み合わせ」となり、「自分にも他

6　一九三七年、人口六八〇〇万人のドイツでは五一六件の殺人があった。一九三八年、アメリカの一〇八九の都市、総人口三七五〇万人で、一一八九件の殺人が起こっている。*Statistisches Jahrbuch für das deutsche Reich*, vol. 57 (Berlin, 1938), p. 610 および FBI, ed., *Uniform Crime Reports for the US and its Possessions* (Washington, D.C., 1939), p. 19 を参照。

7　D. C. McClelland, "The United States and Germany; a Comparative Study of National Character," in *The Roots of Consciousness* (New York, 1965), p. 81.

8　T. Parsons, *Essays in Sociological Theory* (Glencoe, Ill., 1954), pp. 312-13.

9　B. Schaffner, *Father Land; a Study of Authoritarianism in the German Family* (New York, 1948), p. 55.

10　W. Hellpach, *Der Deutsche Charakter* (Bonn, 1954), p. 185.

11　D. Rodnick, *Postwar Germany* (New Haven, 1948), p. 18.

12　P. Kecskemeti and N. Leites, "Some Psychological Hypotheses on Nazi Germany," *Journal of Social Psychology* 27 (1948): 96.

13　H. Elkin, "Aggressive and Erotic Tendencies in Army Life," *American Journal of Sociology* 51 (1946): 408-13.

人にも厳しい」人間になるという。[14]

ある精神科医はドイツ人の「民族性」についての調査結果を総括し、ドイツの民族文化には「精神症的傾向がある」と書き記した。これではドイツ人が兵士として優秀であることや、過去に優れていたことの理由を全く説明できないのは確実であろう。[15]

従来の研究ではドイツ人が好戦的な性質である（もしくはそうでない）ことを示せないとすれば、アメリカ人についてはどうであろうか。この点についてはは幸いなことに、小規模とはいえ、興味深い結論を示唆する定量的研究が一つある。[16] 一九七四年に公表されたこの研究は、明確に区別される二つのアメリカ人集団の社会心理学的性質を明らかにする取り組みである。対象となった二つの集団は、志願兵（特殊作戦部隊の）グリーンベレー）と良心的兵役拒否者からなっていた。本研究は、方法論の面では多くの点でこの手の研究のモデルであった。双方の集団における代表的な人物像が明確にされ、年齢も調整されたうえで、長い一連のアンケートを課し、かなり突っ込んだインタビューも行われた。

グリーンベレーの隊員は、ほぼ誰から見ても優秀な兵士である一方、良心的兵役拒否者の対照群と比較すると、家族関係があまり良好でない家庭で育った人間が多かった。両親のいずれかが他方を支配する傾向にあった。家庭では物質的豊かさ、社会的地位、仕事と勤勉さ、秩序と清潔さ、規律、調和、服従、肉体的な強さが重視されていた。これに対し、良心的兵役拒否者の家庭では、善良さ、人生の楽しみ、個人の成功が尊重されていた。グリーンベレー出身者の両親は、窃盗、嘘、破壊行為、不服従を重大な罪とみなしていたが、良心的兵役拒否者の家族は思いやりの欠如をより重く見ていた。さらに、グリーンベレー出身者の家庭では制裁や脅迫がより広く見られた。

良心的兵役拒否者は女性を対等のパートナーとみなし、セックスを共有体験として捉える傾向があった。上辺だけの関係になることもあったが、彼らは女性を嘲笑の対象にすることはなかった。それに対して、グリーンベレー出身者は、女性関係において「著しく非道徳的で冷淡」であった。彼らは性的自由を男性のみに限定すべきとしていた点で男性優位主義的であった。つまり、彼らと性的関係を持った女性は自動的に軽蔑の対象となったのである。

いずれの集団がアメリカ人の生き方をより典型的に示しているかを判断するために、徴集兵からなる第三の集団と対比した五つの実験が行われ、そのうち二つの結果を次ページの図2−1と図2−2に示している。

調査に含まれる対象者の数が少ないのは事実だが、この結果はアメリカ人が全体として良心的兵役拒否者よりもグリーンベレー出身者と共通点が多いことを示している。他の三つの実験の結果（歴史上の人物に対する評価、道徳的態度、精神的欠陥を測定したもの）についても、同様の結論が導かれる点を付言しておく価値があろう。

これらすべてのことから示唆されるのは、アメリカ人はその育ち、教育、人格によって第一級の兵士としての素質があるということである。このような主張は、ウィンストン・チャーチル〔イギリス首相〕やバーナード・モントゴメリー〔イギリス陸軍参謀総長〕から、ウィリアム・ウェストモーラ

14 E. Erikson, *Childhood and Society* (London, 1965 ed.), ch. 9. エリクソンの主張は、いかなる統計上の裏付けもない。
15 R. M. Brickner, "The German Cultural Paranoid Trend," *American Journal of Orthopsychiatry* 12 (1942):611-32.
16 D. M. Mantell, *True Americanism: Green Berets and War Resisters, a Study of Commitment* (New York, 1974), pp. 206 and 215.

図2-1　エドワーズ個人選好検査による集団の価値平均値

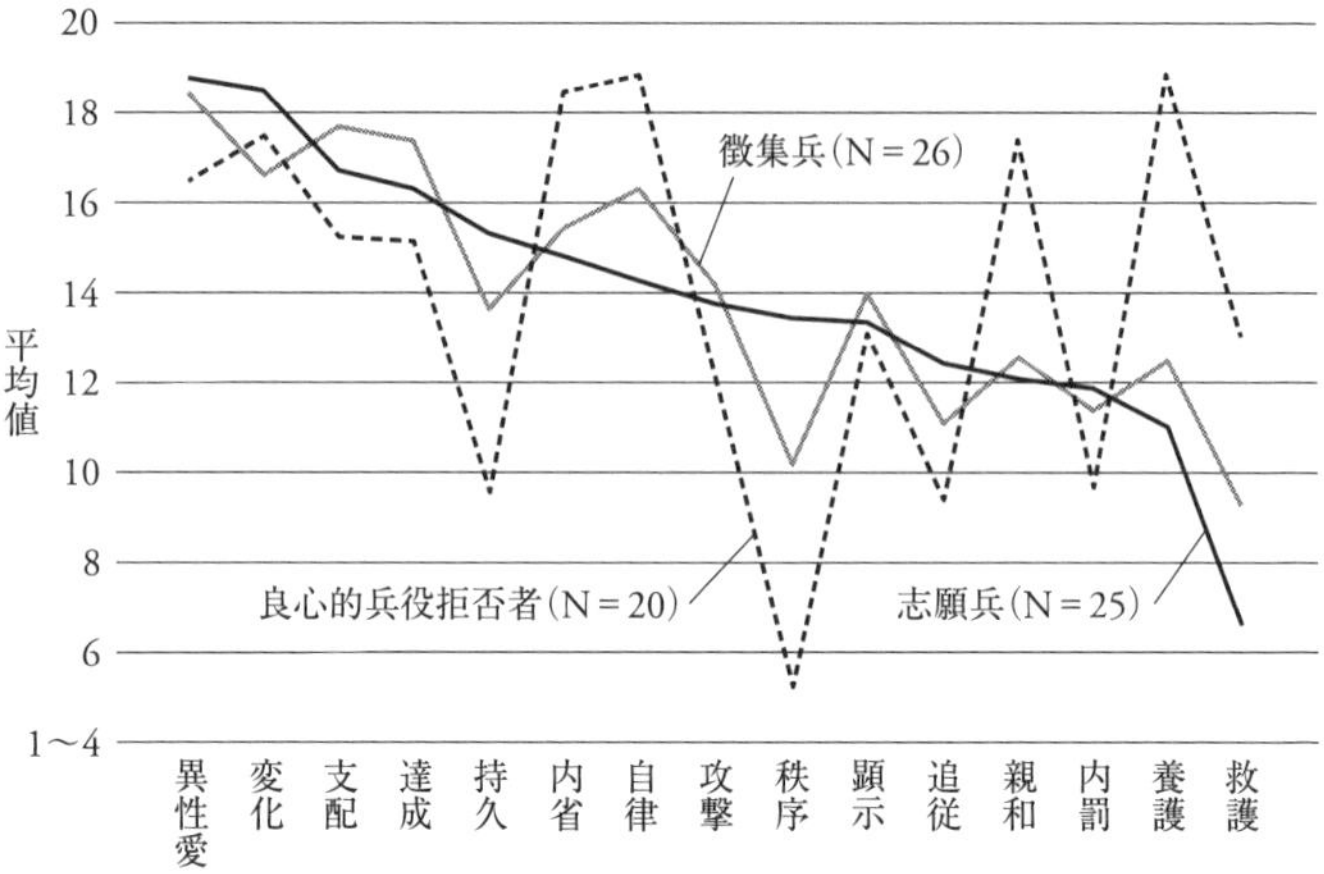

出典：D.M. Mantell, *True Americanism: Green Berets and War Resisters, a Study of Commitment* (New York, 1974), p. 206.

図2-2　ファシズム、伝統的家族イデオロギー、政治・経済的保守主義、硬直性、教条主義の尺度における平均値

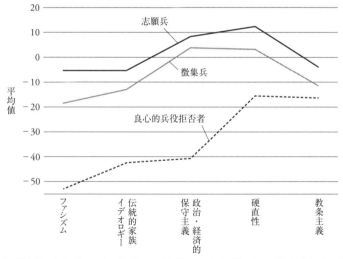

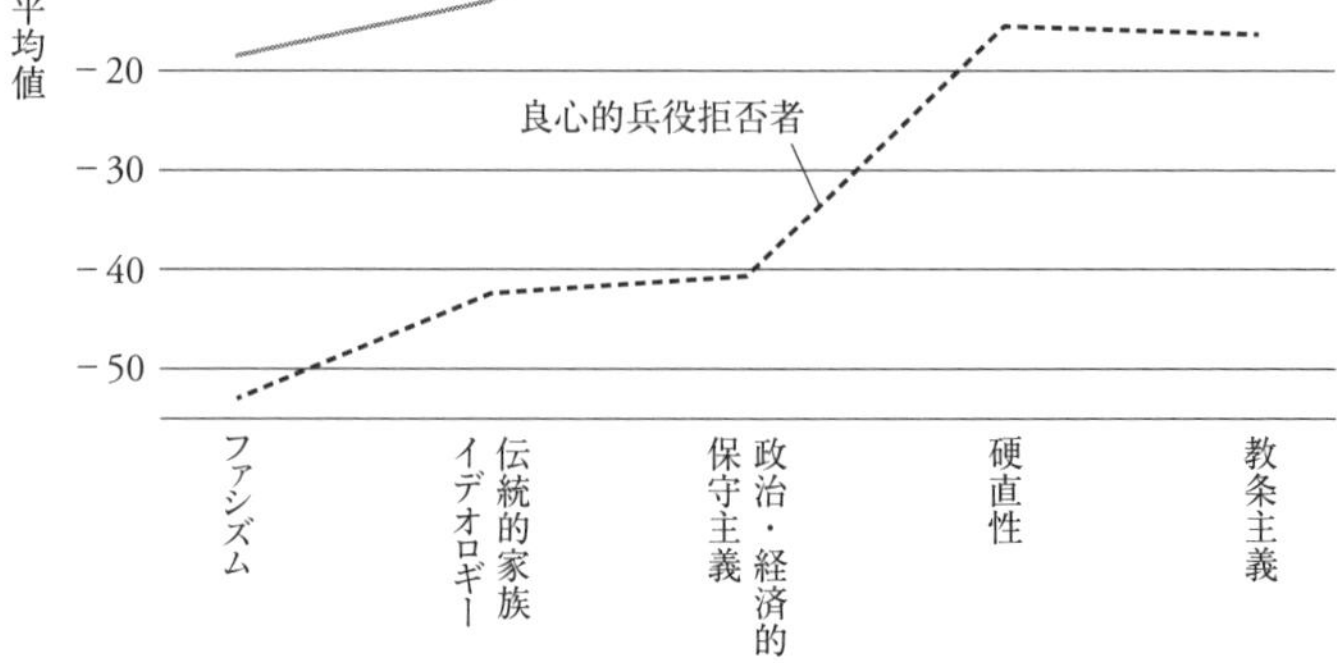

出典：D.M. Mantell, *True Americanism: Green Berets and War Resisters, a Study of Commitment* (New York, 1974), p. 215.

ンド〔アメリカ陸軍参謀総長〕やモーシェ・ダヤン〔イスラエル国防軍参謀総長、のち国防大臣〕といった人々の発言でも裏付けられている。逆説的ではあるが、ドイツ人も同じであるとは実証できないものの、同じである可能性もある。したがって、入手できる証拠によれば、アメリカよりもドイツの民族性が戦争に適している、あるいはそうでないと信じる理由がない、という残念な結論で本章を締めくくらざるを得ないのである。

第3章 軍隊と社会

陸軍の社会的地位

軍隊の社会的地位の高さが重要な理由はいくつかある。社会的地位が高ければ、おそらく軍の士気向上につながるだろう。また、有能な人材を集め、抱えておくうえで役立つこともあろう。さらに、軍がより多くの国家予算を獲得する後押しにも使えるかもしれないのである。

ドイツ陸軍

ドイツ統一戦争以降、ドイツでは陸軍が大半の国民から高い尊敬を集め、国家の誇りとされていた。[1]陸軍の一員であればほぼ自動的に敬意が払われ、階級、役職、兵科、そして所属連隊に応じた栄誉が伴っていた。現役、退役を問わず、軍人の地位は重要な社会的特権とされ、働く女性は軍服姿の男性とデートする権利を得るのに金を惜しまなかったのである。[2]

兵役は名誉ある義務として公式に定められていた。[3] 兵役に就くには武器を所持する権利が前提とされていた。公民権の停止を含む禁錮刑に処せられると武器を所有する権利も失われ、結果として労働大隊に配属されることになった。陸海軍から不名誉除隊になることは厳しい処罰とされ、かなりの社会的恥辱に等しく、民間人にとっては個人の経歴上の汚点となりかねなかった。

〔第一次世界大戦が開始される〕一九一四年以前は、一般徴兵制が実質的には施行されていなかったため、通常は裕福で高い教育を受けた若者を対象に一年間の兵役を志願する機会があった。一九一二年だけでも、六万四〇〇〇人がこの機会を利用している。

兵器や軍服といった軍に関するものを崇める風潮があり、それが報道や出版を通じて広まっていった。パレードには熱狂的な見物人でいつも人だかりができた。古くから言われるように、軍人は自他共に認める「国家の先導者」だったのである。

軍事的な団体が組織され、中産階級を主体とする民間の支持者が陸軍を取り巻いていた。一八九八年設立の退役軍人組織である「キフホイザー同盟」は、設立時には一二二万六一五人の構成員がおり、

1　以下の言及は、Militärgeschichtliches Forschungsamt, ed., *Handbuch zur deutschen Militärgeschichte*, 7 vols. (Frankfurt am Main, 1968), 5: 83-84に基づく。
2　M. Kitchen, *The German Officer Corps, 1890-1914* (Oxford, 1968), p. 140.
3　Wehrgesetz (Law of National Defense) of 21 May 1935.

一九〇三年に二〇九万七五二七人、そして一九〇九年には二五二万八六六七人を擁していた。[4] 軍の予算増額を求めて帝国議会に圧力をかける目的で一九一二年に設立された「国防協会」は、一年のうちに三〇万人の会員を数えるまでになった。コルマール・フォン・デア・ゴルツ元帥が設立した「青年ドイツ同盟」の成功は、さらに目覚ましかった。「青年ドイツ同盟」は準軍事的な青少年運動体であり、その参加者は一九一二年の設立から三年のうちに七五万人に達した。したがって、これらすべてを合わせると、人口六五〇〇万人のドイツで、親軍的組織のいずれかに所属していた国民は三五〇万人を超えていたのである。

士官は社会の偶像であり、この事実そのものが社会民主勢力による批判の的となった。〔オットー・フォン・〕ビスマルクは中尉になれば人間になると述べたこともある。社会もその愛すべき対象を模範とし、それが重視されると同時に、馬鹿げたほど行き過ぎる場合もあった。〔テオバルト・フォン・〕ベートマン＝ホルヴェーク首相が一九〇九年に帝国議会の前に姿を現した時、少佐の軍服をまとっていた。その五年後には、ホルヴェークが適切に職務を果たすには名誉中将へと昇任させる必要があると誰もが考えたのである〔ホルヴェークの軍歴はわずかであったが、第一次世界大戦が始まると名誉中将に任命された〕。

予備役士官の階級は中尉か大尉が一般的であり、少佐は稀であったが、その階級を持つことは重要な社会的地位《ステータス・シンボル》の象徴であった。また、職業人にとっても全く価値がないわけではなかった。高位高官の間では、予備役士官の階級はほぼ愛国的な義務の一つとされていた。ドイツ皇帝との謁見が許された著名な老教授が望みを聞かれ、曇ったような目を上げつつ、予備役少尉に任じてもらいたいと震える声で乞うたという逸話は広く知られている。

士官の給料は低かった。一九〇九年以前の士官は、ある有名な書籍のタイトルのように、「栄光ある貧困」の生活を送っていた。それ以降であっても、若手士官は毎月一二五～二〇〇マルクの収入しか得ていなかったため、両親や親類からの援助に頼っていたのである。[5]

士官の社会的地位の高さを示す格好の指標は、士官候補生が連隊へ入隊するために支払っていた金額だろう。[6] その金額は、一部の歩兵連隊で支払う毎月五〇マルクという最低額から、第五騎兵連隊の二〇〇マルクまであった。職業軍人の少尉でその金額は二〇～二〇〇マルクにおよび、平均は六四マルクであった。これに加え、初期装備の費用として二五〇～六〇〇マルクを追加で負担しなければならなかった。これが、一般的な事務職で期待できる収入が月額約七〇マルクの時代の相場であった。

士官になればあらゆる世界で最高の生活ができた。一九四一年七月に二九歳で亡くなるまで士官であったフリードリヒ・ザクセは、ワイマール期の状況を次のように回想している。

招待客には士官が含まれることが多かった。彼らは大柄で騒々しい男たちだった。彼らに話しかけると、前かがみになり、ごつごつした手で（男の子の）肩をつかんで揺さぶるので驚いた。「坊や、大人になったら何になりたいんだい。軍人だろ。わはは」。彼らは無遠慮に大声で笑った。彼

4 これらの数字は、Kitchen, *The German Officer, Corps*, pp. 129, 132, 136 による。
5 H. Meier-Welcker, *Untersuchungen zur Geschichte des Offizier-Korps* (Stuttgart, 1962), p. 20.
6 H. Rumschöttel, "Bildung and Herkunft der bayerischen Offiziere 1866 bis 1914," *Militärgeschichtliche Mitteilungen* 2 (1970): 125-26.

らにとっては、男子ならば誰でも軍人になりたい、なりたくてしょうがないというのが常識だったのである！[7]

アメリカ陸軍

アメリカ社会における軍の地位は常に問題を孕んでいた。N・F・パリッシュは、戦間期における経験を次のようにまとめている。

すべての軍人がサーベルに付いた鎖のように役立たずと信じようとする、または信じ込もうとする人々に囲まれながら、陸上・航空部隊の軍人はひたすら任務を果たしてきた。軍はほとんど目に見えない奇妙な存在であった。それはちょうど、木でできた街で、住民は火事など起こらないかのようにふるまっているのに、そこを守らんとする消防士のような存在であった。そのような非現実的な雰囲気の中で、軍人は自らの存在について多少は幽霊のように感じたり、当惑した感情を抱いたりしたこともあった。あるいは海外から持ち込まれた制服や礼儀作法に腐心したり、上流階級や乗馬文化を模倣したりすることに関心を向けた。こうした社会的に無用とされる感覚が精神面に表れている軍人は驚くべき少数であった。ほとんどは、自分たちがやはり現実的な存在であり、その果たす職務が必要であることをずっと身内で確認しあいながら、歯を食いしばって勤務していた。[8]

歴史的に、アメリカの民主主義において軍事的な価値は異質なものと受け止められていた。その結果、アメリカ軍は無視された義理の子供のようにみなされ、軍にもその自覚があった。[9] 巨大な軍隊は自由に対する脅威であり、民主主義を危険にさらし、経済的繁栄を脅かすだけでなく、その存在自体が平和を掘り崩すとする考え方があった。これらすべてがアメリカ人の軍に対する態度において「非常に一貫した特徴」をなしてきたと言われている。[10]

とりわけ戦間期には、当時支配的だったビジネス文化では軍国主義《ミリタリズム》は野蛮な過去の遺物として排除されていた。それに対して改革を志向するリベラル派は、軍が軍事的性格を捨て去り、社会改革の手段となるなら、その存続を許すつもりでいた。『ニュー・リパブリック』誌に寄稿した一人は、軍人は「暗黒時代の生活態度を守り続けている人間」であると喝破した。[11] 軍人が模範とする名誉、服従、忠誠心は偽善的なものか、あるいは明白に危険なものとみなされたのである。

アメリカ陸軍は批判の的になるだけでなく、歴史的に孤立していた状況とも戦わねばならなかった。大きな前進があったのは一九一一年であり、「軍人お断り」というサインを掲示した商業施設に五〇〇ドルの罰金を科すという法律を議会が通過させたのである。半世紀にわたる啓蒙活動を経た一九五一年になっても、ニューヨーク、ボストン、シカゴの『名士録』に掲載された軍人は全体の一%にも満

7　F. Sachsse, *Roter Mohn* (Frankfurt am Main, 1972), p. 142.
8　N. F. Parish "New Responsibilities of Air Force Officers," *Air University Review* 3 (March-April 1972): 15-16. この論文が最初に公表されたのは一九四七年である。
9　R. F. Weigley, "A Historian Looks at the Army," *Military Review* 52 (February 1972): 26.
10　S. P. Huntington, *The Soldier and the State* (Cambridge, Mass., 1957), p. 155.
11　以下に引用。ibid, pp. 155-56.

たなかった。運良く掲載された軍人も社会的な家柄、コネ、財産が理由であって、軍の階級によるものではなかった[12]。

陸軍の地位の低さは話し言葉にも表れていた。英語の「兵士（soldier）」を動詞として使うと「怠ける（loaf）」ことを意味した。この表現は第二次世界大戦中に「怠ける（goldbricking）」という言葉と置き換えられたが、時が経つと再び同じ意味で使われるようになった[13]。

これらのことを考慮すると、様々な業種や職業の社会的地位を比較した世論調査で（下士官ではなく）士官が善戦していたのは驚くべきことである。一九二五年から続けられている調査で、士官は全職業の上位二五％に一貫して入っている。例えば、一九二五年には四五業種中九位、一九三五年は四〇業種中八位、一九四七年は二七業種中六位、一九四九年は二六業種中九位、一九五一年は二五業種中六位であった[14]。同じ調査で、下士官はそれぞれ三〇位、二八位、一九位、二〇位、二五位であった。

一九五五年の全国調査では、士官は一七業種のうち七位に位置しており、医者、科学者、大学教授、法律家、聖職者、そして公立校教師を下回ったが、農場主、大工、郵便配達人、簿記係、配管工、ラジオやテレビのアナウンサー、小規模商店主、機械工、軍の下士官（このリストでは一六位）、トラック運転手を上回った[15]。

結果がたやすく予見できたこともあって、ドイツ陸軍の社会的地位を体系的に研究する試みが戦間期に行われることはなかった[16]。だが、一九五五年に実施された一つの調査がある。当時、ドイツ連邦共和国〔西ドイツ〕における軍の社会的地位は極めて低かった。ドイツ軍の再建には西ドイツ国民の四〇％が賛成していたものの、四五％は反対しており、軍が何らかの積極的価値を体現していると回答したのは一七％に過ぎなかった[17]。にもかかわらず、この当時ですらドイツの士官に対する一般市民の敬意は、類似の研究で示されたアメリカにおける同種の敬意を、わずかとはいえ上回っていたのである。[18]

---

12 M. Janowitz, *The Professional Soldier, a Social and Political Portrait* (New York, 1960), p. 204.

13 怠けるという意味でこの用語を使ったものとして、W. Menninger, *Psychiatry in a Troubled World* (New York, 1948), p. 177 がある。〔その著者である〕メニンガーは第二次世界大戦における陸軍の精神科医のトップであった。B. von Haller Gilmer, *Industrial and Organizational Psychology* (New York, 1972), p. 441 も参照。

14 C. H. Coates and R. J. Pellegrin, *Military Sociology; a Study of American Military Institutions and Military Life* (Washington, D.C., 1965), pp. 45-46 を参照。

15 Janowitz, *The Professional Soldier*, p. 227.

16 その試みに最も近いものとして入手可能なのは、一九三〇年のミュンヘン大学の博士論文で、ワイマール期の退役軍人の社会移動について追跡したものである。その研究によると、年金で生活できた退役軍人（高級軍人であることが一般的だが）は、民間の市場に技量をたやすく移行可能な医者や化学者などと共に、より高い社会的地位にとどまることができた。だが、それ以外は新たな職業に就かねばならず、その結果として社会的階層は低くなった。J. Nothaas, "Social Ascent and Decent among Former Officers in the German Army and Navy after the World War" (New York, 1937), pp. 10-11.

17 R. Weltz, *Wie Steht es um die Bundeswehr?* (Hamburg, 1964), pp. 5-8. 一九五六年九月ですら、西ドイツ国民の四三％が国防軍の廃止を望んでおり、維持を望んだのは三八％に過ぎなかった。

18 J. J. Wiatr, "Social Prestige of the Military; a Comparative Approach," in *Military Profession and Military Regimes*, ed., J. van Doorn (The Hague, 1969), p. 77.

陸軍の社会構造

軍の社会的地位のもう一つの指標が軍における社会構造であり、これはいかなる外面的な兆候に劣らず重要であった。軍人の生活を取り巻く非常に現実的な不利益を踏まえると、高い尊敬を集める軍隊でなければ社会の上流階級から人材を集められないと予想される。逆に、そうした人材を引きつける能力が軍の質もおそらく左右するであろう。なぜなら、教育があり、訓練され、技量を有する人材の社会的な供給源となるのは上流階級であることが多いからである。

ドイツ陸軍

一時期のドイツの軍国主義が高い歴史的関心の対象であったという事実ゆえに、プロシア／ドイツの士官団の社会的起源についてはかなり徹底的な調査が行われてきた。ドイツでは、他のヨーロッパ諸国と同様、従来はほぼ貴族に独占されていた特権階層に、一九世紀には中産階級の子弟が次第に進出するようになった。いずれにせよドイツでこうした変化が生じたのは、貴族が軍役を忌避したからでは決してなかった。むしろ、一八七〇年頃から一般徴兵制度による軍隊が生まれ、士官の需要が増大したため、皇帝ヴィルヘルム二世の言葉によると「血統の貴族」から「精神の貴族」へと転換する必要が生じたのである。その結果、一九一三年には全士官のうち貴族出身者はわずか三〇％になった[19]。

第一次世界大戦によって士官の需要はかなり大幅に増えた。その結果、平時であればまず連隊に受け入れられなかった中流階級、さらに中流でも下層に位置する家庭の子弟が多数任官の機会を与えられた。だが、陸軍が民主的になったわけではなかった。特定の例外を除けば、兵士や下士官のうち士官にふさわしい者でさえ昇任を拒まれたのである。これは深刻な過ちであり、戦後に厳しい批判にさらされることになる。陸軍が政治的に信頼に足る存在であることを将来にわたって確実にするため[20]、陸軍省は社会的基準を可能な限り維持すべく腐心したのである。

一九一八年から間もなくして、貴族はワイマール共和国で軍役に就くことを忌避するようになった。しかし、この状況はすぐに変化し、早くも一九二一年にはドイツの上流階級向けの雑誌に「最高の人材を士官に」という伝統の復活を貴族に呼びかける記事が掲載された[21]。貴族に軍役を促すこの運動は大成功を収め、一九三一〜三二年に新たに任官した士官については、貴族の割合が一九一三年を実際に上回った[22]。だが、この事実がもたらされたのは単純に貴族を優遇したからではなかった。一年ごとに不適格として除隊させられた士官のリストを精査すると、除隊者のうちの貴族の割合が二〇%を下回ったことはなく、一九二四〜三二年の期間では二三・二%であった。とりわけ高官の間で貴族の比率が高かったのは、爵位特許状、すなわち爵位を新たに授与された者が多かったためである[23]。

以上の事実関係を表にまとめると、次ページの表3−1のように示される。

---

19 K. Demeter, *Das deutsche Offizierkorps* (Berlin, 1965), p. 27.
20 Ein Stabsoffizier, *Das alte Heer* (Charlottenburg, 1920), pp. 34-35.
21 Captain von Kortzfleisch, "Der Offizierberuf im Reichsheer," *Deutschen Adelsblatt* 39, no. 22, p. 338.
22 Demeter, *Das deutsche Offizierkorps*, p. 55.
23 D. N. Spires, "The Career of the Reichswehr Officer" (Ph.D. diss, University of Washington, 1979), pp. 260, 261.

表3-1　ドイツの士官団の社会的出自

（%）

年	貴族出身の士官	年	貴族出身の将官
		1911	67
1913	30.00		
1920	21.70		
		1925	38
1926	20.50		
1932	23.80	1932	33

表3-2　父親の職業別のドイツの将校団の出自

（%）

父親の職業	1912	1926	1921-1934
士官（職業軍人、もしくは高級幹部）	24.56	44.34	34.93
公務員	39.88	41.51	36.50
地主	7.87	4.73	4.76
農場主	1.69	0.94	1.59
商工業者	15.41	6.13	9.52
下士官	4.74	1.41	7.94
その他	5.85	0.94	4.76

ナチ時代には、士官の需要が再び大きく高まり、貴族は完全に圧倒される結果となった。だが、これも貴族が軍役を忌避したからでは全くなかった。この時代においても、多くの貴族出身者の名前が陸軍の名簿に頻繁に登場していたのである。[24]

ナチス政権は陸軍の民主化にかなりの努力を傾けたが、彼らが権力にあった時期が短かったこともあって、貴族による士官団上位層の独占を防げなかった。一九四三年五月になっても、六八一に上る元帥、上級大将、大将、中将のポストの一七・六%を貴族が占めていた。元帥に限っても、一九四四年には貴族出身者が一九三二年時点よりも実際には多かった。[25]これらの事実が示すのは、ナチ時代の陸軍における人事政策が革命的ではなかったことである。また、これらは社会の最も高い階層の人材を引きつける伝統的な力を陸軍が全く失っていなかったという証左でもある。

陸軍大学校に入校した士官を、父親の職業によって分類した全体像を表3－2に示す。以上の時期を通じて、士官という職業は十分な尊敬を受けており、国民の中でも財産や教育のゆえに職業を選べた上流階級の人間を陸軍は引きつけることができていたのである。

アメリカ陸軍

ここでドイツ陸軍からアメリカ陸軍に目を移すと、士官団全体ではなく、将官についてしか数字が入手できないという事実によって制約を受ける。将官のグループの社会的ルーツの全体像は次ページの表3－3に示されている。表3－4は、この集団の社会的地位をさらに分類したものである。

その結果を踏まえると、とりあえず将官に関しては、アメリカ陸軍を他に選択肢がなかった人々の逃げ場とする見方は理屈に合わないと結論できるかもしれない。

最後に、表3－5は、ドイツ陸軍とアメリカ陸軍における自家養成（士官の子息である士官の割合）の状況を比較したものである。この数字は、職業や地位に対する士官の満足度を示す指標の一つであるため、非常に興味深い。これらの数字の意味するところ〔士官という職業や地位に対する満足度は高いということ〕は明らかであろう。

---

24 Demeter, *Das deutsche Offizierkorps*, p. 54.

25 N. von Preradovich, *Die militärische und Soziale Herkunft des deutschen Heeres 1 Mai 1944* (Onasbrück, 1978), p. 13.

表3-3　父親の職業別のアメリカの将官の出自

（%）

父親の職業	1910-1929	1935	1950
ビジネス	24	16	29
専門職・管理職	46	60	45
農業	30	16	10
事務職	—	6	11
労働者	—	2	5
その他	—	—	—

出典：M. Janowitz, *The Professional Soldier, a Social and Political Portrait* (New York, 1960), pp. 67-69.

表3-4　父親の社会的地位によるアメリカの将官の出自

（%）

階層	1910-1920	1935	1950
上流階級	26	8	3
中流階級の上	66	68	47
中流階級の下	8	23	45
下流階級の上	0	1	4
下流階級の下	0	0	1

出典：M. Janowitz, *The Professional Soldier, a Social and Political Portrait* (New York, 1960), pp. 67-69.

表3-5　ドイツとアメリカの士官団で軍人の家庭出身者

（%）

年	アメリカの士官のうち軍人家庭の出身者	年	ドイツの士官のうち軍人家庭の出身者
1910	7		
		1911	27
1920	10		
		1925	29
		1933	29
1935	23		
		1939	15
		1941	16
		1944	14
1950	11		

社会移動の梯子

ドイツ陸軍

ドイツ陸軍の社会的梯子としての機能、つまり野心と才能のある男性が社会で最も高い階級に到達できる手段としての機能に関して、情報は比較的わずかしかない。だが、戦間期の士官は、最も低い身分の士官候補生ですら、背嚢《はいのう》に元帥杖を入れているような気概を持っていたと思われる。同じことは、昇進制度の公平な運用が重視されたワイマール期にも当てはまったであろう。[26][27]

ナチ時代における陸軍の拡張により、あらゆる社会進出の機会が生み出されたことは疑いないが、詳細な数字は得られない。一九四四年時点における元帥一六人のうち、七人が古くからの名門の出であり、また七人が数世代前から着実に出世を重ね、その功績が結実したものとして元帥杖を狙える家系の出身で、庶民の家から出たのは二人であったということしか知られていない。[28] この時点で、ドイツ陸軍では一般兵士から昇進した一一人の将官が名簿に名を連ねていた。

士官団は比較的小規模（一九一四年以前は二万九〇〇〇人、ワイマール期にはわずか四〇〇〇人、一九三六年になっても一万八〇〇〇人しかいなかった）であったが、次ページの表3－6の閣僚の出身、

26 K. Hesse, *Der Geist von Potsdam* (Mainz, 1967), p. 27.
27 Spires, "The Career of the Reichswehr Officer," pp. 232-33.
28 Preradovich, *Die Militärische und Soziale Herkunft*, p. 5.

表3-6　ドイツの閣僚に占める士官の子息、士官、陸軍大学校卒業生

（%）

閣僚の在任期間	士官の子息	士官	陸軍大学校卒業生
1914年以前（帝政）	9.1	16.9	15.8
1919-1932（共和制）	4.9	7.4	2.5
1933（ヒトラー）	12.1	18.2	12.1
平均	8.7	8.5	10.1

出典：M. E. Knight, *The German Executive 1890-1933* (Stanford, 1952), pp. 36, 41, 45.

表3-7　アメリカの将官と実業家の父親の職業別の出自

（%）

父親の職業	将官（1950年）	実業家（1952年）
実業家	30	26
専門職・管理職	44	29
農業	10	8
事務職	11	19
労働者	5	15
その他	—	2

出典：M. Janowitz, *The Professional Soldier, a Social and Political Portrait* (New York, 1960), p. 93.

職業、学歴についてのデータが示すように、社会的移動の面では最高の経路であった。

閣僚に士官、あるいはその子息が占める割合はかなり高い。〔表3－6の〕右欄に示されている高い割合はとりわけ興味深い。なぜなら、陸軍大学校出身の士官が閣僚になる確率は、平均すると一般大学出身者に比べて約四〇倍高かったということになるからである。[29]

アメリカ陸軍

アメリカでは、一八九二年から一九四九年までの全閣僚のうち、退役軍人はわずか〇・五%であった。同時期の文民高官のリストを見ても退役軍人は見当たらず、彼らの出身校で士官学校という表記は見当たらない。[30]

戦間期に関する研究は得られないも

のの、表3－7は一九五二年に行われた研究で将官の社会的背景について実業界のリーダーと比較した結果を示したものである。

この研究の結論は、アメリカ陸軍が大膨張を遂げ、その地位が最も高まった時期でさえ、〔事務職や労働者階級の出身者が少ないという点で〕社会進出の機会はアメリカの実業界よりも少なかったということかもしれない。

29 平均をとったいずれの年においても大学生の数は士官学校生を二五〇対一で圧倒していたが、様々な内閣の閣僚のうち、一般大学出身者は士官学校出身者のわずか六倍にとどまったのである。

30 R. Bendix, *Higher Civil Servants in American Society* (Boulder, Colo., 1949), pp. 56, 92.

第4章 ドクトリンと戦争のイメージ

ドイツ陸軍

戦争においてドイツ陸軍が何を実際に重視していたかを理解するには、公式の教範であった一九三六年版の『軍隊指揮（*Truppenführung*）』を直接引用するのが最良の方法であろう。[1] この二巻からなる教範は、クルト・フォン・ハマーシュタイン＝エクヴォルトとヴェルナー・フォン・フリッチュの二代にわたる陸軍総司令官によって署名されたものである。

序論

1 戦争は技芸であり、科学的基礎に依拠した自由な創造的活動である。また、人間の全人格を最も高い水準で要求するものである。

2　戦争の技芸は常に発達する。戦争は新兵器によってその形態が絶えず変化する。こうした兵器の出現を適宜予見し、その影響を正確に評価しなければならない。それを受けて、迅速に導入されなければならない。

3　戦争で生じる状況は千変万化する。状況はしばしば思いがけない形で変化し、前もって予測することはほぼ不可能である。こうした予測不能な要素こそがまさしく最も重要なものであることが多い。我が意志に対抗するのは、敵の独立した意志である。摩擦と過失は日常茶飯事である。

4　戦争の技芸を教範で網羅することは不可能である。教範は状況に応じて適用されるべき指針としての役割しかない。

行動の簡潔性と一貫性が、結果を得る最良の方法である。

10　科学の進歩のいかんにかかわらず、個人の役割が決定的であることに変わりはない。個人の重要性は、近代戦の特徴となっている散開によってさらに高まっている。

戦場が空虚になったことにより、熟慮を重ね、決然とした、大胆な方法で各種の状況を有効活用しうる、自立的思考と行動の可能な兵士が必要となる。兵士は戦果のみが重要であるという自覚を徹底しなければならない。

身体的努力の習慣、自己への厳しさ、意志力、自信、そして勇猛さがあれば、人間は最も困難な状況を克服できる。

1　Heeres Dienstvorschrift（陸軍教範）300, *Truppenführung* (Berlin, 1936). この教範は、戦争が終わるまで効力を有していた。

11　将兵の質が部隊の戦闘力[2]を左右するのであり、良質の補給や整備をもって適切に支援することが不可欠である。

戦闘力の高さで兵力の劣勢を相殺できる。この質が高まれば、戦争の遂行はより強力かつ機動的になる。

卓越した指揮と優秀な兵士が勝利の基礎である。

15　最年少の兵士に至るまでの個々人が、あらゆる精神的、知的、物理的能力を傾注することが求められる。そうすることで、はじめて部隊の完全な能力を戦闘で発揮できる。また、そうすることでしか、危機に際して勇敢かつ断固とし、果敢な行動に向けて他者を統率できる兵士を生み出せない。

それゆえ、戦争で成功を収めるための第一の前提条件は断固たる行動である。最高指揮官から最年少の兵士に至る全員が、手段の選択を誤るよりも、無為と機会の喪失の方が深刻という事実を胸に刻み込まなければならない（強調は原文と同じ）。

この教範では右のように述べつつ、勝利を追求する方法の一部を列挙している。

28　決定的な地点では、いくら戦力を強化してもし過ぎることはない。自らの戦力を分散する、あるいは二次的な任務に用いることは、この原則に反するものである。

速度、機動力、より長時間の行軍、夜間と地形、奇襲、欺瞞を活用することで、劣勢の側が優勢な相手を決定的な地点で撃破できるようになる。

29　空間と時間を適切に使い、有利な状況を迅速に認識し、断固として利用しなければならない。敵に対する優位はいかなるものであれ、我が方の行動の自由につながる。

32　奇襲は成功をもたらすうえで死活的に重要な手段である。だが、奇襲に基づく行動が戦果をもたらすのは、敵に効果的な対抗措置をとる余裕を与えない場合に限られる。敵もまた奇襲を試みるであろう。この点も考慮すべきである。

これらの点に付け加えられる、あるいは補足すべきことはほとんどない。だが、ドイツが地理的にヨーロッパの中心にある点に留意すべきであろう。その結果、ドイツは数的優位にあった複数の敵と戦火を交えることが多かったため、(「攻撃、防御、撤退、反撃などの相互作用」として定義される)作戦をかなり重視する姿勢で応じた。だが、それ以外の機能は単に補助的なものとみなされ、無視されたわけではなかったものの軽視される結果となった。とりわけ、軍事ドクトリンで非常に重視されたのは、戦争を迅速かつ決定的に終結させる唯一の手段としての攻撃であった。『軍隊指揮』全二巻の索引を分析すると、その優先順位が次ページの表4－1のように浮き彫りになる。

アメリカ陸軍

〔ジョージ・〕マーシャル陸軍大将〔アメリカ陸軍参謀総長〕に承認されたアメリカ陸軍の一九四一年版『野戦教範一〇〇－五(Field Service Regulations FM100-5)』には、戦争の性質についての序論が含

2　戦闘力はドイツ語で「カンプフクラフト(Kampfkraft)」という。

表4-1　主題別による『軍隊指揮』の索引分析

主題					
総索引数	650		行軍	16	c
小項目のある索引数	172		指揮官	16	b
小項目の総数	746		連絡	15	b
最も小項目の多い索引語			補給	14	c
攻撃	53	a	抵抗	12	a
防御	34	a	通信	12	b
遅滞抵抗	32	a	退避	12	c
戦闘	23	a	追撃	10	a
撤退	19	a	退避壕	10	c
偵察	18	a	保安	10	a
騎兵	18	e	戦闘車両	10	d
命令（Befhl）	17	b	人工霧	10	d
			総計	361	

出典：Heeres Dienstvorschrift 300, *Truppenführung* (Berlin, 1936).
注：（様々な形態の戦闘についてである）aには全体の28.3%にあたる211の小項目が属している。（統率、指揮、信号についての）bには全体の8.0%にあたる60項目、（兵站とそれに関する要素である）cには6.9%にあたる52、（技術的手段に関する）dには2.6%に相当する20の小項目がある。aに属する索引数は9であり、それぞれ平均23.4の小項目がある。bに属する索引は4あり、小項目の平均は15である。cに関する索引も4であるが、小項目の平均は13となっている。dに属する索引は2で、小項目の平均は10である。騎兵に関する小項目が18もあり、興味深い顕著な例外をなしているeの分野を別にすると、この表によって全体的な優先順位とともに、作戦を重視する姿勢がかなり明白である

まれていない。その代わりに、教範の冒頭に表題のないページが掲げられており、そこから引用する。

　戦闘作戦の基本的なドクトリンは数が多いわけでも複雑なわけでもないが、その適用が時には困難な場合がある。こうしたドクトリンに関する知識やその適用の経験は、すべての指揮官が特定の状況において行動をとるための確固たる基盤をなす。この知識と経験によって指揮官は与えられた柔軟な組織を活用し、任務達成のために最適な任務部隊へと編成することが可能となる。

　定型的な規則や手法は避けねばならない。そうした規則や手法は、戦争を成功裏に遂行するために非

常に重要な創造性や主導性を制約する。また、作戦が定型化し、敵が与《くみ》しやすくなってしまう。様々な兵科や職種の持つ戦術や技能を調整し、与えられた任務に投入される部隊間で成功に欠かせぬチームワークを生み出すことが、指揮の機能なのである。

とはいうものの、この教範では最初の二章を陸軍の編成と各兵科や職種の機能についての記述にあて、以下のように続けている。

98　戦争で最も基本的な手段は人間である。他の手段は変化するかもしれないが、人間は比較的変化が少ない。人間の行動と本質的な属性を理解しなければ、作戦の立案や部隊の統率で重大な過誤を犯すであろう。

　個々の兵士を訓練するにあたっては、個人の主導性を損なうことなく、個人を部隊と一体化させ、軍事行動や成果について高い基準を部隊で確立するという意識が不可欠である。

99　戦争は個々の兵士の身体的な持久力と精神的な耐久力に厳しい試練を課す。個々人の任務を効率的に達成するには、各人が優れた装備を有し、技能的訓練を受けたというだけでは不十分である。野戦の苦難を耐え抜く身体能力を有し、軍事行動に関する高い理想を基礎とした規律によって絶えず強化されねばならない。……

100　技術は進歩したものの、個人の価値がいまだに決定的である。散開して行われる戦闘により、個人の重要性が一層高まっている。各個人が一つの状況を精力的かつ大胆に有効利用するように訓練され、自らの主導性と行動が成功を左右するという考えを徹底されなければならない。

107　一部隊の戦闘上の価値は、その将兵の兵士としての質と戦意によって大きく左右される。この戦闘上の価値を外面的に示すのは、隊員の所作や外見、装備、部隊の即応態勢である。戦闘上の価値で勝れば数的劣勢は相殺される。部隊の優れた戦闘上の価値が優れた統率と組み合わさると、戦闘で成功を収めるうえで信頼性の高い基盤をなす。
111　戦争でまず必要とされるのは決定的な行動である。指揮官が部下に対して自信を吹き込むのは、断固たる行動に加え、敵に対して物的優位を獲得する能力である。

ここで、「戦闘ドクトリン」に目を移すと、教範は次のように記述している。

112　あらゆる軍事作戦の究極的な目標は、敵の軍隊を戦闘で撃破することである。……
113　成功を得る決定要因は、単純かつ直接的な計画や手法と迅速かつ徹底的な遂行の組み合わせであることが多い。
115　攻勢的行動により、指揮官は自らの主導権を行使し、行動の自由を確保して、敵に自らの意思を強いる。だが、反攻に出る機会をうかがう一時的な応急措置として、あるいは決戦を求めない前線で戦力を節約する手段として、防御的姿勢を意図的にとることもある。攻勢的行動の適切な時期と場所を指揮官が選択することは、作戦の成功における決定的な要素である。
　数的不利になれば指揮官は必ず防御的な態勢を強いられるわけではない。敵を上回る高い機動力、優秀な兵器や装備、効果的な火力、旺盛な士気、優れた統率によって敵の数的優位を覆せるかもしれない。寡勢であっても優れた統率によって決定的な行動に出る地点では敵を上回ることも少なくない。……
116　陸空双方で決定的な時と場所で優勢な戦力を集中し、決然たる指揮によって運用することで勝利に不可欠な状況を作り出す。そのような戦力の集中を行うためには、二次的な任務に割く戦力を厳しく節約する必要がある。戦闘中に戦力の分散が正当化されるのは、分派された部隊に与えられた任務を遂行することが主戦での成功に直接的に寄与する場合だけである。
117　作戦の全局面において、あらゆる手段により、指揮のあらゆる段階で奇襲を追求しなければならない。火力だけでなく、部隊の移動でも奇襲は達成しうる。敵による情報収集を妨害するか、我が方の配置、動き、計画について敵を積極的に欺く措置をとるかによって奇襲は実現される。作戦に多大な困難を強いるような地形も奇襲を達成するうえで活用されることが多い。戦闘で用いられる手段や手法を変化させることや、作戦を迅速に遂行することでも奇襲は促される。
……
118　奇襲を防ぐには、敵の能力の正確な評価に加え、適切な保全措置、効果的な偵察、全部隊の戦闘への即応態勢が必要である。あらゆる部隊が地上および上空の局地的な安全確保に必要な措置をとる。側面や背後の安全への備えは特に重要である。

以上のように、文章全体がドイツの教範からそのまま引き写されているのは明らかであるが、その全体的な印象は微妙に違っている。実際、戦争の本質をめぐる概念が異なっているのが示唆的である。つまり、ドイツの見方では戦争は「科学的基礎に依拠した自由な創造的活動」とする一方、アメリカは「任務達成のために……（指揮官に）与えられた柔軟な組織を活用」するために、「ドクトリン」を適切に理解し、適用する問題を戦争とみなしている。したがって、科学的管理法を重視していることが明らかである。

カール・フォン・クラウゼヴィッツの登場以降、戦争は独立した意志の衝突であり、その結果として摩擦に左右されるという観念をドイツ陸軍は受容した。それに対してアメリカ陸軍の教範が敵について言及しているのは、自らの行動パターンを妨げる可能性のある要素の一つとして以外にはない。むしろ、クラウゼヴィッツの影響がより明らかなのは、決戦を最重視している点である。

ドイツの見方では、作戦における「簡潔性と一貫性」が戦争における成功の鍵となる。アメリカの教範ではこれを「単純かつ直接的な計画」としているのが特徴的である。

ドイツの教範は、「戦争の技芸を教範で網羅することは不可能」と強調している。アメリカの教範も、敵を誤った方向に誘う手段として「定型的な規則や手法」を避ける必要性を認めている。だが、「特定の状況において行動をとるための確固たる基盤」を指揮官に与えることを見込んでいる。おそらくはこの理由のため、ドイツの教範の神髄をなす、あらゆる段階における独立した行動を求める姿勢はアメリカの教範では強くなく、全体的により細部にわたって言及している。

両国の教範が近代技術に対して個人の役割を強調しているものの、ドイツの教範は個人を「最も高い水準で要求」している。他方でアメリカの教範は、数多くの「手段」の一つとしか個人をみなしていないように見受けられ、「重大な過誤」を避けるためには個人の「本質的な属性」が理解されなければならないという。

アメリカの教範について興味深い面は、(調整と統制を暗黙の前提条件としつつ)チームワークと部隊の結束力をかなり重視している点であり、ドイツの教範にはこれに相応する記述がない。ドクトリ

表4-2　主題別による『野戦教範一〇〇－五』の索引分析

	主題	
総索引数	287	
小項目のある索引数	104	
小項目の総数	1,210	
最も小項目の多い索引語		
防御	63	a
攻撃	57	a
行軍	57	c
河川線	42	c
騎兵	38	e
戦闘航空	34	e
偵察	32	a
機甲師団	30	e
信号通信	30	b
野戦砲兵	28	e
保安	26	a
山岳作戦	25	a
戦車	24	d
空輸される部隊	24	c
命令	22	b
雪と極寒	22	c
歩兵	22	e
総計	576	

注：（様々な戦闘の形態についてである）aに属するのは、すべての小項目のうち16.7％にあたる203項目である。（部隊や兵科に関する）eに属するのが全体の12.5％に相当する152項目であり、（兵站やそれに関する要素である）cが11.9％にあたる145、（統率、指揮、信号に関する）bは4.2％に相当する52、そして（技術的手段に関する）dは、わずか1.9％の24しかない

ンとして部隊の結束力を強調する点はまさしく妥当であったが、これから見ていくように、実行には移されなかった。

それゆえ、アメリカ陸軍の戦争に対する見方は、ドイツ陸軍に比べるとドクトリン、作戦立案、統制により大きな比重が置かれ、全体的にかなり管理的性格を帯びていた。その理由の一つは、大半の指揮官や兵士の経験が相対的に少なかったためと推測される。彼らはごく最近まで民間人であり、かなりの程度まで上からの監督を必要としていた。だが、主たる原因は、アメリカ陸軍の持つ経験を反映していた点にあった。つまり、伝統的に物量面の圧倒的優位が保証されており、ドイツ陸軍ほど戦闘力に頼る必要がただ単純になかったのである。この違い（数的劣勢を克服するための両軍の手段を比べてみよ）を踏まえると、アメリカ陸軍ではドイツ的な意味での作戦の比重はかなり小さく、利用可能な物的資源の最も効果的な配置を確実にするのに必要な組織や兵站がより重視された。

この点については、アメリカ陸軍の教範の索引を分析した表4－2で示されている。ここでの分析は、『軍隊指揮』の索引の分析と同様の方法で行った（五〇ページの表4－1とその注を参照）。

それゆえ、作戦重視のドイツのドクトリンに比べると、アメリカのそれは一点集中の傾向がかなり弱く、むしろ作戦、組織、兵站の均衡のとれた発展を強調する方針を選んだことが計量的に示されよう。

第5章 — 指揮の原則

軍事的ヒエラルキーの各階層に権限と責任を正しく配分するのが適切なる指揮制度であり、その重要性については詳述するまでもないであろう。集権化と分権化、規律と主導性、権限と個人の責任の間で正しいバランスがなければ、いかなる人間の組織であっても機能しないか、それこそ存続すらできない。無秩序や混乱がありふれた環境において活動する軍事組織であればなおさらである。

いかなる時代の戦争でも上記の点が当てはまることは疑いないが、ここで現代戦の性質について多少付言しておくべきであろう。指揮制度の観点から言えば、現代戦を特徴付けるのは、何よりもその速度に加え、各種の特技を持つ部隊間で緊密な調整が必要な点である。つまり、最も末端のレベルにまで主導権を与え、中間に位置する指揮官の間で知的な協力を可能にする指揮制度の方が、他の条件が同じであれば、そうでない制度よりも優れている可能性が高いということになる。本章はこれらの点に留意しながら読み進めてもらいたい。

ドイツ陸軍

ドイツ陸軍については、「絶対的服従」[1]と「プロシア的規律」という陳腐なきまり文句が広く受け入れられてきた。だが、それとは逆に、少なくとも大モルトケの時代からドイツ陸軍が一貫して決定的に重要と強調していたのは、最も末端レベルに至るまでの個人の主導性と責任であった。一九六〇年代の半ばに至っても上からの命令と下からの服従という権威主義的な見方が根強かったドイツの産業よりも、この観点で言えばはるかに進んでいたのである。[2]

既に一九〇六年には、陸軍教範は「とりわけ戦闘には思考が必要であり、独立した行動のとれる自立した将兵が求められる」と記していた。この考え方は、一九〇八年版の教範ではさらに一歩進んで、「最年少の兵士から上官に至るまで、あらゆる物理的・精神的能力を全く自主的に捧げることが必要となる。そうすることで、はじめて部隊の完全な能力を戦闘で発揮できる（傍点は筆者）」とされている。

中間指揮官による自主的な行動の重視と同じ方向性であり、その直接的な帰結として、ドイツ陸軍は「任務指向型指揮制度（Auftragstaktik）」〔日本語では「委任戦術」と訳される場合が多いが、本書では筆者の英訳に従った「任務指向型指揮制度」を使用する〕を、これも大モルトケの時代以降に発展させてきた。これは西ドイツ〔当時〕の軍事ドクトリンで鍵となる要素をなしている。この制度については、ドイツ連邦軍の将官フォン・ロッソウによる説明が最も適切で簡潔なものである。興味深いことに、この制度の起源は、ヘッセン傭兵〔アメリカ独立戦争の際にイギリスはドイツから傭兵を集めたが、ヘッセン＝カッセル方伯領の出身者が多かったことに由来〕がアメリカ独立戦争から持ち帰ったことに由来するとロッソウは述べている。

①任務は指揮官の意志を誤解の余地なく体現するものでなければならない。
②目的や行動経路、時間といった任務の制約要因については明確でなければならず、達成すべき任務を付与された個人の主導権を活かすために、行動の自由を必要以上に制約してはならない。
③上級指揮官の意志の枠内であれば、実施の手法に制約が課されるのは他の司令部との調整が不可欠な場合に限定される。[3]

つまり、任務指向型の指揮制度の下では、指揮官は自らの部下にどうすべきかではなく、何をすべきかを命じるよう訓練される。全体の枠組みの範囲内であれば、部下は自らの措置を計画し、実行する幅広い裁量が与えられる。このような制度は、訓練と長い経験によって培われる思考の統一性や行動の信頼性を前提としているのは当然である。さらに重要な点は、上官と部下の間の相互信頼が絶対不可欠なことである。

もし以上のような条件が満たされるのなら、再びフォン・ロッソウの言葉を借りれば、この制度の利点はかなり大きい。

1　ドイツ語で「カドヴァーゲホルザム（Kadvergehorsam）」は、文字通り「死体のように従順」という意味である。
2　W. Schall, "Führungsgrundsätze in Armee und Industrie," *Wehrkunde* 14 (1964): 15.
3　W. von Lossow, "Mission-Type Tactics versus Order-Type Tactics," *Military Review* 57 (June 1977): 87-91. よくあることだが、ドイツ語の重要概念を英訳しようとすると、それに相当する用語が単純にないという理由で、不自然な組み合わせになってしまう。

①あらゆる階層の指揮官は、自らの状況に加え、その上位[4]に位置する司令部の状況についての分析も求められる。

②ある指揮レベルから別のレベルへの命令の伝達が速くなる。

③現場でとられている措置が実際の状況と一致する。

ここで、既に引用した一九三六年版の陸軍教範『軍隊指揮』に立ち戻ると、中間指揮官の自主性と任務指向型指揮制度の比重の大きさが明らかになる。

36　指揮の基礎をなすのは任務と状況である。任務は達成されるべき目標からなる。目標達成の責務を有する者は、決して目標から目を離してはならない。任務は多様な要素からなっているため、主目的から注意をそらされやすい。

状況をめぐる混乱は常態である。敵に関する正確な詳細が把握できるのはごく稀である。敵情を明らかにしようと試みるのは当然であるが、困難な状況で情報を待つのは重大な誤りである。

37　任務と状況を踏まえて決断がなされる。任務が状況の展開に影響を受けた場合、変化した状況を考慮して決断すべきである。任務を変更した、あるいは任務遂行に失敗した者はその旨を報告し、結果について責任を負わなければならない。この際、常に全体の枠組みの中で行動する必要がある。

決断によって明確な目標を提示し、利用可能なあらゆる戦力で追求すべきである。指揮官の強い意志で実行されなければならない。敵に勝る強固な意志が勝利をもたらすことが多い。

ひとたび決断されれば、よほど重大な理由がない限りは変更されるべきではない。だが、戦局の変動を考慮すると、一度なされた決断に固執することは誤りを招く恐れがある。統率の技芸とは、新たな決断を要する状況や時機を適切に認識することである。

指揮官は自らの目的が脅かされない限りは、配下の部隊長に行動の自由を与えなければならない。だが、指揮官自身が責任を負うべき決断を配下に委ねるべきではない。

73 命令は、部下が独立して任務を遂行するうえで知っておくべきあらゆる事項を含めるべきであるが、それにとどめておかねばならない。したがって命令は簡潔かつ明確で完全なものにすべきであり、受け手の理解だけでなく、状況によってはその性格に合わせたものでなければならない。命令を出す側は受け手の立場に立つことを決して忘れてはならない。

74 命令の用語は単純かつ理解しやすいものでなければならない。形式的な正しさよりもあらゆる疑念を排する明確さの方が重要である。簡潔性によって明確性が失われてはならない。

75 状況が予見できる限り、命令は拘束力を持つべきである。とはいえ、状況によっては指揮官が〔状況が見えない〕暗闇の中で命令を出さざるを得ないことも少なくない。[5]

76 さらに、命令が実行されるまでに状況が変化する可能性を排除できない場合、細部にわたる命令は避けるべきである。この問題に注意する必要があるのは、より大規模な作戦状況で数日前

4 ここである逸話を紹介しておくべきであろう。アメリカ人で元軍人の社会科学者が初期にこの原稿を読み、「上位」という言葉に下線を引いて、「下位?」と書き込んでいた。

5 ドイツ語の「インス・ウンゲヴィッセ・ツー・ベフェーレン (ins Ungewisse ze befehlen)」は文字通り、「未知なるものへの命令」という意味である。

にあらかじめ命令が発出される状況である。その場合、全般的な目的が最も重要となってくる。したがって、命令で特に重視すべきは当面の目的である。直近の戦闘行動のために方針を示し、実施の方法については委ねられるべきである。こうして、命令は訓令となる。

アメリカ陸軍

アメリカの指揮官は任務指向型指揮制度のようなものは決して生み出さず、〔ジョージ・〕パットン大将〔ヨーロッパ戦線で活躍したアメリカの陸軍軍人〕によれば[6]、その原則は多くの将官にとって理解が困難であった。その理由を推測するのは難しいが、アメリカにおいて科学的管理法が最初に生み出され、広く応用されていた事実と何らかの関係があるのかもしれない。結局のところアメリカは、「テーラーイズム〔科学的経営管理〕」の発祥地だったのである。テーラーイズムとは、運用者のあらゆる動きを予見し、統制しようとする管理システムであり、人が操作する機械と同じ信頼性を持たせるべく、人を人間機械へと変化させることを狙っていた。

理由は何であれ、『野戦教範一〇〇－五』は、すべての文章を『軍隊指揮』から借用しているにもかかわらず、全く異なる論調をとっている。さらに、ドイツの教範が指揮官に戒める事柄をアメリカの教範は推奨している。また、多くの異なる状況を予見することも試みているし、さらなる詳細にかなり踏み込んでいる。他方、中間指揮官の独立した責任については何らの言及もない。以下に引用してみよう。

127　あらゆる戦術的作戦で、指揮官は自らの任務に関して入手可能なすべての情報を迅速に評価し、情勢判断を行い、決断しなければならない。

128　指揮官が情勢判断を行うのは、自部隊の任務、彼我の利用可能な手段、地形や天候を含めた自らの作戦地域の状況、様々な行動経路が将来の作戦に与えうる影響に基づいてである。……これらの要素に基づいて指揮官が検討するのは、①もし成功すれば自らの任務を達成できる行動経路のうち実行可能なもの、②自らの成功に干渉してくる可能性のある敵にとって物理的に実行可能な行動経路である。自らの行動経路のそれぞれの成功確率について結論を出すために、この二つの相対する行動経路を一対一で分析する。この分析に基づき、自らの行動経路の相対的な利点と欠点を検討し、敵がいかなる行動をとろうと最も成功が期待される行動経路を選択するのである。もし二つ以上の行動経路で同じように見込みがあると思われる場合は、将来の行動に最も有利な経路を選ぶ。

129　この情勢判断においては、本質的要素に限定して考慮しつつ、しばしば迅速な思考が必要とされる。作戦では、敵について正確な結論を出せることはまずない。情報が不十分であるがゆえに緊急事態の行動を遅らせることは、強力な統率力の不在を示しており、機会の喪失につながる可能性がある。指揮官は計算されたリスクを受容しなければならない。

132　情勢判断が決断へとつながる。ひとたび決断されれば、やむを得ない理由がない限り変更されない。戦闘においては、指揮官は任務が達成されるまで意志と活力を保たなければならない。だが、情勢判断は不断の過程であり、いつでも状況の変化によって新たな決断が必要となる

6　M. Blumenson, ed., *The Patton Papers 1940-1945*, 2 vols (Boston, 1974), 2: 486.

可能性がある。以前の決断に固執した結果、代償の大きい遅れ、決定的行動の機会の喪失、あるいは完全なる失敗をもたらす可能性もある。

150　命令は全面的なものでも、断片的なものでもよい。作戦のあらゆる重要な側面や局面が命令に含まれる場合、その命令は全面的となる。全面的命令には、指揮官の計画を実行するために戦術的作戦の実施を担当するすべての隷下部隊の任務が含まれる。

断片的命令は、命令の伝達と実施の速さが重要な場合に用いられる。断片的命令は状況が変化し、決断される間に次々に発出され、一つないしそれ以上の隷下部隊に対する個別の命令からなることもあり、各部隊が作戦やその各段階で果たす役割が規定されている。……

151　命令は十分な時間的余裕をもって発出されるべきである。また、隷下の指揮官が偵察、情勢判断、命令発出に加え、検討中の作戦に向けた部隊の準備が行えるよう、最大限の猶予を与える形で伝達されなければならない。

152　多くの状況において、作戦が差し迫っていることを予告する命令（警戒命令）を出すのが必要な、あるいは望ましい場合がある。警戒命令は、隷下の指揮官が検討中の作戦に向けて備えられるようにする情報が含まれる。その主たる目的は、準備的措置をとる猶予を与え、部隊の活力を温存することである。

153　命令によって部下の所掌を犯すべきではない。命令には部下が任務を果たすうえで知っておかねばならないあらゆる情報を含めるべきであるが、それ以上は必要ない。

154　命令は明瞭かつ明示的にし、明確さに反しない形で簡潔でなければならない。明快に理解されるのは短文である。明確さは技法よりも重要である〔強調は原文と同じ〕。状況が切迫するほど、命令を簡潔にする必要がある。採用すべき措置に関する説明は、部下から知的な協力を得るのに必要な程度にとどめておくべきである。様々な状況に対する詳細な指示や対処法は訓練に属する事項であり、自信を植え付けるわけでもなく、命令に含まれる余地はない。些細で無意味な表現は責任を分散させ、部下に中途半端な措置をとらせることにつながる。誇張された大げさな文言は嘲笑を招き、命令の効力を弱める。「精力的に攻撃せよ」などの表現を命令で使うのは冗長で無意味なだけではない。その後の命令から同じような表現が消えると命令の効力を弱めることになる。

これ以外の記述は純粋に技術的な細部に関わるものであるため、ここでは引用しない。だが、ドイツとアメリカの指揮概念の違いを独特な形で示す別の文書がある。一九五三年、ドイツ国防軍の元軍人からなるグループが、第二次世界大戦の教訓を採り入れて策定中であった『野戦教範一〇〇－五』の新版に対するコメントをアメリカ陸軍から求められた。このグループは、対仏作戦と対露作戦の初期段階の立案を行った、元陸軍参謀総長のフランツ・ハルダー上級大将に率いられていた。その内容を以下に引用する。

教範の役割として、指揮や戦闘に関する基本的な観点や情報の周知に加え、教育がある。我々は本件の教育的側面を意識的に最重視している。

ドイツの最高司令部はあらゆる教育の主目標について次のように述べている。

1　あらゆる指揮の段階における高い独立性

2　任務指向型の規律の必要性、すなわち、常に与えられた任務に応じた対処をするという内面化された責務
3　自由な創造性
4　整合性の確保、つまり明確かつ疑問の余地のない決断と全戦力の集中による実現
5　部隊とその戦闘適性を維持することへのたゆまぬ配慮[7]

とはいえ、ハルダーのグループはアメリカの教範について細部にわたる批判にも踏み込んでいる。以下は、提起された主要な点をまとめたものである。

a　ドイツの戦争の概念と比較すると、アメリカの教範には状況を予測し、行動様式をかなり細部にわたって規定しようとする傾向が繰り返しみられる。このような手法は指揮官の行動の自由を束縛し、実際の状況に応じた対処を不可能にすることで、勝利の重要な前提条件を奪うことになる。
b　この教範は現代戦における個々の兵士の重要性を軽視している。
c　歴史的に物量面での優位があったため、アメリカの教範は奇襲、機動、臨機応変の重要性を過小評価する傾向が明らかにある。[8]
d　各状況を前もって予測しようとするため、教範が定型的になる傾向がみられる。[9]
e　本教範は戦争の心理的側面や身体・肉体的側面を過小評価する傾向がある。
f　ドイツ陸軍とアメリカ陸軍が戦争に対して抱く異なるイメージの核心をハルダーは指摘し、

野戦教範に次のような表現を追加するよう提言した。「戦争においては、知性よりも人格の資質の方が重要である」

言うまでもないが、最後の二点は第4章で述べたドイツの戦争概念を改めて述べたものである。それに対して、最初の四点は、アメリカ陸軍の教範が示す指揮制度がまさしく現代戦に適していなかった理由を鮮やかに分析したものとなっている。

---

7 F. Halder, "Gutachren zu Field Service regulations," U.S. Army Historical Division Study No. p 133 (Bonn, 1953), pp. 1-2.

8 これらの要素にアメリカ陸軍が無関心だった点については、R. F. Weigley, "To the Crossing of the Rhine, American Strategic Thought to World War II," *Armed Forces and Society* 5 (1979): 302-20も参照。また、M. van Creveld, *Supplying War; Logistics from Wallenstein to Patton* (Cambridge, 1977), ch. 7も参照。

9 ここでいう「定型的」はドイツ語では「シャブローネンハフト（schablonenhaft）」である。

第6章 陸軍の組織

軍事組織の目的は、戦闘で最大の効果を生み出すために、その持てる人的・物的資源を用いることにある。以下では、この問題に取り組むうえでドイツ陸軍とアメリカ陸軍がとった異なる方法について概観する。

一般的原則

組織はまさしくその本質ゆえに様々なバランスを内包している。なかでも、①上からの統制と下からの主導性、②利用可能な資源を最も必要な地点に投入したい司令部の要望と手元に置く必要性、そして③司令部の方針を定めたいとする願望と過度に詳細に立ち入ることを避ける必要性の間でバランスをとらねばならない。責任の重複を避けるとともに、権限は明確に分ける必要がある。

何よりもまず、組織はその設立目的を常に意識しておくべきである。このことは、生産的（成果に関するもの）任務と管理的（機能に関するもの）任務との間でバランスをとることも含まれ、後者についいては適切とされる最低限にとどめておく必要がある。いかなる状況でも、成果に関する任務に対して機能に関する任務が重要性において対等になるべきではなく、ましてや上回ることなどあってはならない。この点は組織のドクトリンや体制に反映されるべきである。

組織は効率性を目的として作られた以上、その基本的価値は簡潔性、一貫性、そして各部分の相互互換性である。だが、人間は画一的で互換可能な多数のブロックのように扱われると怒りを覚える。もし人間の組織を一致団結させるなら、個人の違いだけでなく、彼らの社会的・心理学的なニーズも考慮されるべきであろう。[1]

ドイツ陸軍

第二次世界大戦においてドイツの最高戦争指導機関が混沌たる状況をみせたことは否定できず、まさに同国が最終的に敗北した重大要素の一つとみなされるべきである。一つないし複数の正面での戦争指導に責任のあった、ドイツ国防軍最高司令部（Oberkommando der Wehrmacht：ＯＫＷ）とドイツ陸軍最高司令部（Oberkommando des Heer：ＯＫＨ）の対立はつとに有名であり、詳述する必要もない

1　部隊の結束力とその隊員の共通した社会的背景の間に緊密な関係があることを示す莫大な文献が存在する。例えば以下を参照。M. Janowitz and R. W. Little, *Militär und Gesellschaft* (Boppard am Rhein, 1965), pp. 263-69; および A. Etzioni, *A Comparative Analysis of Complex Organizations* (New York, 1961), p. 189.

ほどである。また、ヒトラーが陸軍総司令官の役割を引き受け、参謀本部への不信を抱いたことも混乱を招いた。ヒトラーは参謀本部が不必要なほど知的で慎重なだけでなく、完全に時代遅れで国家社会主義への熱意もないとみなしていたのである。

ドイツ陸軍の戦時体制には興味深い数多くの特徴があったものの、そのほとんどは歴史家の関心から外れていた。その理由としてはおそらく最高指導部より一段階下のレベルに存在し、作戦や征服といった目覚ましい偉業に直接関係していなかったからであろう。まず、その体制には野戦軍（Feldheer）と国内予備軍（Ersatzheer）という基本的な区別があった。野戦軍は総司令官（当初はヴァルター・フォン・ブラウヒッチュであり、一九四一年一二月以降はヒトラー総統自身）の直接の指揮下にあり、したがって現場の司令部にいる参謀は軍事作戦に主たる関心を注ぐことができた。その他の陸軍に関する業務、例えば新兵の召集、訓練、補充、調達、管理などは、ベルリンに所在する国内軍司令部（Home Command）に委ねられていた。内地（Heimat）に所在するすべての部隊や兵員は、国内予備軍の管轄であった。国内予備軍と国内軍司令部は、フリードリヒ・フロム上級大将の下で統合されていた。フロムは非常に有能な軍人であり、ドイツの戦争努力を実効的にするうえで根本的に重要な存在であったことは、現在に至るまでほとんど知られていない。[2]

ドイツ軍兵士は戦闘部隊（Fechtende Truppen）と補給部隊（Versorgungstruppen）に区分されていた。だが、ドイツ軍指揮官は特技兵を本来の用途として想定されていない任務に投入するのをためらうことがほとんどなかったため、この区分は野戦軍と国内予備軍ほど根本的なものではなかった。こうした分担により、野戦軍は軍事作戦に集中し、それ以外のすべてを後方に安心して委ねることができるようになったのである。

野戦軍と国内予備軍の間では、緊密な関係を維持することが非常に重視されていた。各軍団は〔軍の行政的区分である〕七つの軍管区（後に一三に改編された）のいずれかと結び付けられるだけでなく、人員も教官を中心に日頃から双方へ交互に勤務していた。各師団は国内予備軍の指定された部隊から補充兵を受け入れており、双方の指揮官は書簡や相互訪問などの手段を通じて緊密な人間関係を維持することが期待されていた。

すべての部隊や司令部は、特定任務に合わせた任務部隊の編成に向け、任意に戦力を抽出できる巨大な供給源の一部とみなされた。任務や環境はほぼ無限に変化するため、同じ編成の任務部隊はほとんどなく、師団レベル以上の部隊はまさに指揮の骨組みでしかなかった。したがって、この組織は強固であると同時に柔軟でもあった。基本的な構成要素たる部隊は可能な限り同じという点で強固であり、与えられた任務の達成に必要ないかなる戦闘組織でも編成できるよう全部隊が使えるという点で柔軟であった。任務部隊は戦術面でも管理面でも独立しており、自らの任務遂行において他の部隊に依存しないものとされていた。

原則として部隊は、いかなる規模でも基本的には次の五つの構成要素からなっていた。

①指揮官とその幕僚

②司令部要員、（師団の場合は）師団地図作成部、伝令兵、憲兵、師団通信兵を含む

2　フロムの参謀長であった〔クラウス・フォン・〕シュタウフェンベルクは一九四四年七月二〇日にヒトラーを爆殺しようとし、フロムはその首謀者らを逮捕・銃殺した。だが、それでもフロムは自らも関与した容疑により、その後の逮捕や処刑を免れなかった。

③常に三個の隷下部隊からなる本隊
④様々な特技兵、歩兵連隊直轄の重装備大隊（工兵や対戦車兵）、師団直轄の砲兵連隊、軍団直轄の多様な軍団兵（重砲兵中隊や架橋中隊など）など
⑤支援兵（Trosse）、師団の場合は、軍用列車、補給部隊、管理部隊、衛生・獣医部隊などを含む

いずれにせよ、原則的にはこれらすべての部隊は一体であった。だが、指揮のレベルが上がり、戦争が長期化してくると、部隊やその一部（ただし個々の兵士ではなかった）を抽出し、臨時の戦闘団を編成する傾向が強まった。優れた共通訓練のおかげで、これらの部隊は称賛に値するほどの働きをするのが普通であった。

師団はアラビア数字、軍団はローマ数字の名称で知られた。師団の大半には別称もあった。部隊を部隊長の名前で呼ぶ慣行があり、公文書にすら記載されていた。例えば、ルントシュテット軍集団、クライスト装甲集団、グデーリアン装甲集団などである。このうち、クライスト装甲集団に所属する兵士には彼らに捧げられた歌があり、その名前で韻を踏んでいた（「総統の精神《ガイスト》に導かれ／我らはクライスト装甲集団」）。グデーリアン装甲集団に配属された兵士らは、部隊の車両に白字で「G」と塗装するのをならわしとしていた[3]。

戦争の最終段階では急造部隊が数百を数えた。通例は「X戦闘団」のように指揮官の名前を冠した部隊で知られるが、これらの部隊がしばしば示した抵抗力と柔軟性は、いまだにドイツ陸軍の能力を示す最も際立った一面である。

歴史的理由に加え、第一次世界大戦から意識的に学んだ教訓もあって、ドイツ軍における師団以下の部隊は主に「民族」を基準に編成されていた。つまり、プロシア、バイエルン、ザクセン、ヴュル

テンベルクなどの出身者からなっていたのである。[4] 例えば、バイエルン出身者の中にプロシア出身者が一人いたり、その逆の場合があったりすると社会的困難に直面し、自殺にまで追い込まれる可能性もあると認識されていた。[5] したがって、部隊において民族的性質を維持することで管理上の問題が生じても、ドイツ陸軍はその慣行を続けることに決めたのである。

既存の師団に補充して定員まで充足するのと、補充兵で新規の師団を編成するという選択肢のうち、ヒトラーの指示でドイツ陸軍は後者を選んだ。この措置は、後世の評論家から無用な数字へのこだわりに過ぎないとひどい嘲笑を浴びた。戦闘部隊は参謀や特技兵より早く損耗するので、師団を編成定員まで充足しなければある程度の無駄が生じたのは否定できない。他方、ドイツの指揮官は兵員を本来想定していない用途に投入することに躊躇しなかったため、少なくともそうした無駄の一部は解消されていた。さらに、多数の師団が存在していたため、終戦直前まで前線に交替で配備することができた。なによりも、この政策によって、兵士たちは共に苦しみ、戦い、死を分かち合い、その結果、ドイツの師団ではとりわけ末端のレベルで固い結束を維持し続けたのである。

したがって、脱走者や投降者の数で示される際立った結束力は、師団が社会的に同質であったことに加え、恒常的に定員が充足されていなかったという事実でかなり説明できる。脱走兵や投降兵が出

3 K. Macksey, *Guderian, Panzer General* (London, 1975), p. 133 の写真を参照。
4 Denkert, "Einsatz der 3. Panzer Grenadier Division in der Ardennen-Offensive," U.S. Army Historical Division Study B 086, 1946, p. 7. また、K. Hesse, *Soldatendienst im neuen Reich* (Berlin, n.d.), pp. 15-16 も参照。
5 Bundesarchiv/Militärarchiv (BAMA), Freiburg i. B., file H20/477.

るのは戦争を通じてかなり珍しい現象であったが、それでも最も多く見られたのは、オーストリア人、チェコ人、ポーランド人が無作為に編入され、戦争の末期に急遽投入された部隊か、様々な部隊に所属していた落伍兵で編成された師団であった。しかし、それ以外の部隊編成では、脱走者や投降者は少なかったのである。[6]

アメリカ陸軍

既述のようにOKWとOKHからなる不安定な指揮制度であったドイツとは異なり、第二次世界大戦時のアメリカは、あらゆる陸上・航空作戦（ただし海上作戦は除く）を指揮する統一的組織として、陸軍省参謀本部を有していた。しかしながら、その名称が示すように、この組織は陸軍省であると同時に参謀本部でもあった。また、野戦軍司令部と国内軍司令部に分割されていなかった（アメリカが海外で戦争していた事実を踏まえると、そうした区別はいずれにせよ無意味であったかもしれない）ため、管理業務がかなり重要な地位を占めるようになった。同様に、地上軍の二つの基本部隊である、陸軍地上軍（AGF）と陸軍後方支援軍（ASF）は国内と海外の双方に基地と部隊を有しており、地域では分けられていなかった。訓練はAGFが所管していたが、補充制度はASFが所掌しており、それが非常に好ましくない結果をもたらした。

兵士の大部分が師団以外の部隊に所属していたという事実を別にすれば、アメリカの組織はドイツの制度と似ていた。部隊は供給源の一部とされ、状況に応じて総司令部によって配備が決められた。任務に応じた軍団や軍を編成する試みが戦争の初期になされたものの、後に放棄された。部隊編成もドイツのモデルと似ていたが、より複雑で統一性がなかった点が例外であった。第二次世界大戦中も時期によっては師団の保有する連隊が三個より増えたり減ったりし、中間司令部が設置されたりもしたが、結局は廃止された。[7] 戦争が進むにつれ、こうした例外も少なくなっていった。

アメリカの指揮官も、特定の任務を遂行する戦闘団を急造することが少なくなかった。だが、アメリカ陸軍の公刊戦史の索引を分析すると、ドイツ陸軍に比べるとその頻度は低かったことを示している。アメリカの指揮官は特技兵や通信兵を本来の用途以外の任務に用いることを回避する傾向が強かったが、それはおそらくアメリカのシステムが火力を「工業的」に生み出す点を重視していたためであろう。その結果、かなりの人的資源による時間の浪費を許したのである。[8]

ドイツと同じく、アメリカの部隊もローマ数字かアラビア数字で識別されていた。ほとんどの部隊に別名があったものの、戦闘に臨む際に帯びていたのが、闘犬、アヒル、ムカデ、クモ、蜂、雄牛、鳥、猿、狼、熊、馬、豚、猫など、かなり多岐にわたる奇妙なデザインであったことを踏まえると、部隊にとっての意味はほとんどなかったことを示している。筆者の知る限り、対日作戦部隊であった「メリル襲撃隊」〔主にビルマ戦線で活躍した、ジャングル戦を専門とする特殊部隊〕を除けば、指揮官の名前で知られたアメリカ軍部隊は存在しない。

6　E. A. Shils and M. Janowitz, "Cohesion and disintegration in the Wehrmacht in World War II," *Public Opinion Quarterly* 12 (1948): 285, 288.

7　K. Greenfield, *The Organization of Ground Combat Troops* (Washington, D.C., 1947), p. 271.

8　一九四四年夏に、空挺部隊の総員がイギリスで無為に過ごすという極端な事例があったが、特殊訓練に見合う適切な任務が見つからないというのが原因であった。

第一次世界大戦時には、アメリカの師団は一つの狭い地域を基礎にして編成されることが多かった。イギリスの「戦友師団」〔地域のコミュニティごとに募った志願兵からなる師団のこと〕と同じく、これらの部隊の一部で大きな犠牲が出た結果、地域社会全体の損失につながったことにより、この制度が変更されることになった。したがって、第二次世界大戦時のアメリカの師団は、出身地域に関わりなく、九三六万三〇〇〇平方キロメートル（三六一万五〇〇〇平方マイル）の国土全域から召集された兵士からなっていたのである。

第二次世界大戦時のアメリカ陸軍は九一個師団を編成し、そのうち八九個師団が実戦を経験した。師団数が比較的少なかったため、ほぼ交替できなかった。さらに悪いことには、死傷者が出れば常に編成表の定数まで補充する方針が団結力を弱め、第一次集団の結束を妨げたのである。ドイツの師団は一定の戦力を犠牲にしたものの、共に苦しみ、戦い、死を分かち合う兵士の集団のままであった。それに対してアメリカの師団は正面・後方比率を維持したものの、後方の補充制度を経て前線で死傷者になるまで人間を処理する巨大な挽肉器のように機能してそれを可能にしたのである。

参謀と司令部の枠組み

以下では、ドイツ陸軍とアメリカ陸軍の組織を支配する基本原則から、両軍の戦術司令部の体制に目を移す。この体制から組織に内在する哲学や行動様式に関する重要な手掛かりがもたらされる。さらにそれぞれの組織と指導部の規模を比較すれば、両軍の効率性を推し量るための大まかではあるが手軽な手段にもなる。ある点を過ぎれば司令部を拡大しても効率性の向上にはつながらず、実際には

図6-1　ドイツの師団参謀組織

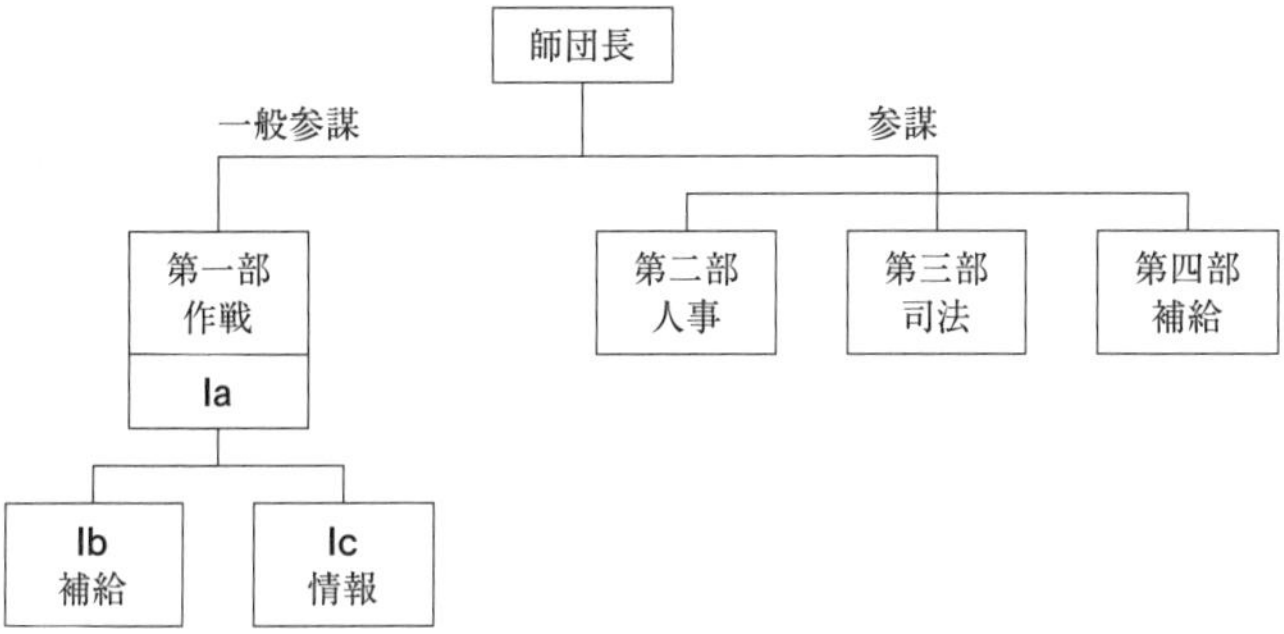

低下していくことは疑いようがないであろう。当然ながら、その点を明らかにすることが問題なのである。

ドイツ陸軍

ドイツの参謀はどの階層でも作戦・戦術部門の機能が最優先であった。つまり、参謀の主たる機能は戦闘に統率力をもたらすことであり、それ以外の任務には必要最小限の努力しか払わなかった。それゆえ軍の各階層では、先任参謀（erster Generalstabsoffizier）と呼ばれる作戦参謀（Ｉａ）が、実際の階級や地位では上位ではなかったものの同輩中の第一人者とされ、他のすべての部局を統括（massgebend）する業務を担っていた。

師団参謀の構成は、図６－１に示されている通りである。

Ｉａは参謀長を兼任していた。第一部という名称だけでなく、師団の一般参謀三名全員が第一部に集められている事実やＩｂ〔補給参謀〕やＩｃ〔情報参謀〕が参謀長の立場にあるＩａに従属していることからも、この作戦重視の姿勢がことさらに強調されている。第四部の下には、師団が独立部隊として活動するのに必

9　Janowitz and Little, *Militär und Gesellschaft*, p. 113.

図6-2　ドイツの軍団参謀組織

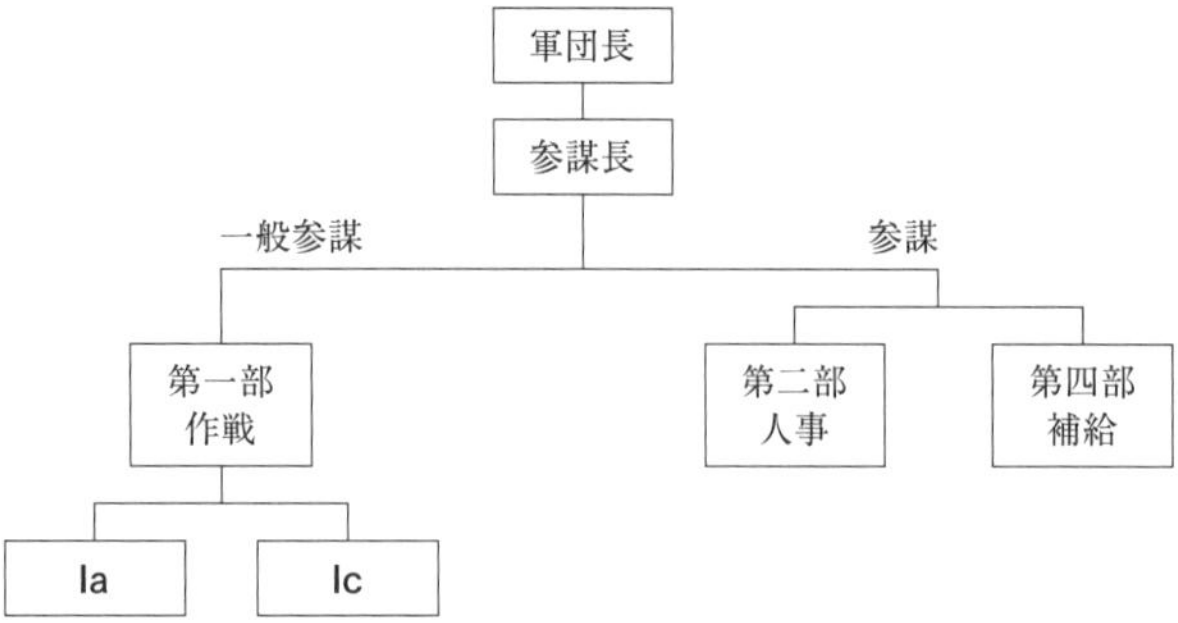

要なあらゆる専門家（管理、自動車、燃料などの分野）がいた。この第四部には、軍医や獣医士官、従軍牧師なども含まれていた。

軍団参謀は図6－2のように配置されていた。

軍団長は司法権限を有していなかったため、第三部は必要とされなかった。また、軍団司令部は師団よりも作戦にさらに特化しており、第四部の参謀は〔通常の〕五名ではなく、二名しかいなかった。

次に高いレベルにあるのは軍司令部であるが、その体制を図6－3に示す。

軍司令部で補給部を二つに分ける必要があったのは、軍が主要な兵站・管理単位となっており、その上位に位置する軍集団〔二個以上の軍からなる編成単位〕司令部を飛び越えてOKHと直接調整していた事実があったためである。軍集団司令部は戦術・作戦の司令塔に特化しており、その点で軍団司令部と似ていた。いずれにせよ、この作戦重視の姿勢が過度であったことが後に明らかになった。戦争が進むにつれて、兵站を統制せずして軍団や軍集団の指揮は不可能と認識されるようになり、それぞれの補給部が拡張されることになったのである。

ここで、参謀の構成からその規模に目を転じよう。一九三九年

図6-3　ドイツの軍司令部参謀組織

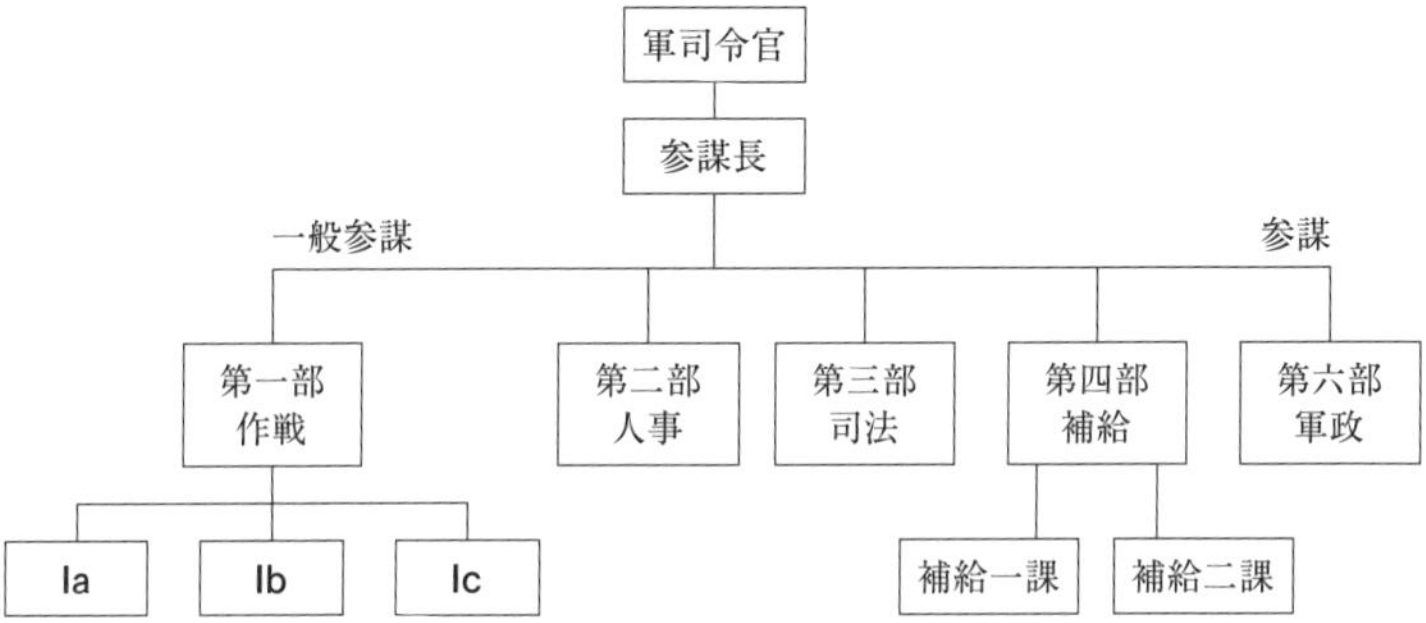

九月、第一級のドイツの歩兵師団は一万七八八五名の定員からなっていた。そのうち師団参謀は九六名、つまり定員の〇・五三％を占めていた。[10] また、当時の装甲師団の参謀は一一四名であり、これは定員の約〇・六五％であった。戦時中の様々な時期におけるその他の部隊についても同様の数字がある。[11]

一九四四～四五年におけるドイツの歩兵師団の司令部は、部隊の指揮統制に必要な参謀以外の要員も含め、人員は次ページの表6－1に示されるようになっていた。

装甲師団の司令部は多少規模が大きく、表6－2に示されている通りである。

軍団は通常、三個師団に加え、不定数の軍団兵を管轄していたが、その人員数を表6－3に示す。

その上位に位置する軍司令部の全体像については、表6－4に

10 B. Mueller-Hillebrand, "Statistiches System," U.S. Army Historical Division Study No. PC011 (Koenigstein Ts., 1949), p. 88.

11 H. Reinhardt, "Grosse und Zusammenstellung der Kommandobehörden des deutschen Feldheers im II. Weltkriege," U.S. Army Historical Division Study No. P139, appendix B, p. 137.

表6-1　ドイツの歩兵師団司令部の人員構成

（人）

部隊	士官	文官[*1]	下士官	一般兵士	計
参謀	25	5	35	74	139
地図部	—	—	1	7	8
憲兵	1	—	25	7	33
司令部付兵（補給、通信）	12	1	64	227	304
計	38[*2]	6	125	315	484

*1　「事務官」あるいは「事務員」
*2　この数字は、歩兵師団司令部における勤務者総数の7.8%に相当する

表6-2　ドイツの装甲師団司令部の人員構成

（人）

部隊	士官	文官	下士官	一般兵士	計
参謀	21	9	37	94	161
地図部	—	—	1	7	8
憲兵	3	—	41	18	62
警護中隊	3	—	32	152	187
司令部付兵	13	3	99	348	463
計	40[*]	12	210	619	881

出典：H. Reinhardt, "Grosse and Zusammenstellung der Kommandobehërden des deutschen Feldheers im II. Weltkriege," U.S. Army Historical Division Study P 139, appendix B, p. 176.
*　この数字は、装甲師団司令部における勤務者総数の4.5%に相当する

示されている。

これら司令部組織はすべて極めて小規模であった。定員約一万二五〇〇名の歩兵師団は四八四名からなる司令部によって指揮されており、その割合は全体の三・八七%であった（装甲師団については八八一名で七・〇九%となる）。約六万五〇〇〇名からなる軍団は、一〇〇四名、つまり全体の一・五二%から指揮を受けていた。二〇万〜三〇万を擁する軍は二六八二名からなる司令部の指揮を受けていたが、その数は全体の〇・八九〜一・三四%であった。装甲師団の司令部は歩兵師団よりも士官が二名多いだけ（ただし下士官や一般兵は三九五名多かった）

表6-3　ドイツの軍団司令部の人員構成

（人）

部隊	士官	文官	下士官	一般兵士	計
参謀	27	11	44	113	195
地図部	—	—	3	13	16
憲兵	2	—	21	10	33
砲兵	6	—	4	12	22
司令部付兵	31	3	120	584	738
計	66*	14	192	732	1,004

＊　この数字は、軍団司令部における勤務者総数の6.5％に相当する

表6-4　ドイツの軍司令部の人員構成

（人）

部隊	士官	文官	下士官	一般兵士	計
参謀	80	44	104	104	498
地図部	1	—	12	12	58
秘密憲兵	2	14	10	10	104
情報／空軍	2	—	4	4	12
連絡員／空軍	2	1	25	25	48
重砲	6	2	7	7	35
後方司令官	14	4	18	18	72
通信連隊	48	10	317	1,417	1,846

であり、完全なる機械化によっても「中間管理職」が必ずしも増えないことを示している点はなおさら興味深い。とはいえ、ドイツ敗北の原因を戦術司令部の機能不全に求める歴史家は、筆者の知る限り存在しない。

アメリカ陸軍

歴史的に見ると、スペンサー・ウィルキンソン〔イギリスの軍事史研究者〕の『陸軍の頭脳（*The Brain of an Army*）』やブロンサルト・フォン・シェレンドルフ〔プロシアの軍人、後に陸軍大臣〕の『参謀要務（*Der Dienst des Generalstabes*）』を経由して、エリフ・ルート〔陸軍長官〕によって、ドイツのモデル

図6-4　アメリカの師団参謀組織

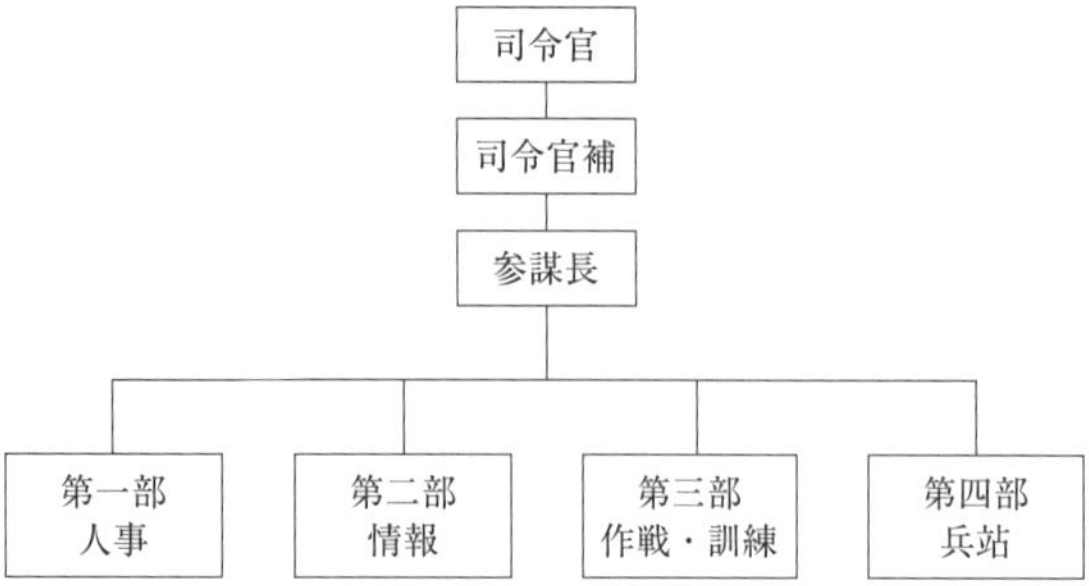

がアメリカ陸軍の参謀本部制度に取り入れられた。だが、アメリカの制度は作戦の比重がかなり小さいという点で当初から異なっており、一九〇三年に参謀本部の設置を承認した最初の法案でも作戦という用語はまさに一度も言及されていなかった。その代わりに、参謀本部は米西戦争で生じた欠陥を是正し、その結果として、計画立案、動員、情報、管理に重点を置いたものとなった。一九一八年になって、フランスの影響を受けた〔ジョン・〕パーシング大将（第一次世界大戦においてアメリカ遠征軍総司令官を務めた）が、アメリカ遠征軍（AEF）を指揮するうえで、第一部（G1、人事）、第二部（G2、情報）、第三部（G3、作戦）、第四部（G4、兵站）、第五部（G5、教育・訓練）という五つの機能別部局を設置した。一九二一年、第五部の機能が第一部と第三部に分割され、現在の枠組みが実質的に完成したのである[12]。

　第二次世界大戦時における師団の体制（師団より上のレベルでも実質的にすべて同じであるが）は、図6－4のようになっていた。

　図6－4を一瞥しただけでも明らかなように、アメリカの師団参謀部はドイツと比べて作戦への特化の度合いはかなり低かった。とりわけ、師団の参謀長は一義的に作戦参謀という立場ではなく、むしろ各部長の機能を調整し、監督する管理者であった。参謀は同格

であり、したがって自らの計画を「独立して客観的に」立案できた、つまり、ドイツの制度の根幹であった作戦上の考慮を最優先にする必要がなかったのである。

戦闘中のドイツ軍部隊で指揮にあたるのは第一部だけであるのに対し、アメリカの参謀の前方指揮部門には四名の部長が関わっていた。それゆえ、参謀部全体だけでなく、その前方指揮部門においても特化の程度は低かったのである。

一九四一年六月の編成表によれば、アメリカの歩兵師団は一万五五一四名の定員に対し、参謀は一六九名であり、全体の一・〇八％の人員によって指揮されていた。一九四五年一月の数字では、一万四〇三七名の定員に対して参謀は一六六名であり、全体の一・六三％であった。[13]

一九四二年三月、アメリカの機甲師団は一万四六二〇名の定員で、そのうち一八五名、全体の一・二六％が参謀部に属していた。一九四五年一月の数字では、一万六七〇名の定員に対し、参謀が一七四名で全体の一・六三％であった。

アメリカとドイツの司令部の規模を比較するのは、組織の制度が異なるため簡単ではない。だが、一九四五年一月の時点でアメリカの一個師団を指揮するために必要な人員数の概要が次ページの表6−5によって分かるであろう。

この表によれば、アメリカの歩兵師団の四・三％、機甲師団の七・一九％を司令部の人員が占めていることになる。それゆえ、アメリカの司令部の規模はドイツよりわずかに大きいだけに過ぎず、多

12 J. D. Hittle, *The General Staff, Its History and Development* (Harrisburg, Pa., 1961), p. 201.
13 Greenfield, *Organization of Ground Combat Troops*, pp. 174-75, 320-21.

表6-6　アメリカの軍団参謀部の人員構成

（人）

士官	69
准尉	7
一般兵士	109
計	185

出典：K. Greenfield, *The Organization of Ground Combat Troops* (Washington, D. C., 1947), p. 361.

表6-5　アメリカの師団司令部の人員構成

（人）

部隊	歩兵師団	機甲師団
参謀	166	174
憲兵小隊	239	293
師団司令部中隊	104	115
師団鉄道司令部・司令部中隊	—	99
総計	509	681

くの歴史家が与える印象とは異なっている。だが、歩兵師団の司令部は七九名（師団砲兵指揮官の参謀を含めると九四名）の士官を抱えており、これはドイツの歩兵師団の二倍である。アメリカの歩兵師団の司令部要員のうち、士官が一二・八％を占めていたのに対し、ドイツの師団では七・八％であった。おそらくは作戦よりも兵站や管理が重視されていたこともあって、アメリカの歩兵師団の士官の一一・二％が師団司令部で勤務していたが、ドイツの師団では七％に過ぎなかった。

アメリカの軍団参謀部の構成は、表6－6に示されている通りである。

これによると、アメリカの軍団参謀部はドイツよりも士官が五五％多かったが、それ以外の人員については四四％少なかった。アメリカの士官は多様な業務を担当させられていたことが明らかである一方、同じ業務はドイツ陸軍では文官、下士官、一般兵によって担われていたのである。この点は重要であり、改めて立ち戻ることになろう。

師団の構成

もし軍隊が機械であるとすれば、師団は歯車である。歯車には実動

表6-7　1939年時点におけるドイツ軍師団の兵員内訳

（％）

部隊	歩兵師団	装甲師団
参謀	1.08	1.3
歩兵（補充大隊を含む）	56.2	27.0
偵察	3.4	6.4
砲兵	19.0	10.2
機甲	0.0	24.7
対戦車砲	4.0	6.0
工兵	4.4	7.0
通信	2.7	3.6
戦闘職種計	90.7	86.2
補給	3.8	7.5
管理	1.1	1.8
衛生	2.8	3.8
獣医	1.3	0.0
憲兵	0.3	0.7
後方職種計	9.3	13.8

出典：B. Muelleer-Hillebrand, “Statistisches System,” U.S. Army Historical Division Study PC 011 (Koenigstein Ts., 1949), p. 89.

部分である歯に効果的に機能する強度さえあれば、それ以上の性能は無駄となろう。

ドイツ陸軍

他国の軍隊と同じく、ドイツ陸軍も一九世紀初頭以降に補給や後方支援部隊の数が漸増する傾向を避けられなかったが、それでも師団は非常に無駄のない戦闘組織を維持していた。表6－7は、一九三九年時点で二つの師団における戦闘部隊と後方部隊の比率の概要を示している。

この表によれば、歩兵師団と装甲師団（当時は二個装甲連隊で三五〇両の戦車を保有していた）の違いはかなり小さかった。また、次ページの表6－8が示すように、一九四四～四五年の装甲擲弾兵師団の編成では良好な正

表6-8　1944〜45年におけるドイツ軍の装甲擲弾兵師団の構成

（人）

部隊	士官	文官	下士官	一般兵士	計
師団参謀	26	10	99	120	255
歩兵	150	18	1,056	4,822	6,046
機甲科	21	4	224	308	557
偵察科	23	3	185	769	980
対戦車科	17	3	145	289	454
砲兵連隊	58	11	770	1,065	1,904
対空科	18	3	131	453	605
工兵大隊	15	5	114	655	789
通信科	13	3	87	311	414
教育大隊	17	1	91	850	959
戦闘職種計	358	61	2,902	9,642	12,963
補給部隊	19	2	101	439	561
車両修理場	5	6	40	184	235
管理部隊	1	7	33	166	207
衛生部隊	17	4	83	358	462
野戦郵便	—	3	7	8	18
後方職種計	42	22	264	1,155	1,483
総計	400	83	3,166	10,797	14,446

出典：H. Reinhardt, “Grosse und Zusammenstellung der Kommnadobehörden des deutschen Feldheers im II. Weltkriege,” U.S. Army Historical Division Study P 139, supplement, p. 12.

面・後方比率が戦争終結まで維持されていた。

この分類方式によれば、全兵員の八九・七％が依然として戦闘部隊に所属していた。士官について言えば八九・五％、文官（Beamter）は七三・五％、下士官は九一・六％、一般兵は八九・三％が戦闘部隊に配置されていた。それゆえ、文官という明白な例外を除けば、いずれの階級においても戦闘部隊と後方部隊にほぼ同じ割合で配属されていたのである。

アメリカ陸軍

表6－9は一九四五年一月時点におけるアメリカの師団

表6-9　1945年時点のアメリカ軍師団の兵員内訳

部隊	歩兵師団		機甲師団	
	人数（人）	割合（%）	人数（人）	割合（%）
参謀	166	1.18	360	3.37
歩兵	9,204	65.56	2,985	27.97
偵察	149	1.06	894	8.37
砲兵	2,111	15.03	1,625	15.22
機甲	—	0.00	2,100	19.68
対戦車砲*1	—	0.00	—	0.00
工兵	620	4.41	660	6.18
通信	239	1.70	293	2.74
戦闘職種計	12,489	88.97	8,917	83.57
後方支援部隊*2	1,548	11.03	1,753	16.43
総計	14,037		10,670	

出典：K. Greenfield, *The Organization of Ground Combat Troops* (Washington, D. C., 1947), pp. 306, 320 に基づき、ドイツ軍の分類方式に対応させた
＊1　対戦車砲は他の兵科に分散して配置されていた
＊2　司令部要員、後方支援中隊、軍楽隊、鉄道、憲兵小隊、整備、警衛大隊を含む

編成を示している。

ドイツの事例と同じく、（歩兵師団の全人員の四・九％を占める）士官は、戦闘部隊と後方部隊にほぼ同じ比率で配属されていた。

この表はおそらくアメリカの師団の戦闘力を多少誇張している（これまで見てきたように、アメリカ陸軍は特技兵を本来想定されていない任務に投入する用意がなく、それゆえ例えば工兵は「戦闘」部隊ではなく、「支援」部隊として分類されていた）が、アメリカとドイツの師団の違いでは何も満足に説明できない。それゆえ、次の段階として、両軍における全体的な戦闘部隊と後方部隊の比率に着目することにする。

師団単位人員数

ドイツ陸軍

表6－10は、戦時中の各時期におけるドイ

表6-10　1939～45年におけるドイツの師団単位人員数

（人）

時期	9/39	7/41	6/42	12/43	6/44	11/44	4/45
師団数	106	203	239	278	255	260	260
平均編成定員	16,626	13,900	13,500	13,000	12,500	12,500	11,500
平均実員数	16,626	13,800	11,836	10,453	12,155	8,761	9,985
野戦軍部隊							
師団参謀、軍団・軍付兵	4,130	3,800	3,800	3,900	4,100	4,100	4,200
国境警備	1,075	—	—	—	—	—	—
工兵	4,028	1,100	1,100	1,000	1,000	1,000	500
野戦軍計	9,233	4,900	4,900	4,900	5,100	5,100	4,700
国内予備軍部隊							
訓練部隊	7,027	4,630	4,749	4,495	4,104	4,003	2,292
衛生科要員・負傷者	—	246	1,611	1,979	3,529	2,642	3,248
国内予備軍計	9,034	6,107	7,531	8,272	9,801	8,983	5,695
実員総計	34,873	24,807	24,267	23,625	27,056	22,844	20,308
編成定員総計	34,873	24,907	25,971	26,172	27,401	26,583	21,895

出典：B. Mueller-Hillebrand, "Division Slice," U.S. Army Historical Division Study P 072（Koenigstein Ts., 1951）, p. 9.

ツ軍師団の単位人員数の推移を示している。

ここに示された数字はいくつかの驚くべき事実を覆い隠している。第一に、この表からは、ドイツ陸軍が比較的余裕のある戦力で第二次世界大戦に突入したが、戦争が進むにつれてその余力を失ったように映るであろう。第二に、師団単位人員数（定員）は一九四一年七月に最低となっているが、ハルダー参謀長によれば、この時期はまさしく陸軍が士気、統率力、戦闘適性の面で「高い水準」に達していたのである。[14]これ以降に人員が緩やかに増えていくのは、師団に属さない部隊の数が増加したという小さな変化に加え、とりわけ負傷者の急増を反映している。

ドイツ陸軍の師団は、一九三九年九月には実兵員の四七・六％を占め、一九四一年七月で五五・六％、一九四二年六月で四八・七％、一九四三年一二月で四四・二％、一九四四年六月で四四・九%、一九四四年一一月で三八・三%、一九四五年四月で四九・一%となっていた。一九四一年七月（ソ連侵攻の開始直後）に高い比率となり、一九四四年一一月（西部戦線、東部戦線の双方で連続して大敗北を喫した後）に低くなっているのは、特筆すべきである。

陸軍全体の後方部隊の比率に目を移すと、ドイツの司令部は自軍を戦闘部隊と後方部隊ではなく、野戦部隊と予備部隊に区分するのが一般的であったため、正確な数字が得られない。したがって、表6−11に示される一九四四年六月時点の人員数は、大まかな概要を示すものに過ぎない。

全兵員のうち戦闘部隊の比率は、開戦時は五三・五%であったのに対し、この表の時点では五四・三五%になっていた。[15] 自動車化の拡大と、五年におよぶ戦争で生じた膨大な負傷者にもかかわらず、ドイツ陸軍における戦闘部隊の比率は維持され、わずかとはいえ向上すらしていたのである。

ドイツ陸軍の構成について分析してきたが、その締めくくりとして表6−12に単一戦域における師団単位人員数を示した。

表6-11　ドイツ陸軍における戦闘・後方支援戦力

（人）

戦闘部隊	
師団の平均実員数	12,155
師団参謀、軍団、軍付*	2,550
戦闘部隊計	14,705
後方支援部隊	
師団参謀、軍団・軍付兵	2,550
工兵部隊	1,000
国内管理部隊	600
軍病院の衛生科要員	392
警衛部隊	176
訓練部隊	2,535
プールされている訓練済み補充兵	1,569
回復中の兵員	784
入院中の負傷者	2,745
後方支援部隊計	12,351
総計	27,056

出典：B. Mueller-Hillebrand, “Division Slice,” U.S. Army Historical Division Study P 072（Koenigstein Ts., 1951）, pp. 7-8 より入手

* この部隊に関しては、その半数が戦闘部隊（重砲など）であり、残り半分は後方支援部隊（補給、整備、軍政）とみなしている

表6-12　ドイツ軍の単一戦域における戦闘・後方支援戦力

（人）

戦闘部隊	
師団の平均編成定員	16,626
師団参謀・軍団付要員の50%	1,875
戦闘部隊計	18,501
後方支援部隊	
師団参謀・軍団付要員の50%	1,875
工兵部隊	1,550
後方支援部隊計	3,375
総計	21,876

この表によれば、一つの戦域内では戦闘部隊が全兵員の八四・五%を占めていたことになる。

アメリカ陸軍

アメリカ陸軍の第二次世界大戦公刊戦史からは、師団単位人員数について驚くほどわずかな情報しか得られない。一九四四年末の時点で八九個師団が存在したというのが、すべてである。この時点で（空軍を除く）アメリカ陸軍の総兵力は約五七〇万人であり、師団単位人員数は六万四〇四四人のはずである。[16]

ドイツ軍とは違い、アメリカ軍部隊は兵員の補充を絶えず行うことで、定員、あるいはその近くまで充足されているのが普通であった。したがって、この当時の師団の戦力は高い水準にあり、平均一万三四〇〇人に達していた。これは、陸軍の兵員の約二〇・八%が師団に投入されていたことを意味していた。

だが、この人員数はドイツ陸軍と比べる対象にならない。アメリカの組織はより中央集権的であり、戦闘部隊のかなり高い割合が師団に配備されず、むしろ軍や軍団といった上級

表6-13　アメリカ軍の師団単位人員数

	人員数（人）
師団編成定員の実際の平均	13,400
師団に所属しない部隊の戦闘要員	11,300
戦闘部隊計	24,700
師団に所属しない部隊の後方支援要員	18,700
総計	43,400

出典：K. Greenfield, *The Organization of Ground Combat Troops* (Washington, D. C., 1947), p. 351.

司令部の直接的な指揮下に置かれていた。その結果、一九四五年一月時点の師団単位人員数は、表6－13のようなものであっただろう。

この表によれば、戦域レベルの総兵員の五六・九％が戦闘要員であった。だが、この数字もドイツとは厳密な比較ができない。なぜなら、アメリカ陸軍は海外で作戦を行う、つまり遠征軍として活動していたからである。それでも、陸軍全体の師団単位人員数を割り出すために、「部隊基準表〔部隊数や兵員数の現状や動員計画を記した陸軍省作成の資料〕」の中で訓練中の補充兵、または非戦闘要員に分類される人員」の二万一〇四九人を加えると、戦闘要員は全兵員の三八％となる。この数字に負傷者は明らかに含まれていない。

次に、後方部隊に対する戦闘部隊の比率の時系列的な推移を追っていこう。次ページの表6－14は一般兵士のみに言及したもの、つまり士官を含まない数字である。

この表によれば、対象期間の戦闘部隊の割合は五一・八％から四

14　F. Halder, *Kriegstagebuch* (Stuttgart, 1962), 2:214.
15　この数字は以下に基づき、同様の方法で計算したものである。Mueller-Hillebrand, "Division Slice," U.S. Army Historical Division Study P 072 (Koenigstein Ts., 1951), p. 3.
16　Greenfield, *Organization of Ground Combat Troops*, p. 213 によれば、「六万人以上」であった。

表6-14　1942年・1945年時点におけるアメリカ陸軍の戦闘・後方支援戦力

（人）

	1942年12月31日	1945年3月31日
陸軍地上軍の戦闘部隊	1,917,000	2,041,000
陸軍地上軍の後方支援部隊	243,000	461,000
陸軍後方支援軍の後方支援部隊	518,000	1,097,000
非戦闘要員、補充兵、勤務不能者	1,022,000	1,422,000
計	3,700,000	5,021,000

出典：K. Greenfield, *The Organization of Ground Combat Troops* (Washington, D. C., 1947) および R. R. Palmer, *The Procurement and Training of Ground Combat Troops* (Washington, D. C., 1948).

〇・六％にまで低下したことになる。このような低下をもたらしたのは、先に戦闘部隊が編成されたことも理由の一つであったろうし、伸び続ける後方連絡線や純然たる非効率性も原因に含まれよう。公刊戦史は以下のように説明している。

ノルマンディ……〔上陸〕作戦で最も重要な時期にあたる一九四四年六月三〇日の時点で、米国内の下士官で海外任務の適性がありながら国内任務に配置されていた人員数は、ヨーロッパや地中海戦域における歩兵の一般兵の数を上回っていた。また、二つの戦域における陸軍航空部隊の士官と下士官を合わせた総数も凌いでいた。さらに、ヨーロッパにおける歩兵部隊、機甲戦車駆逐部隊、騎兵部隊、野戦砲兵部隊、沿岸砲兵部隊、対空砲部隊に所属する下士官の総数の九二％に相当した。これらの戦域の戦闘要員の多くは、国内にとどまることになっていた兵員よりも身体的に劣っていた。このような状況をＡＧＦは是認していなかったが、一九四四年に陸軍省が是正することは困難であった。動員の初期に、肉体的に優れた人材は国内任務に配属され、特技兵として訓練されていた。彼らが今や重要な地位を占めていたのである。[17]

それゆえ、一九四五年五月に、ジョセフ・スティルウェル大将〔アメリカ陸軍の軍人でビルマや中国戦線で活躍〕が「消滅しつつある地上戦闘部隊」について書き記した〔スティルウェルはマーシャルに対して書簡を送り、アメリカは人的資源の優位を活かせず、地上軍の戦力不足に陥っていることに懸念を伝えた〕のも全く不思議ではなかったのである。

17　Ibid., pp. 241-42.

第7章 陸軍の人事行政

一般的原則

ドイツ陸軍

封建的伝統の名残であり、意図的な選択の結果でもあったが、ドイツ陸軍は最大六五五万人という規模に膨れ上がった戦力の管理において機械的手法は用いなかった。[1] これは現代から見ると驚くべき偉業であり、極端に分権化された組織によって成し遂げられた。様々な軍事的特技（ＭＯＳ）の新兵への割り当て、休暇の規則、処罰の実施や部隊間の人事交流など、個々の兵士とその人格の重要な問題に関するすべてが、部隊指揮官（主に連隊長）の手に委ねられていたのである。

こうした制度は相互信頼を前提としつつ、その醸成も促した。兵士の生活に対する広範な権限を比較的若手の士官の手に委ねることで、彼らの地位を高めるだけでなく、「自らの部下に対する責任感の自覚を促し、それによって兵士と直属の上官との間で相互信頼の絆を強める」ことが期待されていた。[2] 翻って、この信頼が高い戦闘力を生み出し、維持するための欠かせぬ前提条件とみなされたのである。

この制度の分権的な性質がもたらした一つの帰結として、陸軍人事局（Heeres-Personal Amt：ＨＰＡ）では人的資源に関する詳細な統計をとらなかった。そうした情報の欠如は緒戦の段階では大きな問題とならなかった。だが、一九四一年末にソ連戦線で死傷者が増加し、利用可能な人的資源を最大限活用せざるを得なくなると、その影響が出始めた。

とはいえ、機械化された中央集権的制度へと戦時中に転換するのは容易ではなかった。また、この動きは一部士官からかなりの抵抗を受けた。彼らは一九一八年以前の伝統を思い起こし、中央集権的制度であれば生じる指揮の統一の原則への悪影響や指揮官の地位を脅かすことへの対策を検討すべきという正当な主張をしていた。最終的に、部隊に対して事務作業の負担を増やすこと、また陸軍全体には裨益するが部隊にとって直接的な利益がないデータの収集機関にすることに、参謀本部は消極的であった。こうした配慮により、いかなる重要な変更を加えることも阻止され、物事は以前と変わらぬままであった。

1　B. Mueller-Hillebrand, *Das Heer*, 3 vols. (Frankfurt am Main, 1968-), 3:254.

2　B. Mueller-Hillebrand, "Statistisches System," U.S. Army Historical Division Study PC011 (Koenigstein Ts., 1949), p. 68. 原文では、引用個所に二度にわたって下線が引かれている。

「部隊に与える負担の増加」(この表現は関係する文書に頻出する)を避けるべく参謀本部が腐心していたことは、実際にかなり特筆すべきものであった。[3] だからこそ、参謀本部編成部は実員、死傷者、補充の必要性について毎日の報告を要求しなかった。代わりに、編成定員と一〇日ごとに報告される損耗を基に自ら算定し、その際は対象となる部隊の相対的な重要性、つまり戦術的状況を考慮していたのである。

映画好きの人間がプロシア/ドイツ陸軍に抱きがちなイメージとは逆に、この制度は事務作業をできる限り少なくするよう配慮されており、その結果として生じる情報の不正確さを許容する用意があったのである。いずれにせよ陸軍は一九四一年から一九四二年にかけての冬以降、死傷者による欠員の補充は絶望的だったので、入手できる情報の不正確さや不足はほとんど問題にならなかった。つまり、必要が美徳に転じたのである。

だが、これらすべてが意味するのは、高度な統計モデルが必要な場合でもドイツ陸軍がそれを活用できなかった、あるいは使用を避けたということではない。この点は特に戦争終盤に激増した負傷者に関して言える。負傷者と他の補充兵との調整を図るために、回復者数、回復期間、回復後の身体適性を予測する精密なモデルを作り出す必要があり、これは実際に成し遂げられたのである。[4]

アメリカ陸軍

アメリカ陸軍による第二次世界大戦の公刊戦史からは、人事管理の手法に関する詳細な情報は比較的わずかしか得られない。だが、明らかなのは、人事管理制度が数理モデルに基づいており、そのモデルはしばしばかなり複雑で、ほぼ完全に機械化され、高度に中央集権化されていたということである。

数値化に価値があるという強い信念が存在していたことも明らかである。機械化された管理システムを可能にするために、ありとあらゆるものに数値が振られていた。公刊戦史には統計、グラフ、表が詰め込まれ、そのうちの少なくとも一つは、あまりにも複雑なため一〇ページもの説明が必要であった。[5] 問題が生じると「工学《エンジニアリング》」の観点から解決策が模索された。工学とはさらなる組織と事務作業という意味であり、その一例としては一九四〇年に士気面で危機が起こると士気を所掌する部署が設置された。一九四四年三月に生じた統率の危機の際には、陸軍省第三部（G3）のH・L・トワッドル少将が全部隊指揮官に月間報告書を提出させる手続きを導入した。その報告書には、不適格と判断される士官の数を記すか、さもなければそのような士官が指揮下にいないと明記することが求められたのである。[6]

数理的手法を用いて必要数を判断しても、人的資源の活用を誤るのは避けられない。例えば、戦争の一年目に深刻な士官不足に陥ったものの、一九四三年には多数の余剰が生じており、対空砲部隊だけでも毎月一〇〇〇人の士官を異動させる必要があった。[7]

3 "Um die Truppe nicht mit weiteren Meldungen zu belästigen."
4 Mueller-Hillebrand, "Statistisches System," p. 68.
5 K. Greenfield, *The Organization of Ground Combat Troops* (Washington, D. C., 1947), p. 158.
6 R. R. Palmer, *The Procurement and Training of Ground Combat Troops* (Washington, D. C., 1948), p. 126.
7 Ibid., p. 105.

人事管理の進め方の一例としては、アメリカ陸軍の士官評価報告書（WD AGPRT 462）が適当であろう。この一六ページからなる文書は五つの項目に分けられており、これは識別情報を記入する項目を除いた数であったが、その識別情報を記入する項目だけでも七つ以上の細部項目に分かれていた。また、電磁式鉛筆を用いて五つの異なるシステムによって回答する八〇以上の個別の質問項目もあった。業績、様々な個人的特性、判断力、常識、協調性、主導性、影響力、目標達成力、望ましさ（評価者が被評価者を指揮下にとどめておきたいかどうか）といった点について、すべて点数で記録しなければならなかった。最後に、士官は下、平均以下、平均以上、上という四つの階層に分けられ、それぞれの階層で五段階の成績が与えられるので、合計で二〇段階の評価が設定されていた。

この書式は年二回記入されると、評価者の上司が確認することになっていたため、適切に処理されれば事務作業は二倍になった。その結果は機械的な処理のためにデジタルの形で表にまとめられ、五桁の数字からなる書式に記入された。

ドイツ陸軍での人事管理の進め方は違っていた。士官評価書（Beurteilung）として知られる書式に、二年に一度の記入が義務付けられていた。本来は五ページであったが、部隊が担う管理業務を削減する努力の一環として、一九四二年一一月にさらに簡略化された。だが、ＨＰＡはい・いいえで回答できるまで簡素化することはなかった。その代わりに、評価者は自分の部下について、性格、人格、戦闘中の行動、軍人としての能力と業績、健康状態、他の職務への適性の順番で評価することを求められた。点数制や強制的な比較などは用いられず、その結果として客観的基準は放棄して、適否を見分ける指揮官の能力（と意欲）に大きな信頼を寄せていた。士官評価書の目的は、「全人格についての具体的な描写」をもたらすことにあった。その描写のために馬術の世界で使われることの多い適切な比喩を駆使した士官を、ＨＰＡは特に称賛していたようである。[8]

人的資源の分類と配置

あらゆる人事政策の基本的な機能は適材適所である。以下では、この問題がドイツとアメリカで異なる方法で対処されたことを示す。

ドイツ陸軍

ドイツの若者は、いずれかの軍種（戦時中には武装親衛隊も含まれる）に先立って志願していなければ、一九歳になると徴兵された。一九三五年以降の兵役期間は二年であり、戦争中はほぼ無期限になったものの、前線部隊で三五歳以上の者はより若い兵士と交代するのが常であった。

各年齢層でどの程度の割合が召集されたかは不明である。計画目的では七五％と設定されていたが、戦争が進んで基準が下がるとさらに上昇したのは間違いない。[9] 一九三九年九月から一九四五年四月までに、一七八九万三二〇〇人が国防軍か武装親衛隊の兵役に就き、[10] 人口基盤を九〇〇〇万人（ズデー

8 R. Hofmann, "Beurteilungen und Beurteilungnotizien im deutschen Heer," U.S. Army Historical Division Study No. P 134 (Koenigstein Ts., 1952), pp. 3, 51-52 を参照。

9 Unsigned Note, 9 October 1939 Bundesarchiv/Militärarchiv (hereafter BAMA) H20/482.

10 Mueller-Hillebrand, *Das Heer*, 3:253.

表7-1　1939〜45年におけるドイツ軍の人的資源の発展

（千人）

年	野戦軍	国内予備軍	陸軍総計	空軍	海軍	武装親衛隊	総計
1939	1,400	1,200	2,600	400	50	35	3,085
1940	3,650	900	4,550	1,200	250	50	6,050
1941	3,800	1,200	5,000	1,680	404	150	7,234
1942	4,000	1,800	5,800	1,700	580	230	8,310
1943	4,250	2,300	6,550	1,700	780	450	9,480
1944	4,000	2,510	6,510	1,500	810	600	9,420
1945	3,800	1,500	5,300	1,000	700	830	7,830

出典：B. Mueller-Hillebrand, *Das Heer,* 3 vols.（Frankfurt am Main, 1968）.

テンランド、アルザス、そしてポーランドの一部を含む）とすると、全人口の約三・六％が毎年兵役を経験していたことになる。ドイツ軍は戦力が最も高まった一九四三年の時点では、人口基盤の一〇％強を占めていた。この数字を超えたのはおそらくはイスラエルだけで、それも数日か数週間の戦争であり、五年半も続いたわけではなかった。

したがって、軍隊全体がドイツの人口構成を典型的に示すものであったとすると、表7－1が示すように、陸軍（Heer）に配分される人的資源の比率は時間の経過とともに減少する傾向にあった。

ドイツ陸軍の比率が一九三九年の八五％から一九四五年には六七％まで低下したのに対し、空軍と海軍は合計で一四％から二一％まで上昇した。武装親衛隊は一九四二年の時点でも陸軍の相手ではなかったが、戦争終結までには強力なライバルになっていた。地上軍（陸軍と武装親衛隊）の全体的割合は着実に低下し、開戦時には八六％であったのに対し、終戦時には七四％に過ぎなかった。

だが、陸軍が入手できた人的資源の長期的なトレンドによる影響は、単なる数字で表すことは不可能である。戦争が進むにつれて、他の軍種と比べて陸軍の地位は低下する傾向にあった。一九四一年一二月以降、陸軍ではもはや司令官も不在となった。したがって、ドイツの優秀な若者を引きつける能力も下がった。ヒトラー・ユーゲント〔ナチス政権下のドイツの青少年組織〕の指導者の勧めにより、より多くの若者が「反動的」な陸軍に入隊するよりも、空軍、海軍、あるいは武装親衛隊を選んだのである。その性質ゆえに陸軍の死傷者が比率のうえでより多かったという事実も、その傾向を強めたもう一つの要因であった。[11]

一般兵士（士官を除く）を分類・配置する手法は、現代の基準からすると極めて簡素であった。新兵の大半はいかなる筆記・機械的試験の受験も求められなかった。その代わりに、身体検査に従って六つの階層に分けられ、「戦闘適性あり（Kriegsverwendungsfähig: Kv）」から、「駐屯地関係任務に適性あり（Garnisonsverwendungsfähig: Gv）」を経て、下は「防衛任務に不適（Wehrunfähig: Wu）」まであった。首席内科軍医が身体検査の大部分を実施し、予備検査を担当する軍属の監督にあたる軍医補佐が支えていた。専門家は必要に応じて呼ばれるだけであった。各器官を軍医が分担して検査する流れ作業（ベルトコンベヤー）の原則に基づく検査体制は明示的に禁じられていた。軍医一人が検査可能な人数は一日八〇人に限定されていたのである。[12]

11 一九四四年末まで、全士官の戦死者、行方不明者、除隊者のうち八〇・七%が陸軍であった。ほとんど損耗のなかった一九三九年以降の全期間で、この割合は国防軍（武装親衛隊は除く）における陸軍の比率よりもかなり高かったのである。Mueller-Hillebrand, "Statistisches System," p. 114を参照。

12 Generalstab, ed., Heeres Dienstvorschrift 81/15, *Wehrmachtersatzbestimmungen bei besonderen Einsatz* (Berlin, 1942), pp. 34-36; およびGeneralstab, ed., Heeres Dienstvorschrift 252/1, *Vorschrift über militärärtzliche Untersuchungen der Wehrmacht*, part I (Berlin, 1937), p. 6を参照。

身体検査の最中にも、立ち会いが義務付けられている予備検査（Musterung）担当指揮官と共に、軍医は新兵と会話を交わした。こうすることで明らかな精神的問題を抱えている人間は除外できたのである。被検者の精神状態の全体像が把握され、もし本人の希望があれば考慮された。[13]適性の判断、つまり召集の可否を指揮官がその場で決定し、被検者に伝達された。様々な兵科や職種への配属の決定は、入隊（Aushebung）する段階までなされなかった。

入隊時には、直近の変化の有無を調べるために簡略化された身体検査が行われた。その後に、健康状態、学歴、職業、準軍事的訓練（例えば海洋ヒトラー・ユーゲント）に加え、本人の希望に基づいて配置された。各軍種には、新兵の適格者を同じ割合で配分することが規則で明示されていた。

新兵を戦車中隊などの様々なＭＯＳに最終的に振り分けるのは部隊によって行われ、連隊長の権限であった。したがって、二一週間の訓練課程の最初の四週間で行われる検査や人となりを知ることを通じて、運転手、装填手、あるいは機関銃手になるかが決まったのである。[14]

この制度は全体として単純で分権的なうえ、とりわけ人間的であった。客観的な検査の結果よりも、軍医や士官の判断を常に信頼していた。ドイツ陸軍では通例であったが、最終段階の決定は現場から離れた人事担当士官ではなく、いずれ新兵を訓練し、戦闘で指揮する可能性が高い指揮官の手に委ねられたのである。

以上のことは、ドイツ陸軍が軍事心理学に無関心であったという意味ではない。逆に、一九三九年に出版された当該分野に関する文献のリストでは、全著作に占めるドイツ語文献の割合が二八・四％を占め、トップであったことが示されている。[15]陸軍の心理学研究所は、国防相のヴィルヘルム・グレーナーによって設立されたが、それは保守的な司令官であったハンス・フォン・ゼークト大将が一九二六年に辞任してまもなくのことであった。研究所の初代所長はJ・B・ライヒェルト教授であり、その後継は子供や学校の専門家として著名なマックス・シモナイト博士であった。一九三九年までに、研究所は約二〇〇名の心理学者を抱え、ベルリンにあったセンターに加え、それぞれの軍管区に所在した支所に配置していた。軍事心理学者は、心理学の博士号取得者から慎重に選抜され、さらに三年間の訓練を受けたうえで、論文提出、口述試験、士官候補生の選考を経ることになっていた。[16]

したがって、軍事心理学者を育成する努力の水準は並大抵ではなかった。それでも、シモナイトの組織は存在していた一六年間を通じて比較的小規模にとどまっており、数百万人もの兵士を検査するために膨張したアメリカ陸軍の類似組織とは比べるべくもなかった。[17] 一九三三〜三九年の間に、研究所は総数四七万八八七〇人の兵員を検査したが、士官候補生はその一部に過ぎなかった。戦前における単年での検査人数は最高一五万人であった。[18] 他の分野と同じく、ここでもドイツ陸軍は量よりも質にこだわり、特技兵（パイロット、特殊車両の運転手、光学・音響機器の操作員、無線手を含む）に対して最も厳格な検査を行い、それ以外の人間は現場の指揮官の手に委ねたのである。

戦争で第一に必要とされるのは特定の道徳的態度（特に勇気、服従、忠誠心、独立心）であるとさ

13　Schmirigk, "Die psychologische Beurteilung Dienstpflichtiger bei Musterung und Aushebung," *Soldatentum* 6 (1939): 24-27.
14　Generalstab, ed., Heeres Dienstvorschrift 299/1b, *Ausbildungsvorschrift für die Panzertruppen* (Berlin, 1943), p. 8 を参照。
15　T. W. Harrel and R. D. Churchill, "The Classification of Military Personnel," *Psychological Bulletin* 38 (1941):337-39 を参照。
16　H. L. Ansbacher, "German Military Psychology," *Psychological Bulletin* 38 (1941):371-72. 戦後のドイツでシモナイトの助手が教授になることが少なくなく、そのなかには国防軍の心理部門を組織するのを手助けした者もいる。

れていたため、シモナイトが実施した検査は個人の全人格を引き出すことが目的であり、特定の機械的才能があることを確認するものではなかった。[19] それゆえ、一九三八年に開催された国防軍の心理学者によるシンポジウムで発表された戦車指揮官の選抜に関する論文は、求められる性格的特徴についての議論にほぼ終始しており、空間統合性や運動協調性といった機械的適性の検査の問題については数行の言及で終わっていた。この論文は、最も優れ、強く、決意のある人間が信頼されるべく進み出るべしとする趣旨の〔ヒトラーの〕『我が闘争』からの適切な引用で締めくくられていた。[20]

その他の特技兵に対する検査も同様の原則で設計されていた。例えば、トラック運転手の候補者に実施された検査は、時々わざと注意力を削がれる中での持続的な集中力、反応の一貫性、選択行動、学習速度、疲れやすさなどをみるものであった。用いられた検査器具は形や色が異なる五つのライトからなり、左右それぞれから振動音が聞こえるようになっていた。被検者はスクリーンの前に座り、三つのレバーと二つのペダルを操作した。ライトが点灯すると、五つのライトのそれぞれについてどのレバーを引くかを試験官は被検者に対して指示した。左右どちらかで振動音がすると、二つのペダルのうち一つを踏むこととされた。被検者は自分で習熟する時間を与えられたが、実際にいつ検査が始まるかは伝えられなかった。二〇分間の検査で、あらかじめ決められた不規則な順番に従って六〇〇の刺激が加えられ、被検者の対応と反応時間が自動的に記録された。だが、被検者の実際の成績だけでなく、そのすべての挙動についても姿を隠した試験官が慎重に記録していた。動作の確実性、動きの効率性、そして表情もすべて記録されていた。最終的な結果は機械的能力ではなく、被検者の全般的態度と対応能力にかかっていた。

したがって、個別の資質を測定するのは全く無意味とされ、シモナイトが関心を持っていたのは個人の全人格の評価であった。このようにして得られた結果は必然的に不正確なものではあったが、この問題点は意図的に許容され、常に複数名の試験官を立ち会わせることである程度は解消された。陸軍心理学者の一人が記しているように、評価は「芸術作品」でなければならなかった[21]。現代の（ドイツ人ではない）心理学者はこの手順を適切とみなしており、ナチス型の人種的・生物学的理念にはリップサービス程度しか言及されていなかったため、なおさら評価したのである[22]。

17　この研究所は、一部が海軍と空軍向けに活動を続けたものの、一九四二年の夏に突如として閉鎖された。ハルダーは以下の文書の序言で、研究所が閉鎖されたのは関係する人数が莫大になり対応できなくなったためと述べている。M. Simoneit, "Die Anwendung psychologischer Prüfungen in der deutschen Wehrmacht" U.S. Army Historical Division Study No. P007 (Koenigstein Ts., 1948). だが、シモナイトは、この動きはドイツ軍最高司令部司令官であったカイテル元帥の差し金であると睨んでいた。カイテルの息子は士官教育に不適格とされた。カイテル自身がニュルンベルクの精神科医であったフェリックス・ギルバート医師〔原文ではフェリックスとなっているが、ガスターヴの誤りだと思われる〕に対して概ね認めている。

18　"Jahresbericht des psychologischen Laboratorium des Reichskriegsministerium und der psychologischen Prüfstellen der Wehrmacht" (BAMA file RH19/III/494), p. 25.

19　M. Simoneit, *Wehrpsychologie* (Berlin, 1943), p. 55.

20　G. Nass, "Persönlichkeit des Kampfwagenführers," *Beihefte zu angwendete Psychologie* 79 (1939).

21　N. Roth, "Zur Formulierung psychologischer Gutachten bei Wehrpsychologischen Eignungsuntersuchungen," *Soldatentum* 5 (1938):175.

22　Ansbacher, "German Military Psychology," pp. 373, 381-82, 385.

アメリカ陸軍

アメリカ地上軍における人的資源の配分状況は、ドイツ陸軍が直面していた状況に比べると、困難な面と容易な面の双方があった。より難しかったのは、アメリカ軍全体で地上軍は五〇%を超えることはまずなかった(一九四四年末時点のその割合は、総数一一四八万四〇〇〇人のうちの五五七万五〇〇〇人、つまり四八・五%)ため、他の軍種とのより厳しい競争にさらされていた点であった。容易だったのは、利用可能な人的資源の供給源がドイツに比べてかなり大きかった点であった。なぜなら、アメリカ軍の兵員は一一八五万七〇〇〇人を超えることはなく、この数字は保守的に見積もった一億三五〇〇万人の人口基盤の八・七%であったからである。

一九四〇～四五年の間に兵役検査を受けた一八歳から三七歳までの男子の総数は、一八〇〇万人と言われている。このうち、少なくとも五二五万人、つまり二九・一%が不合格になった[23]。詳細な統計は入手できないものの、この不合格者の大部分は戦争の初年度に発生したとみられる。当時、陸軍は訓練要員の不足に加え、利用できる人的資源はほぼ無限にあるという錯覚に苛《さいな》まれていたようである。その年に兵役検査を受けた人間の最大五〇%が不合格になると、一九四三年には基準を大幅に引き下げざるを得なくなった。結果として、かつてなら兵役に不適とされた人間が多数召集されることになったのに対し、おそらくはより適性の高い人間は免除されたままであった。

アメリカ陸軍は、「第二次世界大戦の地上戦は複雑な技能が必要であり、その大部分は技術的なものである」という前提に基づいて選抜を進めていった[24]。したがって、その分類制度は三つの基準、具体的には身体状態、職業技能、知的能力によって評価するよう設計されていた。

身体状態による分類制度は、ドイツよりもかなり単純であった。ドイツでは六分類であったのに対して四分類しかなく、その範囲はA（「戦闘地域での任務や過酷な業務に適性あり」）、B（「近接戦闘支援任務に適性あり」）、C（「後方連絡線、海外基地、アメリカ本土での任務に適性あり」）、そしてD（不適）までであった。[25] この制度に対する不満も聞かれることがあったが、問題を是正する努力はほとんどなされなかった。その結果、公刊戦史の表現を借りると、「白兵戦を行えるか、徒歩で長距離を行軍できるか、重い背嚢を背負えるか、睡眠や食料なしで耐えられるか、といった問題は、兵士の初期配置の際にはほとんど考慮されなかった」のである。

ドイツの身体検査は複数の内科医と一人の士官からなるチームによって実施され、身体検査が行われている時でさえ、被検者と会話を交わしていた。それに対して、切迫していたアメリカ陸軍は組立ライン型の検査を採用したのである。一人の内科医が目と耳を、別の内科医が胸部と肺を検査する。また他の内科医が腹部を担当し、生殖器、脚などについてもそれぞれ別の内科医が検査するというものであった。検査の列の最後の方になると、一日に何百人もの人間を検査することを強いられた精神科医から、被検者は「女性が好きか」といった質問を機関銃のように浴びせられていたであろう。[26]

23 これらの数値は、E. Ginzberg, *The Ineffective Soldier*, 3 vols. (New York, 1949), 2:26-27, 34-35 による。
24 Palmer, *Procurement and Training*, p. 3.
25 R. S. Anderson, *Physical Standards in World War II* (Washington, D. C., 1967), p. 71.
26 時間的余裕がなく、アメリカの軍事心理学者はドイツほど訓練を受けていなかった。「心理学的訓練を受けた人員」は陸軍訓練センターで八週間の訓練を受け、次に八～一二週間の「陸軍の分類制度に関する実務」を行っていた。S. T. Henderson, "Psychology and the War," *Psychological Bulletin* 40 (1942): 309, および M. A. Seidenfeld, "The Adjutant General's School and the Training of Psychological Personnel for the Army," ibid., p. 382 を参照。

職業技能によって分類するシステムは、身体検査に比べるとかなり緻密であった。八〇〇のMOSの一覧が作られ、民間の職業に対応するものがあるかどうかで二分されていた。技能や職業を持つ人間は、軍隊でもそれにできるだけ近い業務に配属された。そういった技能や職業を持たない人間は戦闘要員とされ、若者か、頭脳があまり明晰でない者、あるいは社会的に恵まれない者であるのが普通であった。この制度は、民間の時の職業と軍での業務の相違が小さいほど、士気が高まるということを前提としていた。この前提が正しいとすれば、戦闘部隊の士気は事実上構造的に低いことになる。[27]

特技兵に対して行われた検査もドイツとは大きく異なっていた。例えば、戦車の操縦手は普通のトラックの路上試験を基に選抜された。この路上試験は一〇分間を要し、クラッチやギア、ブレーキの正しい使い方などを含む四七の個別項目からなるチェック表もあった。結果は点数で記録され、機械的に処理された。追跡調査により、この試験は最適条件下での能力を予測するものとしてはかなり信頼性が高いということが、当然ながら明らかになった。最適条件を下回るとその信頼性は低下したが、戦争で条件が最適な時などあるだろうか。[28]

最後に、第三の検査である「陸軍一般分類試験（AGCT）」は、その名称が重要性を示している。AGCTは「一般的な学習能力」を測ることを目的としており、計算問題、立方体の計算問題〔積み上げられて一部が見えなくなっている箱の数を数える問題〕、語彙問題からなっていた。この試験によって受験者はⅠ（一三〇点以上）、Ⅱ（一一〇～一二九点）、Ⅲ（九〇～一〇九点）、Ⅳ（六〇～八九点）、Ⅴ（五九点以下）という五段階に分けられた。このうち、上位二段階はあらゆる訓練プログラムに対応可能と期待された。Ⅲ段階は、数学の能力を必要とされるもの以外は大半のプログラムに対応可能とされた。Ⅳ段階は、基本訓練に加えて一部の上級プログラムに対応でき、Ⅴ段階は明らかに障

表7-2　アメリカの人的資源の兵科・職種別配分

（%）

	I・II段階の兵員	III段階	IV・V段階
会計科	89.4	10.5	0.5
化学科	51.2	27.6	21.2
陸軍航空軍	44.4	35.3	20.3
武器科	41.6	33.0	25.4
憲兵科	35.3	33.0	31.7
衛生科	30.6	29.1	40.3
補給科	28.5	29.4	42.1
機甲科	28.5	29.4	42.1
所属兵科なし	28.5	28.2	43.3
歩兵科	27.4	29.0	43.6
沿岸砲兵科*	26.1	31.7	42.2
騎兵科	25.8	31.3	42.9
野戦砲兵科	24.1	29.4	46.5
工兵科	23.4	26.2	50.5

出典：R. R. Palmer, *The Procurement and Training of Ground Combat Troops* (Washington, D. C., 1948), p. 17.

*　沿岸砲兵科は、すべての固定砲台、列車砲、港湾防衛を所管し、1943年までは対空火砲も含まれていた

害のある者からなり、基本訓練のみ対応可となっていた。[29]その結果はかなり信頼性の高いことが示され、教育水準と緊密な相関関係があった。より重要なのは、戦闘能力の評価とも相関関係があることが明らかになった点であった。

表7－2の数値は一九四二年三月時点のもの（だが、同じ文書で異なる時期の同様の数字が多数入手可能）であるが、この制度の成果を一定程度示すものとなっている。

結果的に、すべての地上戦闘兵科〔機甲科、歩兵科、沿岸砲兵科、騎兵科、野戦砲兵科〕がもれなく〔IV・V段階の人員が多いことを示す〕リストの下半分を占めていた。このような状況をもたらした理由を探すのは難しくない。補充制度の運用は陸軍後方支援

表7-3　アメリカの人的資源の陸軍地上軍・後方支援軍別の配分

（%）

	I・II段階の兵員	III段階	IV・V段階
戦闘兵科	29.7	33.3	37.0
後方兵科	36.5	28.5	35.0

出典：R. R. Palmer, *The Procurement and Training of Ground Combat Troops* (Washington, D. C., 1948), p. 3.

軍の手に委ねられていたが、その存在自体が利用可能な人的資源をめぐって競合する三つの主要組織の一つだったのである。[30] 表7−3は、陸軍地上軍と陸軍後方支援軍の間で各段階の人員の配分を示したものであり、この解釈を証明するものである。

こうした背景により、戦後の補充委員会報告書に寄せられた、様々な兵科への補充兵の質が低いことについての無数の批判が理解できるようになるのである。

訓練

戦闘力を生み出すうえで訓練が最も重要なことは疑いない。だが、この問題に対してドイツ陸軍とアメリカ陸軍が異なる手法をとったことについて、体系的な情報として手に入るものは非常に少ない。得られるのは個人の印象論であり、その内容が組織全体を表しているかどうか検証不能なものである。また、この問題に関しては、アメリカ陸軍とドイツ陸軍の双方で無数にある訓練教範を比較してもあまり情報は得られない。それゆえ、以下では主に少数の基本的問題に絞る必要があろう。誰が訓練を実施し、それがどこで行われたのか。その根底にある原則は何か。基礎訓練は体系的な比較が何とか可能な唯一の部分であるが、その期間はどの程度あったのであろうか。

ドイツ陸軍[31]

ドイツ陸軍の訓練組織には三つの目的があった。具体的には、①野戦軍を訓練任務から外すこと、②実際の戦場の状況に可能な限り近付けて模擬すること、そして③訓練の手法に最新の実戦経験を常に取り入れていくことであった。

この②と③の目的を達成するために、陸軍の二つの部局の間で緊密な関係を維持することが非常に重視された。すなわち、士官が前線部隊と訓練部隊の間で常時交替して勤務するだけでなく、各訓練部隊は一つないし複数の師団と結び付けられていたのである。訓練部隊とその対となる師団の士官は個人的に顔見知りであり、訪問や連絡を重ねていることが期待されていた。戦傷を受けて間もない回

---

27 この点が正しい証拠は、脱走兵の数という形で得られる。脱走兵は戦闘部隊（歩兵、沿岸砲兵、騎兵、野戦砲兵）で最も多かった。だが、財務、化学戦、需品、通信隊といった分野で最も少なく、これらの部隊では民間から直接動員された特技兵の割合が非常に高かったものと想定される。

28 Personnel Research Section, the Adjutant General's Office, "Personnel Research in the Army: vi. The Selection of Tank Drivers," *Psychological Bulletin*, 41 (1943): 499, 508.

29 Ginzberg, *The Ineffective Soldier* 2:45; A. J. Duncan, "Some Comments on the Army General Classification Test," *Journal of Applied Psychology* 31 (1947):143-49; S. A. Stouffer et al., *The American Soldier*, 4 vols. (Princeton, 1949), 2:37.

30 Replacement Board, Department of the Army, "Replacement System World Wide, World War II" (Washington, D. C., 1947) book 1, part 11を参照。この委員会が提言したのは、「国内で戦闘任務についていない、すべての陸軍の人員の管理と訓練を管轄する国内人員司令部」の設置、つまりドイツの制度の採用であった。

31 以下の記述は、B. Mueller-Hillebrand, "Personnel and Administration," U. S. Army Historical Division Study No. P005 (Koenigstein Ts., 1948), p. 77によるところが大きい。

復途上の兵員が、自らの師団の補充兵の訓練を担当することが多かったのである。

新兵、士官候補生、下士官、そして特技兵の訓練は、原則として基本的に国内予備軍が担当した。野戦軍が責任を有していたのは、新兵の部隊への編入（この目的のため、各師団には野戦補充大隊〈Feldersatzbattalion〉が設置されていた）、休息期間中の追加的な訓練の実施、士官や下士官に対する高度な訓練の提供であった。参謀本部での勤務を希望する士官の教育は参謀本部が担当していた。

だが、戦争が長期化すると、野戦軍と国内予備軍の間の厳密な機能の切り分けを維持するのは困難になった。国内予備軍の部隊が占領国に移駐すると、治安維持作戦の任務を担い、危機の際には支援を要請されることもあった。その結果、国内予備軍は適切に訓練を実施する機能が果たせなくなったのである。国内予備軍から野戦補充大隊へとより多くの人員が移管されると、後者の重要性はさらに高まり、その結果としてドイツ陸軍の二つの部門の区別はなくなった。こうした状況において管理上の問題が明らかに生じたものの、兵員の訓練が自らの部隊の手で実戦に非常に近い条件下で行われることが増えたという事実によって十二分に解消されたかもしれない。

一九四二年秋に、こうした措置を制度化する試みとして、いわゆる野戦訓練師団が創設された[32]。野戦訓練師団は、新兵の基礎訓練を完結すると同時に、占領地で展開される治安維持作戦を実施するという二つの任務を付与されていた。だが、実際には野戦訓練師団は戦闘に引きずり込まれることが多く、経験の浅さゆえに死傷者が多数出たため、すぐに廃止されることになった。

一九四三年初めから終戦まで、訓練は次のように組織されていた。

師団　新兵、下士官、特技兵に対する訓練の実施

軍	中隊長、砲兵中隊長の育成と下士官や特技兵に対する高度な訓練の提供
国内予備軍	新兵、下士官、特技兵に対する基礎訓練と士官学校
参謀本部	参謀本部要員、師団や連隊の指揮官に対する訓練課程

訓練課程を所掌するのは国内予備軍の訓練総監であり、参謀本部訓練部と緊密に協力していた。訓練部は実戦経験に関する最新の情報を常に入手しており、それを部隊向けの通知として出し、教範の新版に随時まとめられたのである。

訓練の目的は、兵員を数多くの部隊訓練に参加させることによって、武器の扱いを完全に習得させるとともに、戦術の基本を教え込む点にあった。訓練の性質はほぼすべて実践的なものであり、理論の入り込む余地はごくわずかであった。基礎訓練は陸軍の各兵科で個別に行われたものの、すべての訓練教範の冒頭部分は共通であり、陸軍全体での統一性が確保されていた。

基礎訓練の期間は様々であった。歩兵は一九三八年には一六週間の訓練を受けており、一九四〇年には八週間、一九四三年には一六週間、一九四四年には一二〜一四週間であった[33]。機甲部隊の要員は戦争を通じて二一週間の基礎訓練を受けていた。だが、一九四四年以降は、危急の際には一六週間の訓練のみで戦闘に参加できるように訓練方法が変更されていったようである[34]。

---

32 ドイツ語では「フェルダアウスビルドゥングスディヴィジオネン（Feldausbildungsdivisionen）」という。

33 *Aubisdungsuorschrift für die Infanterie*, vol. 1, 1 October 1938; vol. 1E, 21 June 1940; vol. 1E, 16 March 1943; and vol. 1E, 11 December 1943.

さらに、新兵は前線に配置される前に、師団の野戦補充大隊で短期間の追加訓練を受けることができた。それゆえ、自らの上官について知ることができ、現場で得られた最新の経験を学べたのである。この訓練段階の期間を定めた規則の有無は不明であるが、戦争が進んで損失が増えると新兵を部隊に編入するのを急ぐ傾向にあったはずで、おそらく基準も低下したであろう。

アメリカ陸軍[35]

アメリカ陸軍で訓練を管轄するのは陸軍地上軍であった。個人訓練から部隊訓練までの段階性、初歩的訓練の重視、戦術部隊の一体性の維持、実戦の状況に可能な限り近付けて模擬することによって達成される現実主義が最も重要な原則であった。

一般兵士、下士官、特技兵の基礎訓練は、アメリカ国内に位置する陸軍訓練センター（ATC）と補充兵訓練センター（RTC）で実施された。士官については、士官候補生学校（OCS）が一九四一年に設置された。師団参謀の訓練は、一九四〇年一二月に課程が開設され、フォート・レヴンワース基地〔カンザス州北西部に所在する陸軍基地であり、アメリカ陸軍の頭脳中枢と呼ばれる〕の指揮幕僚学校で行われた〔指揮幕僚学校では、参謀教育に特化し、期間も短縮した課程が開設された〕。

ドイツ陸軍と異なり、アメリカ陸軍の訓練部隊は特定の親部隊と結び付けられていなかった。訓練要員も戦争初期に実戦を経験していたわけでもなかった。訓練教範の作成を所管する陸軍省が、前線における戦術の進歩について情報収集していた。だが、実戦経験を持つ士官が本国に帰還し、教官として職務を開始したのは一九四四年後半になってからであった。それでも、地理的に隔絶していたこともあって訓練部隊と戦闘部隊の関係は希薄で人間味のないものであり、ドイツの制度とは比べようもなかった。

訓練は工学の原則に基づいて構成されていた。任務は体系的に細分化され、まず各部の訓練を行ってから、その後は順序に従って訓練された。その目標は、自らの武器を考えることなく自動的に扱える兵士を育成することであった。

基礎訓練の期間は様々であった。一九四三年までは、新兵の訓練期間はわずか一三週間であった。その後、一七週間まで延長されたものの、「オーバーロード」作戦の準備に向けて重圧がかかるなどの特殊な状況では、一三週間の訓練しか経ていない兵士も訓練センターから送り出されることもあった。機甲部隊の要員も別のセンターで一七週間の訓練を受けたが、一九四五年一月には一五週間に短縮された。それゆえ、アメリカ軍の兵士はドイツ軍よりも全体的に短い基礎訓練しか受けていなかった。ただし、このような状況はその後の部隊訓練を加味すれば当然ながら改善されたかもしれないが、両軍とも部隊訓練の包括的な数字については入手できない。

アメリカ軍の師団は、ドイツ軍と違い、着任した新兵を受け入れ、再訓練する専門組織がなく、補充兵は古参兵の経験から学ぶことが期待されていた。他方、各戦線に新たに到着した補充兵は、部隊に編入される前に数週間の再訓練を受けることも少なくなかったのである。

34　*Aubisdungsuorschrift für die Panzertruppen*, vol. 1a, 18 October 1943. この資料には、「高速」部隊総監として〔ハインツ・〕グデーリアンの署名がある。
35　以下の言及は、主にGreenfield, *Organization of Ground Combat Troops*, p. 30 に依拠している。

補充兵

アルダン・ドゥ・ピック〔フランスの軍人・軍事理論家〕が『戦闘の研究（*Études sur le Combat*）』で記したように、互いに見ず知らずの四人の勇敢な男はライオンと戦うのに躊躇するであろう。勇敢さで劣る四人の男でも、互いを知り、信頼していれば、決然として襲いかかる。[36]この逸話のポイントは以下のようなものである。陸軍が取り組むべきあらゆる組織的問題で最も重要なものの一つは、部隊全体の結束力を確保するために、補充兵を既存の部隊にいかにうまく調和させられるかである。なぜなら、結束力こそが部隊の戦闘力を左右するからである。[37]第二次世界大戦で熾烈な戦闘が三カ月間続いた場合、アメリカ軍一個歩兵連隊は平均で人員の一〇〇％にあたる死傷者が出たという事実からも、この問題の重大さが理解できるであろう。[38]

ドイツ陸軍

ここまで、ドイツ陸軍が地方別に編成されていることが分かった。つまり、師団以下の部隊は同じ地方出身者のみで編成されるのが普通であり、その結果、隊員は同じ方言を話し、見た目も似ていたのである。当然ながら、このようなやり方に不都合がないわけではない。とりわけ、補充兵を充足する問題は複雑になった。しかし、部隊の結束力は同じ社会背景を持つ兵員に依拠すると信じられていたため、管理面や輸送・技術面の問題は意図的かつ意識的に許容されていた。

補充兵に初期訓練を施す国内予備軍の編成については、軍管区の一つに各師団がそれぞれ補充大隊を持つようになっていた。[39] この方式により、教官と野戦指揮官の間に緊密な個人的協力関係を築くことが可能になり、補充兵は訓練を終えると特定の部隊へと編入されることになった。

補充兵は各自で自分の部隊へと移動することはなく、一〇〇〇人規模の行進大隊（Marschbattalione）に編入された。その際、補充兵は武装し、徒歩で長距離を移動するための装備を整えており、必要があれば自力による戦闘が可能であった。補充兵は、親部隊の師団から迎えのために派遣された士官か、戦傷から回復して前線に戻る途中の人員の指揮下にあった。行進大隊の編成や各種兵科の比率を決めるルールは、経験から導き出された。いずれにせよ、補充兵は基礎訓練を終えただけで、現場でさらに訓練を受けることになっていたため（また、一九四二年初頭以降、陸軍では死傷者による欠員の補充が絶望的であったため）、行進大隊がMOSによっていかなる編成になるかはそれほど問題にならなかった。

前線でも平穏な戦線を担当する師団への配属が決まると、補充兵は一五〇人程度の行軍中隊で移動することもあった。特技兵だけは各自で移動することが許されたが、それも例外的な場合に限られていた。

---

36 *Combat Studies* (Harrisburg, pa, 1947), p. 110.
37 K. Lang, *Military Institutions and the Sociology of War* (London, 1972) とその広範な文献リストを参照。
38 R. F. Weigley, *History of the United States Army* (New York, 1967), p. 438.
39 B. Mueller-Hillebrand, "Personnel and Administration," U. S. Army Historical Division Study P 005 (Koenigstein Ts., 1948), p. 16 に基づく。

行進大隊は師団に到着すると解隊された。師団長かその代理が新兵を迎え、彼らの配属を決定した。その後、新兵は師団の野戦補充大隊に送られ、その隷下の三個中隊は師団の三個連隊のそれぞれと緊密に連携していた。この方式により、各連隊は自部隊の補充兵に対する訓練を監督する強い動機を持つようになった。そして、まさしく実戦で彼らを今後率いることになる士官や下士官を教官として登用することが可能になると同時に、経験豊富な兵員を前線から一時的に外す機会を生み出した。補充兵が野戦補充大隊での訓練期間を終え、前線にたどり着くまでには、他の隊員や指揮官を既に見知っており、強く結束した部隊の一部となっていたのである。

戦争が長期化すると、難しい戦況ゆえにこうした細かい手順を完全に実施できない場合が多くなった。その結果は非常に否定的なものとなった。例えば、休暇列車〔休暇に入る、もしくは休暇から戻る軍人を輸送する列車〕から兵員を抽出し、急遽編成して危機に投入された急造部隊は戦闘力がほとんどないことが明らかとなった。[40] 少なくとも一例として、一九四四年二月に、一八歳の補充兵がソ連による攻撃によって混乱し、武器を捨てて逃げたことをきっかけに第三四〇師団の一部がパニックに陥った。こうした事態を招いた原因は、同師団がほぼ休みなく戦い、補充兵を野戦補充大隊に配属する余裕がなかったという事実に求められよう。[41]

アメリカ陸軍[42]

アメリカ陸軍では、補充兵をまず受入センターで受け付け、分類した。その後に補充兵訓練センターに送り、基礎訓練を行った。死傷者数を予測する数理モデルによって、全兵員を対象に職種、特技、兵科に応じた訓練の割合が決定された。

基礎訓練を終えると、補充兵は一〇日から一二日の休暇が与えられ（この制度により、ドイツのモデルに基づき補充兵の部隊を編成することは、そういう意図があったとしても不可能になった）、その後に出発港にある補充所（広く「リプル・デプル（repple-depple）」という名で知られていた）に移動した。補充兵は全行程を各自で移動しており、海外では戦域補充所（例えば、フランスであればル・アーヴルが普通であった）に送られた。そこで一泊すると列車に乗せられ、補充士官が各車両の指揮にあたった。だが、公式の報告書によれば、補充士官は「自らの指揮下にあった移動中の兵士をほとんど統制しなかった」と言われている。

補充兵を乗せた列車は戦域補充所に向かう場合もあり、そこでは補充兵が分隊・小隊訓練を含め、最長五週間の再訓練を受けた。だが、列車が前線の補充所に直接向かい、そこから各師団に送られることも少なくなかった。師団には補充兵を受け入れ、順応させる役割を担う専門の組織は存在せず、新たに到着した兵員はそのまま部隊に配属された。明らかに距離が非常に離れていたせいでもあるが、補充制度で過ごす時間は四～五カ月になるのが普通であり、九カ月や一〇カ月におよぶことも珍しくなかった。[43]

40 E. A. Shils and M. Janowitz, "Cohesion and Disintegration in the Wehrmacht in World War II," *Public Opinion Quarterly* 12 (1948):280-315.
41 Beratender Psychiater beim Pz. AOK 4, "Erfahrungsbericht, 1.4-30.6.1944," 14 July 1944, BAMA H20/122.
42 以下については主に以下に基づく。Palmer, *Procurement and Training*, p. 170; Department of the Army, ed., *The Personnel Replacement System of the US Army* (Pamphlet No. 20-211, Washington, D. C., 1954), p. 359.
43 Replacement Board, Department of the Army, "Replacement System World Wide," bk. 5, part 20.

士官も他の兵員と同じく補充制度を経由した。つまり、士官候補生学校を卒業すると集められ、編成表上の欠員に応じて部隊に配属されたのである。ドイツ軍の部隊では、特定の士官（つまり、かつて同じ部隊に下士官として勤務した人間）を補充として指名することが多かったが、アメリカ陸軍ではこのようなやり方は明示的に避けるものとされていた。[44]

そうした制度が士気、部隊の結束力、戦闘力に与えた影響は想像に難くない。なぜなら、その影響に関する直接的な証拠は簡単に手に入るからである。公式報告書の一つによれば、「一部の兵員」が「羊のように集められた」あるいは「あまたの棒切れのように扱われた」といって苦情を入れたという。陸上と海上を数週間かけて移動して戦域に到着すると、兵員は様々な補充所で数週間を過ごすよりは、「とにかく部隊の一員になりたがった」[45]。ある部隊指揮官の言葉によれば、

補充兵は疲弊し、戸惑い、士気を阻喪して師団や連隊の所在地にたどり着いた。彼らは補充所を転々としており、彼らの護衛や護送を一時的に任された士官が引率していたが、引率する士官自身も同じく戸惑っていた。野戦補給宿営地は砲声の聞こえる場所にあることが普通であり、補充兵は戦闘への参加が差し迫っているのをすぐに強く意識するようになる。彼らは身の置き方が分からない状態になることも少なくなかったのである。[46]

実際、この制度が補充兵に与えた影響は大きく、新種の精神疾患として「補充所症候群」があると軍医の間で語られるほどであった。[47]

補充兵は古参兵の戦友から実践的なノウハウについて学ぶことを期待されていたものの、古参兵は

教育にあたる時間や意欲があった場合もそうでない場合もあった。その結果、新たに到着した補充兵からなる部隊は、相対的により多くの死傷者を出すことが少なくなかったのである。[48]

編成表の欠員を常に補充する（ドイツ陸軍のように否応なく多数の欠員を常時抱えない）制度のもう一つの欠点は、明らかに不適切なタイプの補充兵を生み出す傾向があったことであった。MOSごとの死傷者数を予測する数理モデルは、誤った経験に基づいており、時代遅れで、期待に応えたことはまずなかった。[49] 既に一九四二年春には多数の歩兵の欠員が明らかになっていたのに対し、特に後方支援部隊を含む他の要員には歩兵の欠員を上回る余剰が出ていたのである。[50] 訓練を終えた特技兵は平均的な歩兵よりも知能が高かった。彼らにとって、自らが訓練を受けた職域以外で勤務し、それも忌み嫌っていた歩兵部隊で勤務することは、士気への二重の打撃となった。[51] 補充兵訓練センターの再編

44 Headquarters Services of Supply, European Theater of Operations, directive APO 887, 13 September 1943, National Archives file RG/332/52/265.

45 Department of the Army, *The Personnel Replacement System*, pp. 379, 464. また、Stouffer, *The American Soldier*, 2:272-74 も参照。

46 Department of the Army, *The Personnel Replacement System*, p. 467. この発言をした士官は、第二軍司令部第三部の参謀であったT・J・クロス大佐であった。

47 Replacement Board, Department of the Army, "Replacement System World Wide," bk. 5, part 19.

48 Palmer, *Procurement and Training*, p. 230. イタリアに所在した師団のデータによれば、あらゆる補充兵の半数は戦闘に参加する前に自らの部隊に所属していた期間は三日以下であったことが示唆されている。Stouffer, *The American Soldier*, 2:127.

49 Replacement Board, Department of the Army, "Replacement System World Wide," bk. 2, part 45.

が行われたのは一九四四年初頭になってからであったが、それでも戦争終結まで歩兵の補充は不足したままであった。[52]

制度の変更を求める声もしばしば上がった。一九四二年一月、T・J・クリスティアン准将は、「補充兵訓練センターでは部隊精神が欠けている」と訴え、補充兵を個別にではなく、完全な部隊として育成することを提案した。だが、陸軍省はその提案を管理上の理由で却下した。[53] 訓練センターを特定の師団と結び付け、師団に訓練任務を分担させる制度も提案された。だが、「補充兵訓練センターで実施される訓練は、師団において新兵を訓練する方式よりもはるかに優れている」という理由でこの提案も却下された。これは純粋な技術的観点から言えば確かに理に適っていた。だが、兵士の社会的・心理的欲求を考慮していなかったうえ、上官に自分の部下の訓練に関心を持たせることで水準を高める機会も活かせなかったのである。[54] 一部の士官はドイツの野戦補充大隊と同等の組織を設置することを要望したが、この提案も何ももたらさなかった。

既存の制度に満足せず、少数ながら進取の精神にあふれた指揮官は、独自の方法を編み出した。とりわけ、アイラ・T・ワイシュ少将指揮下の第七九歩兵師団は、補充兵を受け入れ、順応させるため、非常に考え抜かれた組織を設置した。補充兵は師団の人材プールに入れられ、全般的な導入講義を受ける。次に、連隊から派遣された士官と下士官で運営される三つの連隊人材プールと特技兵用の人材プールが用意されていた。この制度により、ドイツ陸軍と同様、新たに到着した兵士が「古参兵から多くの教訓を学べる」ようになっただけでなく、休養の必要な下士官や士官が前線から一時的に離脱することも可能になった。実際、このアメリカの制度がドイツのものと異なっていた唯一重要な点は、その名称にあり、より個性的で軍事的な響きを持つ用語ではなく、アメリカの典型的な言い回しである「プール」という言葉が使われていた点にあった。[55]

第七九歩兵師団が導入した方式は成功とみなされ、他にも複数の師団がそれをほぼ正確に模倣した。さらに興味深いのは、アメリカ陸軍の第二次世界大戦公刊戦史で明示的に称賛された戦闘部隊はごくわずかしかないが、そこに同師団が含まれていたことであった。〔ドワイト・〕アイゼンハワー〔連合国軍最高司令官、後にアメリカ大統領となった〕はマーシャルへの書簡の中で、「優秀な戦闘部隊」と書き記している。[56]

---

50 Ibid., part 60. また、Palmer, *Procurement and Training*, p. 395 参照。例えば、一九四二年三月、第四五師団は三二一七人の歩兵を要求したが、一〇八二人しか受領しなかった。他方で、後方要員は五〇人しか求めなかったが、六七一名を受領したのである。

51 Replacement Board, Department of the Army, "Replacement System World Wide," bk. 5.

52 S. L. A. Marshall, *Soldaten im Feuer* (Frauenfeld, 1951), p. 14 によれば、一九四四年八月六日にヨーロッパ戦域全体で得られた歩兵の補充は、まさに一人しかいなかったのである。

53 クリスティアンはコロラド州〔原文にはコロラド州とあるがカリフォルニア州の誤りだと思われる〕キャンプ・ロバーツの野戦砲兵訓練センターの司令官であった。Department of the Army, ed., *The Personnel Replacement System*, p. 359 を参照。

54 Ibid., p. 360.

55 Ibid., p. 456. ワイシュ少将自身の戦後の証言については、Replacement Board, Department of the Army, "Replacement System World Wide," bk. 5, part26 を参照。

56 H. M. Cole, *The Lorraine Campaign* (Washington, D. C., 1950), p. 188; および M. Blumenson, *Breakout and Pursuit* (Washington, D. C., 1961), p. 72.

これらの事実から必然の結論が導かれる。ドイツ陸軍は第一次世界大戦の教訓を活かした優れた補充制度を有していたことは疑いない。制度は時には機能しないこともあったが、それは状況によって制度の適用できない場合に限られていた。これに対してアメリカ陸軍は技術面や管理面の効率性に最高の優先順位を与え、その他のことは考慮せず、本質的に兵士を神経衰弱へと追い込む強い傾向を持つ制度を生み出した。第二次世界大戦中にアメリカ陸軍が見せた弱さは、おそらく他のいずれの要因よりも、この制度によるところが大きかったのである。

第8章 戦闘効率の維持

兵員の教化（indoctrination）

一般的に、戦時におけるプロパガンダの重要性は誇張される傾向がある。プロパガンダの担当者には、自らの仕事が重要であると喧伝する明白な利益が存在する。また、彼らを使う側も、プロパガンダを行う目的の本質に関して問題になりかねない質問を避けるために重要性を誇張するであろう[1]。一方で、敵もあらゆる敵対者の根本的な悪意を示す目的で自らプロパガンダを用いるかもしれない。

だが、こうした利害関係者の存在にもかかわらず、教化が兵員に与える影響は雨がアヒルに与える程度であることを示す経験的な証拠は豊富にある。つまり、教化はほとんど影響を与えないのである。第二次世界大戦に従軍したアメリカの一般兵士への調査では、理想主義的な理由と呼べる動機で戦った者はわずか五％しかいなかったことが明らかになっている。[2] 一九六九年に行われたより小規模な調査では、その割合は三四人中の五人であった。この結果が真実であるなら、ベトナムで従軍したアメリカ兵は第二次世界大戦の従軍兵よりも実は理想主義的であったという、いささか驚くべき結論が導き出される。[3]

これらの強力な証拠に基づくと、母国の国家目標に対して思想的に傾倒して戦う兵士は例外的な存在に見える。若き日のヒトラーはそういう人物であったと言われる。[4] 戦闘という恐るべき状況にあって、兵士の心中にそうした考えの占める余地がまずないのは容易に分かる。教育者やプロパガンダを操る人間が逆のことを信じる方が理解しがたいであろう。

どんな指揮官でも直面する最高の試練は、兵士の魂に触れ、感化させて、望むように動かすことである。外部の人間が同じ成果を得るのはほぼ不可能である。よしんばできるとしても、ごくわずかな本物の傑物にしかできない偉業である。扇動者が非常に才能豊かで確信を持つ人間の場合を除けば、彼らの語るデマを聞き手は単なる余興か、よくあるたわごとのたぐいとして受け止めていた。[5] それが逆効果になる可能性すらもあったのである。

言い方を変えれば、プロパガンダの中身はその組織に比べると重要ではなく、話す内容よりも誰が話したかが重要なのである。したがって以下では、ドイツ陸軍とアメリカ陸軍でプロパガンダを組織した方法の違いに着目していく。

ドイツ陸軍

第一次世界大戦以前のドイツ陸軍では、「兵員教化」という概念自体がなかった。その代わりに、およそ「精神面の強化」という意味の「精神的支援（geistige Betreuung）」という用語はあった。

規則によれば、「士官は部下の全分野での指導者かつ教育者（であった）」ため、「精神的支援」を所管する特別な組織は存在しなかった。教化は言うまでもなく保守的かつ帝政支持の方向で試みられ、時には組織で耕作や牛の搾乳の競争という馬鹿げた形態をとることもあったが、戦前・戦中を問わず続けられたことは確かである。しかし、その実施は士官と下士官の手に委ねられていた。一九一八年一一月になって、ようやく最高司令部が教育担当士官（Bildungsoffiziere）を導入し、遅まきながら陸軍崩壊の進行を食い止めようと試みた。[6] だが、これには効果がなかった。

1　この点について、トマス・モア卿によるものとされる詩は参考になるかもしれない。
兵士たちは考えることで知られ、
さらに大佐たちは理性的である。
そして考える兵士は（十中八九）、
反逆の瀬戸際に立たされている。

2　S. A. Stouffer et al., *The American Soldier*, 4 vols. (Princeton, 1949), 2:108.

3　C. C. Moskos, "Eigeninteresse, Primärgruppen und Ideologie," in *Beiträge zur Militärsoziologie*, ed., R. König (Cologne, 1968), p. 212.

4　A. Bullock, *Hitler, a Study in Tyranny* (London, 1962 ed.), p. 53を参照。彼の戦友はヒトラーを「変わり者」とみなしていた。

5　これらの発言は、イスラエル陸軍の「情報部」における筆者自身や戦友の勤務経験に基づいたものである。

6　R. L. Quinett, "Hitler's Political Officers; the National Socialist Leadership Officers," Ph.D. Diss., University of Oklahoma, 1979, p. 4を参照。

ワイマール期でも陸軍では保守的な右翼思想が浸透していたが、そうした思想の宣伝を監督する特別な組織は設けられなかった。むしろ、一九二〇年にゼークト大将によって発出された「教育の基本」では、「士官や兵卒を問わず全員が常日頃から自らを陸軍の代表と考えるべき」と端的に述べており、そのまま維持された。[7]

一九二九年から一九三二年まで、ワイマール共和国の陸軍は、軍内にナチス支持者が増えつつある状況に直面し、いわゆる「〔学究肌の〕内勤の将軍」を巡回講義させることによってこの脅威に対処しようとした。しかしこれもまた効果がなかった。[8]

ナチスが政権を握ると、陸軍におけるプロパガンダの管轄をめぐって、陸軍と〔パウル・ヨーゼフ・〕ゲッベルス〔宣伝大臣〕が率いる宣伝省との間ですぐに対立が生じた。親ナチスの国防大臣であった〔ヴェルナー・フォン・〕ブロンベルク元帥の統率の下、ドイツ陸軍は兵士にナチスのシンボルや記章の着用を許可したり、ナチスの信条を教化したりすることも全くやぶさかではなかった。[9]だが、プロパガンダを行う責任は軍が一手に担っており、それを委ねることについては一線を画していた。

一九三九年まで、戦争省は兵士に対してナチスの精神を教育せよとの命令をたびたび発出したが、状況は基本的に変わらなかった。だが、第二次世界大戦の勃発直前に、国防軍はナチス政権の圧力の高まりに積極姿勢で応じた。つまり、自らプロパガンダの部局と専門部隊を設立したのである。[10]

だが、精神的支援は新設された組織の任務ではなかった。むしろ、検閲に加え、ドイツの大衆に国防軍を見せることと、敵に対するプロパガンダ、つまり「心理戦」を実施することを任務としていた。これらの二つの機能は、合わせて「積極的プロパガンダ」として知られていた。[11]

一九三九年七月、国防軍と宣伝省の間で次のような合意が結ばれた。

我が兵員の精神的支援は国防軍の専管事項である。宣伝省の役割は、要請に応じて適切な宣材を提供するにとどまる……。

精神的支援の権限を有するのが指揮官のみであることは、根本的な原則である。指揮官の任務は以下の通りである。

- 開戦前に兵員の準備を整えること
- 開戦から数日間にわたって軍事的・政治的ニュースを伝えること
- 日刊紙や後には軍の機関紙も兵士に届けること
- ラジオの聴取を監督すること
- 映画、野戦図書館、前線劇場を監督すること[12]

---

7 G. Karldrack, "Offizier und Politische Bildung," Ph.D. diss., Munich University, 1970, p. 15.

8 Ibid., p. 21.

9 R. J. O'Neill, *The German Army and the Nazi Party* (London, 1966)、特に第5章を参照。

10 M. Messerschmidt, *Die Wehrmacht im NS Staat* (Hamburg, 1969), pp. 240-41.

11 O. Buchbender and H. Schuch, *Heil Beil, Flugblattpropaganda im Zweiten Weltkrieg* (Stuttgart, 1974), pp. 14-15 を参照。

12 H. von Wedel, *Die Propagandatruppen der deutschen Wehrmacht* (Neckargemund, 1962), pp. 28-33 より引用。O. Buchbender, *Das tonende Erz, Deutsche Propaganda gegen die Rote Armee im Zweiten Weltkrieg* (Stuttgart, 1978), p. 78 も参照。

もちろん実際には、多くの士官がかなり努力していたものの、自前で新聞の発行や放送の実施をほぼすべてできるわけでも、していたわけでもなく、この点で指揮の統一という根本原則には違反していた。だが、士気を維持する責任はひとえに指揮官の双肩にかかっていた。

一九四〇年秋には、再び宣伝省からの圧力に対し、参謀本部は兵員に対する教化の問題全体を徹底的に検証した。参謀長であったハルダー上級大将は、士気に対する責任は指揮官のみに委ねられるべきと主張し、この主張をかなりの抵抗を受けつつも押し通した。その結果、陸軍総司令官であったフォン・ブラウヒッチュ元帥は、プロパガンダの対象となるテーマのリストを公表した。そのリストに含まれていたのは、ドイツ民族、ドイツ帝国、ドイツの生存圏、ドイツの国民生活における多様な側面の基礎をなす国家社会主義、ウェストファリア条約以前のドイツであった。[13]

ナチ党ですらこれ以上の要求はできなかったのは確かである。ブラウヒッチュはさらに踏み込んで細部に注意を払い、「陸軍に国家社会主義の統一概念が存在し、すべての兵士によって共有されることが絶対的に必要である〔強調は原文と同じ〕」と宣言した。[14] だが、より重要な原則である指揮の統一は守られ、そのままとされたのである。

その間、ゲッベルスの宣伝省以外にもナチ党の組織が首を突っ込もうとしていた。一九四〇年九月、国防軍最高司令部総長の〔ヴィルヘルム・〕カイテル元帥は、ナチスの思想的指導者であったアルフレート・ローゼンベルクと協定を結び、ローゼンベルクの組織が士官向けの資料、講演者、国家社会主義教育課程を提供するものとされた。だが、カイテルからの圧力にもかかわらず、陸軍最高司令部は協定の批准を拒み、一九四一年一月には必要があれば資料や教材の提供をローゼンベルクに要請すると端的に述べるにとどまった。[15]

一九四一年から一九四二年にかけての冬に国防軍が初の敗北を喫すると、カイテルは大隊レベル以下の全部隊に対し、支援士官（BO）の任命を命じる措置をとった。支援士官は情報士官の部署で勤務し、通常の業務に加えてプロパガンダを行うものとされた。カイテルの命令が強い抵抗を受け、嘲笑の対象にさえなったのは驚くべきことではない。指揮官は最も能力の低い人間を支援士官に任命したし、カイテルは国家社会主義のプロパガンダを広める任務を従軍牧師に委ねることを禁止せざるを得なかったのである！　いずれにせよ、「軍事的・精神的統率に何らの区別もあってはならない」とする原則が、かの典型的な親ナチス将官〔フェルディナント・〕シェルナーによって改めて強調され、陸軍全体に通知された。[16]

国防軍に常設のプロパガンダ部隊を設置する圧力が本格的に高まったのは、一九四三年末になってからであった。そうした圧力の背景には、ナチ党官房長であったマルティン・ボルマンと、武装親衛隊の戦意に感銘を受けたヒュプナーという名前の大佐がいた。だが、重要なことに、ヒュプナーは自らの経歴に傷をつけないよう、武装親衛隊とのつながりを隠しておかねばならなかった。ボルマンの圧力は明らかに効果的であり、一九四三年一二月にヒトラーは国防軍に国家社会主義指導士官

13　一六四八年のウェストファリア条約に関する言及は、フランスに対する広大な領土の要求を正当化する目的があった。
14　Messerschmidt, *Die Wehrmacht*, p. 252 より引用。
15　Quinett, "Hitler's Political Officers," pp. 43-44.
16　Ibid., pp. 45-47.

（Nationalsozialistische Führungsoffiziere：ＮＳＦＯ）を導入する命令に署名したのである。

　これ以降、状況は急速に展開した。一九四四年二月、「国防軍における国家社会主義指導暫定規則」が発出された。この規則では、ＮＳＦＯは精神的支援のあらゆる面で指揮官を補佐する、「情報士官と同様」の一般参謀として想定されていた。だが、ＮＳＦＯは士官を介して業務を行うこととされた。特別な場合で部隊指揮官の同席がなければ、部隊に対して直接講話を行うことはできなかった。また、中間指揮官の業務に介入することや、「道端の説教師」になることも禁じられた。だが、後に部隊に対する直接講話は許されるように改正された。ＮＳＦＯは通常業務に加えてプロパガンダを行うことが期待されており、専用の定員が編成表に配置されたのは一九四四年末になってからであった。

　一九四四年三月以降、ＮＳＦＯ向けの二週間の課程がポメラニアのクレッシンゼーで開設され、陸海空軍から派遣された士官が参加した。この課程では講義や集団討議に加え、夜には映画、コンサート、歌謡が上演された。これらすべてを組織するには時間を要し、大半の部隊でＮＳＦＯが実際に配属されたのは一九四四年の後半になってからであった。

　担当の人間の目から見ても、ＮＳＦＯの課程は全く不十分であった。なぜなら、受講者の大半は高い資質を持つだけでなく、叙勲された士官（ＮＳＦＯの話が傾聴されるようにするべく、勇敢さゆえに受勲したことが要件とされていた）であり、彼らは愛国心を云々するナチスの回し者に自然と反発したからであった。[17]アメリカでも同じだったが、この教育課程を嘲るような別名が囁かれるようになり、その名称は何度か変更を余儀なくされた。戦後の調査に関わった人間が一致して述べるのは、ドイツ兵の大半は戦争で生じる道徳的、政治的、戦略的問題に対して無感覚ではないものの無関心であったという点であった。そのうちの一人は、国家社会主義指導課程が士気に対して否定的な影響を与えたとまで主張している。[18] 戦争捕虜に対する調査の一つによれば、個人的な問題以外に関心を持つ者はわずか五%であった。だが、別の調査では、「熱狂的親ナチ」、ノンポリ、反ナチがほぼ通常の釣り鐘型に分布しており、熱狂的なナチス支持者は全体の一一%に過ぎなかった。[19][20] だが、熱烈なナチス支持者は下士官にかなり多く、若手士官の間ではさらに多かった点に留意すべきであろう。

現在ではナチスのプロパガンダが果たした役割を過小評価する人間が多いが、もしドイツが戦争に勝っていたら、その論調が違ったことは確実であろう。他方、勝ち誇った国防軍が国家社会主義指導組織の設置をまず許さなかったであろう。こうした組織やその流すプロパガンダは国防軍の勝利には寄与せず、敗北への対応の一環であったことは疑いない。敗北に際してナチ党が部隊の掌握を再び主張した一例として、忠誠の宣誓と教義問答(「私は……の一員であり、……を決意し、決して……せず、……を信じる」)があり、一九四三年以降は復唱が義務付けられた。[21] そうした定型文がドイツ兵の

17 Ibid., p. 190.

18 D. Lerner, *Psychological Warfare against Nazi Germany; the Skywar Campaign, D Day to VE Day* (Cambridge, Mass., 1971), p. 297.

19 E. A. Shils and M. Janowitz, "Cohesion and Disintegration in the Wehrmacht in World War II," *Public Opinion Quarterly* 12 (1948): 303. 以下の文献によると、ヒトラーへの信仰は、それ以外のあらゆるものに対して「膨れ上がった疑念の海」で「花崗岩」のように突出していたという。H. L. Ansbacher, "Attitudes of German Prisoners of War: a Study of the Dynamics of National Socialist Fellowship," *Psychological Monographs* 62, (Washington, D. C., 1948): 21.

20 R. V. Dicks, *Licensed Mass Murder; a Socio-Psychological Study of Some SS Killers* (London, 1972), p. 64.

21 Messerschmidt, *Die Wehrmacht*, pp. 331-32.

士気に与えた影響は測れないものの、おそらくは他国の軍隊でも見られる無意味な活動と同じ程度しかなかったであろう。

アメリカ陸軍

第一次世界大戦時のアメリカ陸軍における、いわゆる「兵員の教化」に向けた取り組みは、ほぼ個々の指揮官に委ねられていた。だが、陸軍の情報は『星条旗（*Stars and Stripes*）』新聞（アメリカ軍の準機関紙）のような形では豊富にあり、入手も簡単であった[22]。

一九四〇年、陸軍は徴集兵の士気低下に直面し、これに対処するために士気を所掌する部局を設置した。この部局は文官のフレデリック・オズボーンが率いていたが、兵士の間で大いなる嘲笑の的となった。そのため、そこで勤務する士官の士気は低下し、部署の名前もまず「特殊業務部」に、その後に「情報・教育課」へと変更することを余儀なくされた[23]。

この組織は参謀本部直轄ではなく、陸軍後方支援軍の下に置かれ、その任務は「士気、休養、福祉に関するあらゆる面で士官を支援」するものと規定されていた。その結果、講演、図表資料、『我々はなぜ戦うのか（*Why We Fight*）』と題する映画シリーズをこの部署が作成した[24]（重要な点として、筆者の知る限り、ドイツで同様のものは一九四四年の陸軍人事局発行の小冊子『我々は何のために戦うのか（*What Are We Fighting For?*）』が唯一であった）。また、これらの宣材を陸軍全体に普及させる人員も抱えていた。

このプログラムが陸軍の戦闘力に与えた影響は測りがたい。なぜなら、多くの要素の一つに過ぎなかったからである。一九四五年四月に実施された研究では、戦争に関する事実関係、陸軍に対する態度、同盟国への対応、個人の市民生活への順応といった観点では、プログラムの参加者と非参加者の間で「一貫した大きな相違」はなかったと結論付けられた。[25] 知識量の増加がみられたとしても、それが戦争への個人的関与を高めることとは何らの相関もなかった。つまり、「この指導プログラムは兵士に安心を与え、陸軍は個人の福祉に配慮していないという不安感をある程度和らげるという目的には役立った……だが、戦争に勝つという任務への個人的献身を促すといった、戦争に対する基本的態度を変化させることに陸軍が成功したという積極的な証拠はほとんどない」のである。だが、一つの事実は厳然としてある。ナチス信奉者の比率はドイツ軍の士官の方が一般兵士よりも高かったが、理想主義的な理由のために戦っていると申告したアメリカ軍の士官は一般兵士の半分程度しかいなかった。[26]

興味深いことに、様々な情報プログラムは一般兵士よりも上級司令部で人気があった。[27] 上級司令部はこのプログラムの実施を命じた当事者であり、兵員の士気の維持という責任を担う手段の一つにな

22 A. A. Jordan, "Troop Information and Indoctrination," in *Handbook of Military Institutions*, ed., R. Little (London, 1971), p. 356.
23 Office of the Chief Military Historian, "Study of Information and Education Activities, World War II" (Washington, D. C., 1946), pp. 27, 31.
24 この映画に関する歴史と批評については以下を参照。R. W. Steele, "'The Greatest Gangster Movie Ever Filmed': Prelude to War," Prologue 11 (1979): 221-35. この論考によれば、映画が与える効果は視聴者の知性と反比例の関係にあると思われる。
25 Stouffer, *The American Soldier*, 1:473.
26 Ibid., 2:110.
27 Jordan, "Troop Information" によれば、「情報提供活動に対する熱意と階級の間には負の相関関係」が存在したという。

表8-1　アメリカ兵による指導課程の評価

課程主任の評価	課程から多くを学んだと回答した兵員の割合（%）
グループの第一希望の者が集団討議のリーダー	39
グループの第一希望ではないが、上位希望の者がリーダー	23
グループの上位希望ではない者がリーダー	14

出典：S. A. Stouffer et al., *The American Soldier*, 4 vols. (Princeton, 1949), 1:471.

っていた。この点については端的に説明できる。筆者の経験に基づくと、指揮官がわざわざこの情報研修に参加することはまずなかった。彼らが実際に参加していたなら、部下を何のために死地に送り込んでいるのかを自分が理解していないことを認めるという耐え難い状況になっていたであろう。

表8－1が示すように、尊敬や称賛を受ける好人物が指導課程を担当する場合は高評価を受けた（それゆえ、より効果的であったと想定される）。

ここに、兵員に対する教化を目的とした中央集権的組織が例外なく直面する、根本的なジレンマの存在が明らかになる。優れた教育担当士官になるためには、尊敬や称賛を受け、人気のある人物でなければならない。だが、そうした前提条件を満たす人間が教育担当士官になることはほとんどなかった。[28] 実際に、彼らが教育を担当すべき理由は皆無であった。むしろ、他の兵士を指揮すべきで、短期の研修課程で相手をする必要はなかった。さらに、教育担当士官として成果をあげる、つまり士気を高め、維持するのに成功すればするほど、彼らが支えるべき指揮官の地位を掘り崩す可能性が高まる。それゆえ、ドイツ陸軍とアメリカ陸軍の双方で士気の維持を担当する士官自身の士気が問題となり、両軍において兵員の教化と士気の負の相関関係を示す証拠が実際に存在するのは全く不思議ではない。[29]

兵員教化プログラムについては、勝っている時には必要なく、負けている時にも大きな影響を与える可能性は低いという結論がおそらく導けそうである。また、教化プログラムが多少なりとも効果を発揮するには、専門の組織や中央集権的機関の手に委ねてはならないという結論も導き出せるかもしれない。

交替勤務《ローテーション》

ドイツ陸軍

ドイツ陸軍には、前線と後方の部隊の交替勤務に関して定まった規則はなかった。実際、第二次世界大戦の緒戦ではほとんど問題は生じなかった。電撃戦はその言葉の定義から言っても短期で終結する戦役であり、交替勤務を必要としなかった。だが、戦役を終えるごとに参加師団は戦力回復(Auffrischung)を行っている。この戦力回復には約三週間を要し、かなりの兵站面や管理面の準備が含まれ、可能な限り占領国で行われた[30]。軍司令部が組織する戦力回復は、既存部隊の再編や再訓練、補充兵の編入、戦闘で損耗した装備品の新品補充が含まれていた。

戦争の後半になるにつれて状況が悪化し、師団全体で完全な戦力回復を図るのは次第に困難になっ

---

28 A. Haggis, "An Appraisal of the Administration, Scope, Concept and Function of the US Army Troop Information Program," Ph.D. diss., Wayne State University, 1961 を参照。
29 Stouffer, *The American Soldier*, 1:467.
30 B. Mueller-Hillebrand, "Personnel and Administration," U.S. Army Historical Division Study P 005, (Koenigstein Ts., 1948), pp. 44-45.

ていった。その代わりに、師団内で戦力回復を行うことが多くなったが、これにより、個々の連隊はもちろん、大隊ですらも数日から数週間にわたって前線から外れることになった。後方に下がった部隊はいわゆる保養所（Erholungsheime）に送られた。保養所は前線の背後に位置し、そこで部隊は休養をとり、丁重に扱われ、不安から解放されていた。参謀本部は緊急時に休暇予定の兵士を急遽召集することがあったが、そうした心配も含めて解放されていたのである。[31] こうしてもたらされた安心感は極めて重要であり、戦争が長引くにつれ、保養所の活用が休暇の代用として使われる傾向が強まっていった。

アメリカ陸軍

第二次世界大戦におけるアメリカ陸軍の交替勤務制度は、ドイツ陸軍のように、戦闘力の回復や維持を目的としているわけではなかった。むしろ、一定の期間を超えて長く海外で従軍した兵士を帰国させることで、兵員間の「負担の均等化」を図っていたのである。その期間は戦域司令官によって決定され、六カ月から二四カ月の間で変動した。輸送余力に左右されたため、最も短い期間となったのは戦闘が全くなかった北アメリカ戦域であったのは驚くべきことではないだろう。[32]

輸送力と補充兵は常に不足していたため、交替勤務のために実際に帰国した兵士の数はいずれにせよ非常に少なかった。この政策は、ほとんど実現不可能な期待を抱かせる結果となり、むしろ逆効果だった可能性がある。

他方、師団数が全部で八九個と少なかったことと、補充を欠かさずに編成定員まで常に充足する方針によって、部隊の交替勤務は不可能であり、その必要もなかった。太平洋方面で活動する部隊については、飛び石《アイランド・ホッピング》作戦の合間に猶予があったので、この方針による影響は軽減された。地中海方面のフランスと、なかんずくイタリアでは、同じ兵士が毎日、何週間も戦闘に直面した。陸軍の首席精神科軍医の言葉によれば、彼らが負傷するか、逃亡するか、あるいは発狂するまで続いたのである。[33]

一九四四年一一月、ヨーロッパ作戦戦域では回復休養計画が策定された。この計画は、少なくとも二回負傷し、勇敢さゆえに二度受勲して、前線で最低六カ月勤務した兵士にアメリカ本土に戻る資格を与えるというものであった。その割り当ては毎月二二〇〇名であり、後に五五〇〇人にまで増やされた。この非常に少ない枠にもかかわらず、士気への影響は好ましいものであったと言われている。だが、フランスからアメリカに戻り、それから復帰するまで約四カ月を要したため、戦争が続いている間にヨーロッパに戻ってきたのは一九四四年一一月の帰還組だけであった。[34]

---

31 Ibid., p. 69. 戦力回復の方法に関する詳細は以下を参照。Merkblatt 18b/31, "Frontsnähe Auffrischung eines Grenadier Regiment," January 1945, Bundesarchiv/Militärachiv (hereafter BAMA) RHD6/18b/31.

32 Replacement Board, Department of the Army, "Replacement System World Wide," (Washington, D. C., 1947), bk. 4, part 5.

33 W. C. Menninger, *Psychiatry in a Troubled World*, pp. 74-75.

34 Historical Division U.S. Forces, European Theater of Operations, "Basic Needs of the ETO Soldier" (n.p, 1946), ch. Viii, pp. 80-82.

精神的傷病者

ドイツ陸軍[35]

第一次世界大戦時のドイツ陸軍では、「戦闘神経症」や「非戦闘傷病者」といった概念は知られていなかった。この双方の概念は、第一次世界大戦のような戦争が兵士に破滅的な影響をもたらす可能性を示していた。神経症状を示す兵士は、精神疾患（Geisteskranken）と神経症（Nervenkranken）の二つに分けられた。精神疾患は一年平均で二万六〇七〇名出た。これは、一九一四年から一九一八年までの間に陸軍に在籍したすべての兵士（総計で一三三〇万人）のうち、戦争中は毎年〇・二％が精神疾患にかかる、あるいはそのように診断されたことを意味していた。これに対して、神経症については平均六一万三〇四七人で全体の四・七％を占めた。

神経症を患った兵士、すなわち適切な用語で言えば非戦闘傷病者のうち、半数がヒステリー症、三〇~四〇％が神経衰弱、そして残りがショック症状や他の疾患と診断された。[36]この問題は戦争末期に深刻になったが、休戦の声を聞くや「数万人」の「精神病質者《サイコパス》」が魔法のように回復し、「活動的で声高な革命の扇動家になった」と戦間期に記すものが絶えなかった。[37]

こうした患者の治療や、治療によって軍務に復帰させた成功例に関して詳細な情報は入手できない。だが、極めて重要な教訓を一つ学んだようである。それは、いかなる状況でも神経症状を示す兵士の帰宅を許してはならず、内地で治療すべきでないということであった。そうした症状を示す兵士の存在は一般国民の士気を荒廃させるものと考えられた。他方、国民の関心や同情が集まると患者の症状が長引く恐れもあった。[38]

第二次世界大戦の初期には、本質的に短期集中型の電撃戦が展開され、精神的傷病者は少なかった。だが、ソ連への侵攻が始まるとその数は増加した。第二装甲軍（かつて〔ハインツ・〕グデーリアン〔ドイツにおける機甲戦の先駆者〕が率いていた）付きの顧問精神科医が一般化を試み、「明確な『戦果』や『大規模作戦』のない時期、待機や小規模戦争の時期に加え、日々の問題への対応も兵員の重荷になっている」という結論を出した。[39]

典型的なドイツのアプローチとして、戦争に起因する神経症（精神神経症）の患者は独立した区分ではなく、「精神科患者」というグループにまとめられていた。つまり、これらの患者には精神科医の診察が必要ということを端的に意味していた。精神科患者は次のように区分されていた。第一の区分は負傷者であり、これは明らかな物理的外傷に伴って神経系に器質的損傷を受けた患者であった。第二の区分は「神経学的」患者であり、外見上は無傷であるが、戦闘や事故による「衝撃」や「打撲」

35　この問題に関する体系的な記述は公刊・未公刊を問わず入手できないため、ここでの記述は史料に基づいたもので、多少断片的になっている。
36　BAMA H20/480. この文書には署名も日付もない。第二次世界大戦に向けた予測の基礎として役立てるための研究の一部だったようである。
37　E. Zwimmer, "Psychologische Lehren des Weltkrieges," *Soldatentum* 2 (1935):181-85.
38　BAMA H20/481. これは、一九四二年一一月三〇日～一二月三日にベルリンの軍事医科大学校で開催された陸軍の軍医と精神科医の会議の記録である。
39　Der beratende Psychiater der 2. Panzerarmee, "Seelische Gesundahltung der Truppe," 18 April 1942, BAMA H20/480.

に起因すると思われる症状を示す患者であった。そして最後に、「純粋」な精神科患者であり、純粋というのは症状が直接・間接的にも器質的損傷に起因しないと考えられるという意味であった。[40]

ここで南方軍集団付きの顧問精神科医の経験を手掛かりとするなら、精神科患者全体の約三分の一を第三の区分が占めていた。[41] これらの患者はさらに二つの下位区分に分けられ、そのうちの最初の下位区分であり、四三％を占める「心因性患者（psychogenics）」と呼ばれる患者がここでの関心対象となる。[42] ある三カ月の期間に心因性患者と分類された一一二一人の兵士のうち、「敵の行動によって発症した原発性恐怖神経症」を患ったと診断されたのはわずか一一人のみであり、大多数は「不安定で神経症的性質」があるとされた。[43] 別の角度から言えば、南方軍集団の約五〇万人の兵士のうち、同じ三カ月の間に精神科医が診察したのは八四四名で、そのうちアメリカの用語で「精神神経症」として知られる症状と診断されたのは一四・三％に過ぎなかった。

器質的損傷と関係の薄いすべての精神的傷病者（麻痺、言語障害、聴覚障害、視覚障害、震え、攣縮《れんしゅく》、歩行困難の患者を含む）は、前線のすぐ後方にある野戦病院（Feldlazaret）で治療されるのが一般的であった。そこでの治療は患者に「しっかりと戦友らしく」話しかけるか、鎮静剤の投与によって落ち着かせることだった。患者は病床で最長八日間を過ごすと、段階的に増加する「厳格な軍事訓練」のプログラムに参加し、終えなければならなかった。その後に療養所での休養期間があり、そこから大半が「完治」して部隊に復帰したのである。[44]

こうした治療に反応しない患者は、各戦域にある軍病院（Kriegslazaret）に搬送された。そこでの治療は「感応電流療法」であり、電気ショックよりは弱いものの、実際に痛みを与えるには十分な強さの電流を用いた治療法であった。状況に応じて、カルジアゾール（身体に激しい痙攣《けいれん》を引き起こす薬剤）や催眠療法などの治療法も用いられた。だが、これらの手段そのものではなく、むしろ治療による暗示が効果的と考えられていた。例えば、麻痺した足に電流を流して痙攣を起こし、本当に歩けると患者に思いこませると同時に、かなりの痛みを与えて二度と経験したくないと思わせたのである。暗示の効果を高めるため、患者は特別な病棟に集められるのではなく、一般的な軍病院の神経科病棟に分かれて収容され、その数は通常三〇％を超えないものとされていた。[45]

どの治療法も非常に効果的であったことは確かであり、統計が入手可能なある病院では最大八五％の患者が任務に復帰した。[46] 回復しなかったわずかな患者は、内地での治療のため、親類が面会できないように出身地から遠く離れた病院に後送された。さらに、そうした〔精神面の〕理由で国防軍から

40 BAMA H20/500. これらは、南方軍集団の顧問精神科医だったブラント医師の記録である。

41 Beratender Psychiater Heeresgruppe Süd, "Vierteljährlicher Erfahrungs Bericht, March-June 1943," 10 July 1943, BAMA H200/500.

42 残った五七％は、統合失調症、うつ病、癲癇、薬物中毒に加え、病後の神経衰弱の症例であった。アメリカ陸軍であれば、これらのほとんどは「精神疾患」とされていたであろう。

43 残った九〇・九％は、自分が任務に相応しくないという感情の反動で症状が出ていた（多くの場合、多少知的障害のある）兵士であった。その多数を占めるグループはほとんど高年齢の兵士からなり、彼らの「温厚な性格」のため、過酷な軍人としての生活に順応するには医療よりも懲罰的措置が必要であった。

44 H20/481. また、以下も参照。Generalstab, ed., Heeres Dienstvorschrift 209/2, Nr. 126, "Richtlinien für die Beurteilung von Soldaten mit seelisch-nervösen Abartigkeiten (Psychopathen) und seelischnervösen Reaktionen sowie für die Überweisung in Sonderabteilungen," (Berlin, 1 August 1942).

45 Zimmer, ed., *Wehrmedizin, Kriegserfahrungen 1939-1943* (Vienna, 1944), 3:606-14.「感応通電法」には、一〇〇ミリアンペアの強さの電流を二〜三分流す施術も明らかに含まれていた。

表8-2　アフリカ軍団における類型別の精神的傷病者

精神的疾患として扱われた傷病者の類型	人数（人）
負傷	68
非神経的精神疾患	13
癲癇症	10
統合失調症	5
精神薄弱	6
脳への器質的損傷の疑い	2
神経症・多発神経炎	85
頭蓋骨損傷後の不快感	13
真正の神経衰弱（外因性）	8
精神病質者	73
総計	283

出典：Der Beratende Psychiater der Panzergruppe Afrika, "Erster Erfahrungs-bericht, 26.9.1941-17.1.1942," 25 January 1942, BAMA H20/480.

除隊されることはなく、あらゆる手立てが尽きると精神病院に隔離されるだけであった。[47]

国防軍全体における精神科患者の発生率について詳細な統計はないものの、この分野では戦時中でさえもドイツ兵は連合軍の兵員よりも優れていると認識されていた。[48] 表8－2は、〔エルヴィン・〕ロンメル〔「砂漠の狐」と呼ばれたドイツ陸軍の名将〕のアフリカ軍団における、四カ月におよぶ激しい戦闘とその後の一〇〇〇マイル〔一六〇〇キロメートル〕の撤退の間に生じた精神科患者の数と内訳を示している。

この時期におけるアフリカ軍団の兵力は約四万三〇〇〇人であり、一年間で考えるとあらゆる精神科患者は兵力の約二％に相当したはずである。ロシアに展開していた南方軍集団については正確な算定は不可能であるがもっと低かったであろう。[49] フランス、ベルギー、オランダに駐留したD軍集団における一九四四年四月から六月（このほとんどの時期に戦闘はなかった）にかけての比率は、年間にすると兵力の二・七％となり、多少高めであった。[50]

精神的傷病者の出る頻度が特に高かった部隊の特異な事例を踏まえると、国防軍全体で数字が低かった原因について結論を導き出すことが可能となる。激しい戦闘の行われた一九四三年の第1四半期に精神科患者が増加したが、第二装甲軍付きの顧問精神科医は、患者が特に多かったのは、戦友との強い仲間意識（Kampfgemeinschaft）を築く暇もなかった着隊間もない兵士や、戦況のせいで支援もなく、孤立して危機にさらされた部隊の兵士であったと書き記している。[51] 同じくD軍集団の顧問精神科医も、「人種的」考慮から選抜されたが言語面で孤立する問題を抱えていた「民族ドイツ人（Volksdeutsche）の第三分類」〔ドイツ民族や文化との結び付きが比較的弱いドイツ系住民〕に属する兵士には特に精神科患者が多かったと述べている。[52]

包括的なデータは入手不能で、おそらく将来も手に入らないであろう。だが、以上を踏まえてかなり明確になったのは、国防軍の組織（出身地別の採用、同じ基盤で限定された集団からの補充、野戦補充大隊）と精神的傷病者数の少なさの関係である。この事実の背後には組織と治療法があり、ドイツ兵の性質とは何ら関係がなかったことが、連合軍の戦争捕虜収容所からの釈放後に精神疾患が急増したことによっても示されている。[53]

46 Beratender Psychiater beim Heeres-Sanitätsinspekteur, "Sammelbericht No. 8," June 1944, p. 16, BAMA H20/90. これは、ヴート教授によるものである。
47 Beratender Psychiater beim Heeres-Sanitätsinspekteur, "Sammelbericht No. 4," July 1943, pp. 4, 6, BAMA H20/574.
48 Canadian Brigadier General B. Chisholm quoted in *Newsweek*, 1 November 1943.
49 戦闘が持続的に続いた一九四三年一〇月から一九四四年三月末までで、一一八八人の患者がブラントに報告された。BAMA H20/500.
50 Beratender Psychiater beim Heeresgruppe D, "Vierteljährlicher Erfahrungsbericht," April-June, BAMA H20/122.
51 Beratender Psychiater der 2. Panzerarmee, "Erfahrungsbericht 1.1-31.3.1943," p. 9, BAMA H20/485.
52 Beratender Psychiater beim Heeresgruppe D, "Tagesbuch-Auszug für die Zeit v. 1.11.1942-30.1.1943," BAMA H20/502.

兵士を任務に復帰させるのに最も成功した臨床医の一人であり、第六軍管区（ケルン）の顧問精神科医であった〔フリードリヒ・〕パンゼ教授はドイツの経験を総括し、一九四五年の初めに次のように記している。

私の見解では、心因性障害が戦争の六年目においても大きな問題になっていないのは、そうした症例に対する体系的な対応が少なくとも一因であると考える。兵士たちが、そうした症状に直面しても医師が助けてくれると知っていることが、おそらく症例の発生を防いでいるのだろう。再発の危険性についても、適切な治療を受けた者については非常に低く、先天的に異常な類型のみに限られている。

第六軍管区に関しては、戦争の六年目に入っても症例数の増加は見られない。過去数カ月に診察した症例数がわずかに増加したのは確かだが、兵士らによる診断が改善した結果に過ぎないというのが私の見解である。[54]

アメリカ陸軍

アメリカ陸軍では、第一次世界大戦中に全国精神衛生委員会の〔医学〕部長であったトーマス・W・サーモン医師によって「戦闘精神医学」が生み出された。視察旅行でフランスを訪れたサーモンは、フランスとイギリスが戦闘神経症の治療で異なるアプローチを生み出していることに気が付いた。フランスが強硬路線をとり、しばしば懲罰を用いたのに対し、イギリスは患者を本国の精神病院に後送した。サーモンはイギリスの手法をより人道的とみなしていたが、任務に復帰する率は「かなり低い」という結果になっていた。[55]

その後、各師団に精神科医を配属させることが決定された。サーモンの任務は、すべての患者を診察したうえで軽症者を治療し、残りの患者の後送を調整するとともに、自傷行為が疑われる事例を調査することであった。戦闘精神医学の目的は、患者が「部隊の理解を得て、部隊とその任務に献身できるようにすることと定義された。このアプローチにより、サーモンは全患者の三分の二を原隊に復帰させることに成功したと言われている。[56]

第二次世界大戦では異なるアプローチが採用された。アメリカ陸軍は治療に力を傾ける代わりに、初期段階で選別する手順を導入することになった。その目的は、兵士の無意識領域を検査し、「戦闘任務の圧力に心理的に耐えられない」人間を排除することにあった。これにより兵士の適性が保証されたと陸軍は考えていたため、ある批判者の言葉によると、「第一次世界大戦は起こらず、サーモン医師は存在しなかったかのように」第二次世界大戦を戦うことになった。[57]

53 M. Janowitz and R. W. Little, *Militär und Gesellschaft* (Boppard am Rhein, 1968), p. 128.
54 Beratender Psychiater beim Wehrkreisarzt VI to Berichtsammelstelle der Militärärztliche Akademie," 1 February 1945, BAMA H20/502.
55 サーモン医師については以下を参照。B. J. Wiest and D. A. Davis, "Psychiatric and Social Work Services," in *Handbook of Military Institutions*, ed. R. Little (London, 1971), p. 322.
56 P. Watson, *War on the Mind* (London, 1978), p. 235.
57 Stouffer, *The American Soldier*, 2 : 207. 用いられた手法の概要を生々しく報じたものとして、*Sunday Evening Post*, 8 January 1944, p. 19.

その結果はすぐに明らかになった。一九四三年半ばまでに、精神病院への入院は一年平均で戦力の六・七六％に達し、そのうち最も低い割合は三％（それでも筆者が見た中でドイツ軍のいかなる部隊よりも高い）で、最高は〔年間の戦力の〕一二〇〜一五〇％に上った。[58] 一九四四年六月から一一月にかけてのヨーロッパ大陸における戦闘師団に関して言えば二六％であり、その相手であったドイツのD軍集団のほぼ一〇倍であった。[59] 第二次世界大戦中に精神疾患で治療を受けた兵士の総数は九二万九三〇七人であり、陸軍で兵役に就いた総数の八・九％であった。[60] ほぼ四三〇〇万人／日が失われ、三二万人が恒久的不適格者として除隊された。患者数はすべての戦闘・非戦闘受傷者を合わせた数に匹敵し、戦死者数の約三倍を上回った。実際、ある時点では精神疾患を理由に陸軍から除隊された人数が新兵の増加を上回り、マーシャル大将が調査を命じる契機となった。[61]

ドイツ陸軍の「心因性患者」は純粋な精神科患者の約四三％を占めていたのに対し、アメリカ陸軍では六七・七％であった。アメリカ陸軍でそれに次ぐのは人格・行動障害（一二・八％）、精神症（七・三％）、知的障害（三・一％）、その他（六・九％）であった。つまり、三分の二以上の患者は、戦闘を含め陸軍の日常にうまく適応できなかった健常者だった。そして、初期段階の選別で、心理面や精神面の障害が疑われる一六八万六〇〇〇人を既に排除したという事実があったにもかかわらず、こうした結果がもたらされたのである。[62]

アメリカ陸軍における莫大な精神的傷病者の発生が激烈な戦闘のせいではなかったことは、ドイツの経験からも明らかである。そして、〔過保護的な傾向を持つ〕「子供中心」のアメリカ社会から欠陥のある選別手順に至るまで、様々な原因があるとされてきた。選抜手順については、排除した人数は第一次世界大戦の五倍であったが、どういうわけか適切な性格を持つ人間の選抜に失敗したのである。

だが、この原因を探ってきた人間の間でほとんど知られていないのは、アメリカの精神的傷病者は二つの基本的な類型に分けられるという、ヨーロッパ作戦戦域から得られた文書による証拠であった。[63]第一の集団は、戦闘に参加してから五日以内で精神が破綻した経験の浅い兵士であり、通常は補充兵であった。もう一つの集団は、約四カ月以上の戦闘を経て精神が崩壊した経験豊かな兵士であった。これまでのすべての分析を踏まえると、第一の類型はアメリカの部隊の補充制度と結束力不足による犠牲者であると考えざるを得ず、第二の類型は終わりのない任期によってもたらされたものである。[64][65]

アメリカ陸軍は精神的傷病者の治療面でもドイツ軍と異なっていた。おそらくアメリカでは精神分析（psychoanalysis）がかなりの影響力を持っていたこともあり、症状が現れるのは無意識下に深く潜む心理的なプロセスが表面化したものとみなされ、それを解き放つ必要があると考えられた。だが、

---

58 Wiest and Davis, "Psychiatric and Social Work Services," p. 322; また R. R. Palmer, *The Procurement and Training of Ground Combat Troops* (Washington, D. C., 1948), pp. 227-78.

59 Menninger, *Psychiatry in a Troubled World* (New York, 1948), p. 345.

60 U. S. Army, Medical Department, *Medical Statistics in World War II* (Washington, D. C., 1975), p. 11.

61 E. D. Cooke, *All but Me and Thee, Psychiatry at the Foxhole Level* (Washington, D. C., 1946), p. 11.

62 E. Ginzberg, *The Ineffective Soldier*, 3 vols. (New York, 1949-), 2:36.

63 Replacement Board, Department of the Army, "Replacement System World Wide," bk. 5, part 12.

64 集団凝集性が精神的健康《メンタルヘルス》と正の相関関係にあるという実証的証拠は、S. E. Seashore, *Group Cohesiveness in the Industrial Work Group* (Ann Arbor, 1954), p. 98 に示されている。

65 頻繁に休暇をとっていたイギリス兵は二倍の期間を持ちこたえている。

精神療法は長期におよぶ傾向があり、したがって後方数百マイル離れた病院の〔ドイツでの慣行のように神経科病棟ではなく〕精神科病棟に患者は後送された。その結果として、北アフリカ方面作戦で発生した精神科患者全体で部隊に復帰できたのは五％に過ぎなかった。[66]

確かに状況は後に改善された。イタリア方面作戦の後期には、陸軍の精神科医が前線の間近にある「疲労回復センター」において緊急の治療に注力することにより、全患者のうち約六〇％を何らかの任務に復帰させるのに成功している。[67]だが、この比率は病院ごとに大きな差異があり、復帰率が八〇％であれば「抜群」とされていた。戦争全体で言えば、おそらくは六〇％を下回る程度であったが、それでも全員が本来の任務に復帰したということではない。治療に反応しなかった兵士はアメリカに送り返され、陸軍から除隊されて精神病院に収容された。そこでは一部の兵士は長期にわたって収容され、水治療法〔水を使った物理療法〕、インスリン・ショック療法〔インスリンを大量投与することで低血糖ショックを人為的に起こす治療法〕、電気ショック療法などの治療を受けていた。

歴史家は拙速な一般化を避けるべきである。だが、非戦闘傷病者が流行病のように増え、彼らを治療するにも自らの過去の経験を活かせなかった陸軍には、何か問題があったように思わざるを得ない。この問題が陸軍側の極めて寛容な態度と結び付いた。おそらくフロイトの理論が広く受け入れられていたことから、この態度が半公式的な経路を通じて兵士に広まり、戦争神経症は正当かつほぼ通常の症状とみなされるようになった。[68]このような陸軍の態度は、ドイツの医師が用いたやや過酷な治療法を用いるのを防ぐと同時に、戦闘から逃れたい兵士に「逃げ道」を提供することにもつながった。実際、兵士の一部にとっては無断離隊、脱走、そして精神的理由による後送の要求が他にとりうる行動経路となったという証拠すらある。[69]戦わない兵士に平手打ちをくらわすというパットン〔大将〕の手法は、結局のところそれほど間違っていなかったのかもしれない。

衛生部隊

陸軍の日常で有能な衛生部隊が果たす役割は詳述するまでもないだろう。負傷した場合に素早く適切に手当てしてもらえると分かっていることは、兵士の士気に関わる最も重要な点である。さらに、第二次世界大戦のような長期戦では、負傷兵が回復期間を経て任務に復帰すれば、歓迎すべき大きな戦力向上につながる可能性もある。

ドイツ陸軍

第二次世界大戦におけるドイツの衛生部隊に関する包括的な研究は今のところ入手できず、史料をとりまく状況を考えればこの先も手に入らない可能性が高い。それゆえ、以下の記述はかなり概略的なものにならざるを得ない。

---

66 Menninger, *Psychiatry*, p. 305.
67 U.S. Army Medial Department, *Medical Statistics*, p. 43; Ginzberg, *Ineffective Soldier*, 1:94; R. S. Anderson, *Neuropsychiatry in World War II*, 2 vols. (Washington, D. C., 1966) 2:153-54.
68 K. Lang, *Military Institutions and the Sociology of War* (London, 1972), p. 77; Stouffer, *The American Soldier*, 2:196-200. そのようなアプローチの悪影響については、F. M. Richardson, *Fighting Sprit* (London, 1978), p. 62 を参照。
69 A. M. Rose, "The Social Psychology of Desertion from Combat," *American Sociological Review* 16 (1951):614-29.

表8-3　1939～43年におけるドイツ軍医療部隊の人的資源

（人）

年	野戦軍					国内予備軍			総計	
	部隊		病院			病院				
	士官	一般兵士	士官	一般兵士	DRK[1]	士官	一般兵士	DRK	士官	一般兵士
1939-40	7,798	92,348	1,314	9,731	1,241	7,964	24,179	17,062	16,086	126,258
1940-41	12,127	115,264	3,528	17,951	3,899	7,034	26,153	22,580	22,419	159,368
1941-42	12,757	150,060	4,427	30,472	7,507	8,911	46,047	45,637	26,095	226,579
1942-43	17,034	164,898	4,689	18,737	8,413	9,507	53,438	55,044	31,230	237,037

出典：F. W. Seidler, *Prostitution, Homosexualität, Selbstverstümmelung, Probleme der deutschen Sanitätsführung 1939-1945* (Neckargemund, 1977), p. 33.
注1：ドイツ赤十字

表8-4　ドイツ陸軍の負傷者の死亡・生存率

（%）

	第一次世界大戦	フランス、1940年	ソ連、1941年夏	ソ連、1941年冬
戦傷死	6.0	7.9	10.5	12.2
生存	94.0	92.1	89.5	87.8
計	100.0	100.0	100.0	100.0

出典：B. Mueller-Hillebrand, "Statistisches System," U.S. Army Historical Division Study PC 011 (Koenigstein Ts., 1949), p. 144.

まず組織について言えば、ドイツにおける軍事医療の取り組みを知るうえで表8－3が参考になろう。

この表によれば、ドイツの衛生部隊は最大で三三万一七六〇〔原文には三四万となっているが三三万の誤りと思われる〕人の男女からなっていた。一九三九年から一九四三年までの時期に、部隊勤務する軍医（つまり医師資格を有する者）は軍医全体の四八・四%から五四・五%まで上昇した。同じ期間に、同じく部隊で勤務する一般兵士や下士官の割合は七三・一%から六六・七%まで低下している。つまり、軍医が前線に押し出される一方で、後方では医療補助者や当然ながら大半が看護師であった赤十字の補助者への依存傾向が高まっていた。

第一次世界大戦では戦死者が全死者の一三・八％を占めていた。この比率は一九四〇年の対フランス戦の間に二一・九％に上昇し、対ソ戦の初年度には二二・九％にまで高まった。この割合の上昇は、おそらく兵器の威力が高まったこと、そして機動戦の最中に負傷者を収容するのがより困難になったことの双方によるものであろう。

一九三九年九月から一九四五年四月までの間、約五二四〇万人の傷病者が国防軍や武装親衛隊の病院で治療を受けた。[70] 表8－4は、その結果の一端を示している。

対フランス戦で負傷して生き残った兵士が一〇〇〇人いたとすると、八五人（六五人は現役、二〇人は駐屯地業務）は任務に復帰できると期待された。この割合は、一九四一年夏の対ソ戦では八三人（現役五八人、駐屯地業務二五人）に低下し、同年冬には七七人（同五一人、二六人）まで下がった。任務に戻った全兵士の五八％が三カ月以内に復帰を果たし、六カ月以内では八六％、九カ月以内で九三％、一年以内であれば九六％が復帰した。戦傷によって軍務不適応となる平均日数は九八日であった。[71]

戦時中に疾患で入院した一〇〇〇人のうち、九八・五人は生き残った。そのうち、八五・四人が任務に復帰し、一四・六人が軍務不適応となった。任務に復帰した兵士のうち、四八・九％は一カ月以内

70　F. W. Seidler, *Prostitution, Homosexualität, Selbstverstümmelung, Probleme der deutschen Sanitätsführung 1939-1945* (Neckargemund, 1977), p. 53.

71　Heeres-Sanitätsinspekteur, ed., *Die Wiedereinsatzfähigkeit nach Verwundungen, Erfrierungen, Erkrankungen* (Berlin, 1944) p. 21.

に復帰し、二カ月以内で七一・七％、三カ月以内で八五・九％、四カ月以内で九三・八％、五カ月以内で九七・二％、そして六カ月以内では九八・七％が復帰を果たしている。だが、すべての病人が病院で治療を受けたわけではない。多くの患者が部隊で手当てを受けた。部隊での生存率は九九％であり、任務に復帰できた割合も八六・七％であった。これらの事例で軍務不適応となった平均日数は九・三日であった。

これ以上の情報が得られないため、今ある数字に付け加えることはほとんどない。だが、留意すべき一つの事実がある。それは、負傷者の回復後は彼らが最後に所属した野戦部隊に関連する補充部隊に送られるべきという、現場の経験から得られた極めて重要な原則であった。[72]負傷者は軍務への適性を取り戻すべく補充中隊に配置後、行進大隊で新兵と同じ中隊に編入されて原隊に復帰することになった。彼らを率いたのは、自身も現役に復帰する士官の場合が多かった。戦争が進むにつれて技術的な問題は増えたが、この原則は厳密に守られたのである。

アメリカ陸軍

ある史料によれば、第二次世界大戦におけるアメリカ陸軍衛生部の総人員は六八万四三八人であった。その内訳は、軍医科四万八三一七人、歯科一万四八四八人、獣医科二〇六六人、衛生業務科一万九四三九人、看護科五万二一二八人、そして衛生部所属の一般兵士が五四万一六五〇人となっていた。[73]陸軍兵員全体と比較すると、衛生部の人員は後方に固まる傾向があるのは当然であった。このことはとりわけ医師、すなわち士官に当てはまった。[74]例えば、ヨーロッパ戦勝日の時点で陸軍において勤務していた神経精神医二二七七人のうち、三三・四％にあたる七六二人が海外に駐留していたのに対し、それ以外は内地で勤務していたのである。[75]

第二次世界大戦中のあらゆる入院患者（精神科患者は除く）の総数は、一六七四万四七二四人と言われている。そのうち、五九万九七二四人（三・五％）が戦闘中の負傷、一八〇万人（一〇・七％）は他の原因による負傷、そして、一四三四万五〇〇〇人（八五・六％）が疾病によるものであった。戦傷者一人当たりの軍務不適応となる平均日数、すなわち入院日数は一一七・八日で、全入院患者の平均は二三・三日であった。[76] したがって、戦傷者はドイツ陸軍に比べ多少長期にわたって入院していたことになる。

第一次世界大戦で負傷したアメリカ兵の八％が命を失った。第二次世界大戦で戦死したのは四・五％に過ぎなかった。負傷者の約六四％が何らかの任務に復帰したが、ドイツと比べるとかなり低い割合であった。これは、ドイツ軍より高い基準を設定した結果だったのかもしれない。あるいは、結局同じ点に帰結するが、アメリカ陸軍が用いていた、より単純な身体検査の分類制度による影響かも

72 S. Weniger, *Wehrmachtserziehung und Kriegserfahrung* (Berlin, 1938) を参照。
73 Menninger, *Psychiatry*, p. 599.
74 一九四四年九月三〇日の時点で、ヨーロッパ作戦戦域の全兵員の三三・七％が連絡圏（Communications Zone）に所在していたのに対し、衛生部所属の兵員は五一・九％であった。ヨーロッパ作戦戦域の全士官の三八％が連絡圏で勤務していたのに対して、衛生部所属の士官は六四・一％に上った。U.S. Army Medical Department, *Personnel in World War II* (Washington, D.C., 1963), pp. 310-11 を参照。
75 Menninger, *Psychiatry*, p. 600.
76 U. S. Army, Medical Department, *Medical Statistics*, p. 13.

しれなかった。

以上を踏まえると、アメリカ軍の衛生部は海軍を除いてもドイツの衛生部隊よりはるかに規模が大きかったが、治療した患者数は少なかった。また、おそらく連合軍による制空権の獲得によって迅速な後送が促進されたこともあり、救命の面ではかなり有能であった。他方で、兵士を任務に復帰させるという点ではやや劣っていたのかもしれないが、この点については不確かである。

しかし、ドイツ陸軍とアメリカ陸軍の相違は技術的な能力の差ではなく、負傷者の回復後の取り扱い方にあった。「北アフリカでの経験を踏まえ」、入院の必要な負傷者は後送後に現役名簿から外された。負傷者は退院すると補充制度に組み込まれ、その他大勢と同様に扱われた。「過剰戦力」を生むことを防ぐため、兵士が原隊に復帰するのはほとんど許されず、「部隊に適当な空席があり、部隊から要請が出されている」時と場合のみに限定されていた[77]。アメリカ陸軍ではしばしば、上級司令部による管理の都合で兵士の心理的欲求が犠牲にされたのである。

77 Department of the Army, ed., *The Personnel Replacement System of the US Army* (Pamphlet No. 20-211, Washington, D. C., 1954), p. 460.

第9章 報償と懲罰

組織の円滑な機能を確実にするには、社会制度がどれほど巧みに組織されていたとしても、報償と懲罰の制度が欠かせない。そうした制度は強力で広く浸透し、迅速な処理ができなければその任務を全うできない。そして何よりも、公正でなければならないのである。

給与

ドイツ陸軍

ドイツ軍における給与は階級と年齢によって決まっていた。空軍を別にすると、様々な兵科や職種で給与の差はなかった。例えば伍長であれば、ソ連で歩兵として従軍しようが、快適な参謀本部で給仕として勤務しようが、基本給は同じだったのである。

一九一二年一〇月から給与の水準が高められ、一般兵士は毎月九マルク、伍長で一〇・五マルク、下士官候補生は一五マルクを受けるようになった。これらの給与額は現代から見ると途方もなく低いが、実際は他のヨーロッパ諸国の徴集兵の給与と比べるとかなり高かった。当然ではあるが、イギリスやアメリカの職業軍については全く話が違ってくる。[1]

第二次世界大戦の前とその最中の基本給は、入営して間もない新兵で年間二〇〇マルクをわずかに下回る程度であり、勤続一四年の下士官で二〇六四マルク、少佐は七七〇〇マルク、そして上級大将で二万六五〇〇マルクと大きく異なっていた。[2]上下の差が大きいだけでなく、上級大将の給与は、一九三八年当時に一〇〇〇マルクをようやく超える程度であった一人当たり国民総生産の約二五倍になっていたのである。

だが、様々な手当（Zulagen）を考慮すると、全く違う構図が浮かび上がってくる。住居、家族、そして「特に困難」な場所や状況における勤務に手当が支払われた。また、とりわけ物価の高い一部の国や地域で勤務する兵士には生活費手当もあった。

困難地勤務手当は明白な理由から特に興味深い。例えば、北アフリカの勤務では一日当たり、一般兵士は二マルク、下士官は三マルク、そして士官は四マルクの手当を受けた。つまり、ロンメルと一緒に戦えば、二等兵は基本給を四倍に、下士官（一四年の勤務経験があると想定）は五三％増やせたのに対し、少佐は一九％しか増えなかったのである。

国防軍で勤務する特技兵の給与を定める基準も重要であった。基本的に、一つは文官、もう一つは様々な特技兵、そして最後に兵士という三種類の基準が存在した。文官と特技兵の給与は、一年間の基本給で一万二六〇〇マルク、つまり大佐の給与と同等額を超えないものとされていた。この定めの例外は軍医の最高位（Generalstabärzte）に設けられており、年間一万九〇〇〇マルク、つまりは中将と同額を受けることができた。それゆえ、この制度は全体として兵士が最も高い給料を受け取れるよう設計されていたのである。[3]

最後に言及しておくべき点として、国家労働奉仕団（Reichs Arbeits Dienst：ＲＡＤ）で勤務する人員は、兵士の基準よりもわずかに低い給与が支払われていた。奉仕団の指導部は将官と同様、文官や特技兵よりもかなり高い給与を受けていたのである。

アメリカ陸軍

アメリカ軍でも階級と勤務年数に応じて給与が支払われており、あらゆる兵科や職種で同じ水準（ただし、別のより高い給与基準が設けられていた海兵隊は除く）であった。だが、詳しく見ていくとアメリカとドイツの制度に存在する重要な違いが明らかになる。

第一次世界大戦時にアメリカの二等兵は基本給として月三〇ドルを受けていた。この基本給は一九二三年に二一ドルに減額され、戦間期を通じて据え置かれた。一九四二年六月にようやく給与水準が

---

1 オーストリア＝ハンガリーの徴集兵の月給は四・〇五マルクであり、フランスは二・四〇マルク、ソ連は一・二マルクであった。イギリスの二等兵の月給は三〇マルクで、アメリカは六三マルクであった。これらの給与額は以下に基づく。Militärgeschichtliches Forschungsamt, ed., *Handbuch zur deutschen Militärgeschichte*, 7 vols. (Frankfurt am Main, 1965-), 5:102.

2 R. Absalon, *Wehrgesetz und Wehrdienst 1939-1945* (Boppard am Rhein, 1960), p. 302.

3 M. Schreiber, *Heeresverwaltungs-Taschenbuch 1941/42* (Grimmen, 1941), p. 61.

再び改められ、今度は増額された。二等兵の基本給は月五〇ドルとなり、勤続一五年の曹長は一二〇ドル、少佐で二五〇ドル、そして陸軍大将であれば六六六・六七ドルであった。[4] それゆえ、階級による給与の差はドイツ国防軍よりかなり小さく、一般兵士対象で、士官には支払われない諸手当の存在により、その差はさらに縮まっていた。[5] 最高給を受けていたのは陸軍大将だが、その額は一人当たり国民総生産（一九三九年当時で五〇〇ドル）の一六倍であった。

ドイツ軍と同じく、アメリカ軍兵士も家族手当、住居手当、生活費手当を受けていた。また、海外勤務手当もあり、一般兵士や下士官の場合は基本給の二〇%、士官の場合は一〇%となっていた。一般的に、アメリカ軍兵士、とりわけ一般兵士はドイツ軍兵士よりも海外勤務の誘因が非常に小さかった。

ドイツ国防軍とは異なり、アメリカ陸軍には特技兵向けの別建ての給与基準はなかった。その代わりに、彼らは士官に任命され、階級に応じて給与が支払われた。ドイツの制度では極めて重要とされた士官と特技兵の間の厳密な区別とは無縁だったのである。

休暇

ドイツ陸軍

原則的に、階級や兵科にかかわらず、すべてのドイツ軍兵士は休暇を同じ期間取得する権利があった。その配分は中隊長の権限であり、彼らの手でうまく運用できれば規律や指揮を維持する強力な武器となり得た。だが、中隊長の権限に制約がないわけではなかった。場合によっては主要な作戦機動を行う直前の秘密保持のため、あるいは危機時におけるそれ以外の目的でも、上級司令部はすべての休暇を取り消すことができ、実際にそうしたのである。

野戦軍や国内予備軍に勤務する兵士は、二日間の移動日に加え、一四日間の年次休暇をとる権利があった。また、重要な家族行事、特別の災害時（自宅が爆撃を受けた場合も含む）、入院明けといった場合に、一〇〜二〇日の特別休暇も取得できた。既婚でなおかつ家庭に問題のある兵士は、若手が多い独身の兵員よりも優先されるのが普通であった。規則では、野戦軍で休暇取得可能な兵員数は、現有兵力の常時一〇％を超えないものとされていた。[6]

これらの規則の適用方法については、事柄の性質からして検証は不可能ではないにしても困難である。だが、〔ヴァルター・〕モーデル〔上級大将〕率いる第九軍の書類について抽出調査を行うと、興味深い情報が明らかになった。第九軍では、その兵力の約一〇％を毎月休暇に出していたようである。前線勤務一年目の兵士は、一二カ月に一回の休暇を期待できた。二年目になると休暇は九カ月に一回となり、三年目では半年に一回となった。前線部隊、つまり連隊司令部以下の前線近くで勤務する兵士は、その他の兵員よりも優先された。第九軍全体では激しい戦闘が行われた時期でも休暇の配分は

---

4 War Department, ed., *Technical Manual TM 14-509, Army Pay Tables* (Washington, D.C., 1945).
5 *Report of the Secretary of War's Board on Officer-Enlisted Men Relationships* (The Doolittle Report) (Washington, D.C., 1946), pp. 12-13.
6 B. Mueller-Hillebrand, "Personnel and Administration," U.S. Army Historical Division Study P 005 (Koenigstein Ts., 1948), pp. 73-76.

通常通り行われた。ただし、前線で特に重要な地域を担当していた師団については例外もあったかもしれない。[7] ここでも、交替勤務の問題と同じく、師団の数が多いことが肯定的な効果をもたらしたのである。

休暇の総量が減少していった（一九四二年八月の時点で、一年以上帰宅していない兵士が第九軍で一二万三七六〇人におよんでいた。これは第九軍の兵力の三分の一にあたる）のは事実であるが、階級ごとの配分は平等だったようである。[8] 例えば、一九四二年五月の時点で、少なくとも一年以上帰宅していなかった一七万九九九七名のうち、一七・八％にあたる三万二〇六四名が下士官であり、三・〇％にあたる五四八九名が士官であった。[9] この比率は第九軍全体における階級の分布とかなり一致していた。

これらの全般的な規則と並行して、第九軍司令部は兵士への報償として休暇を意図的に活用していた。こうした休暇は士官と一般兵士の双方に与えられたが、狙撃や対戦車戦など、一部の特に危険な任務で戦功をあげた一般兵士が主たる対象であった。そうした兵士の功績は彼らが直ちに休暇に入るとの連絡とともに書面に記され、モーデル自身が署名した後に第九軍全体に配布されたのである。[10]

アメリカ陸軍

一八七六年に制定され、その後七〇年にわたって有効であった規則によると、アメリカ陸軍の士官は休暇をとる権利があったのに対し、一般兵士には無給休暇が与えられた。士官については年間三〇日の休暇があり、それを貯めておくこともできたし、現金に振り替えることもできた。一般兵士には休暇の期間が定められておらず、記録もされなかったので、貯めたり、現金に振り替えたりもできなかった。平時であればこの違いが大きな問題になることはおそらくなかったであろう。だが、戦時になると状況の性質上、ほとんど休暇を使わなかった場合にかなりの金額を貯められたのは士官であり、一般兵士ではなかった。

こうした一般的な規則に加え、非常時に兵士を本国に送還する特別な規定が存在した。だが、戦争中はかなりの距離を隔てており、事務手続きも極めて煩雑であったため、そうした休暇は申請後六カ月してようやく認められたのである。[11]

物事が実際どのように動いていたかを把握するため、一地域に最も人的資源が集中していたヨーロッパ作戦戦域の書類についても抽出調査を行った。この調査により、イギリスに駐留中のアイゼンハワーの部隊はほぼ三カ月に一回七日間の休暇を与えられ、常時全兵士の約七%が任務から離れていたことが明らかになった。[12] 休暇が統率の手段として使われたという直接的な証拠はなく、その理由は受勲者などに休暇を与える権限が師団長になかったことから明らかであった。[13]

7 AOK9/IIa/b, "Tätigkeitsbericht 18.8-31.12.1943," Bundesarchiv/Militärarchiv (hereafter BAMA) 52535/18.
8 AOK9/IIa/b, "Beilage zum Kriegstagebuch, 1.7-30.9.1942" ibid.
9 AOK9/IIa/b, "Beilage zum Kriegstagebuch, 1.4-30.6.1942" Model order of 6 May 1942, ibid., 29234/2.
10 例えば以下を参照。Model order of 6 November 1942, ibid., 29234/11; and another of 17 January 1943 in ibid., 32878/26.
11 Historical Division, U.S. Forces, European Theater of Operations (hereafter ETO), "Basic Needs of the ETO Soldier" (n.p., 1946), ch. viii, p. 45.
12 Ibid., p. 5.
13 General Arnold's Testimony, Replacement Board, Department of the Army, "Replacement System World Wide," bk. 5, part 32.

フランスにおけるヨーロッパ作戦戦域所属部隊は、一九四四年夏と秋には休暇がなかったようである。だが、前線がドイツの国境沿いで落ち着くと、四八時間の休暇証がパリやブリュッセルのような大都市で発行されるようになった。この特権を享受した典型的な集団として、例えば一九四五年一月に一万二三〇七人が休暇をとったが、そのうちの一七・〇％にあたる二〇九七人は士官であり、これは陸軍における士官の比率のほぼ二倍に近い数字であった。[14] 一九四五年三月初旬には、五六〇人（！）の士官と五六人の一般兵士からなる集団がリヴィエラ〔フランス南部の有名な海岸リゾート地〕での休暇を楽しんだ。[15] この問題は深刻に受け止められ、マーシャル大将がアイゼンハワー大将への書簡の中で、個人的に介入するほどであった。[16]

勲章

どの軍でも勲章は非常に重要であり、とりわけ巨大で無機的な軍であればなおさらである。ナポレオンが述べたように、兵士は色付きのリボンによって駆り立てられるのである。

ドイツ陸軍

第一次世界大戦時のドイツ陸軍は、勲章全般をめぐる問題への対応が全く不適切であった。勲章の種類が少なすぎたため、度重なる戦功や貢献に対して十分に報いることができなかった。また同じ理由から、勇敢さと、それ以外の前線・後方での貢献との区別も維持できなかった。戦争の前半より後半の方がかなり受勲しやすくなり、不満が広がった。様々な州で授与される多彩な勲章と付随する特権によって混乱が生じた。士官と一般兵士には別種の勲章が存在し、最高位の勲章たるプール・ル・メリット勲章は一般兵士には授与されなかった。[17]

これらの欠陥は認識されていたものの、戦間期に是正への取り組みはほとんどなされなかった。第二次世界大戦が勃発すると、ドイツで最も重要な勲章とされる、ナポレオン戦争中に生まれた鉄十字章が、これまでのすべての戦争に倣って「復活」した。二つの等級からなる鉄十字章は軍人に限定して授与され、戦時の勤務のみが対象であった。

ポーランド戦が終わってまもなくすると、既に鉄十字章を二つ獲得し、顕著な勇猛さで戦功を重ねた兵士を対象に、新たな勲章を設ける必要性が認識されるようになった。それを受け、一九四〇年から一九四四年にかけて鉄十字章に加えて五つの等級の騎士鉄十字章が創設された。その五つとは、①騎士鉄十字章、②柏葉付騎士鉄十字章、③柏葉・剣付騎士鉄十字章、④柏葉・剣・ダイヤモンド付騎士鉄十字章、⑤黄金柏葉・剣・ダイヤモンド付騎士鉄十字章であった。このうち最後で最高位にあたる黄金柏葉・剣・ダイヤモンド付騎士鉄十字章は通常、個人としての兵士（Einzelkämpfer）にのみ授与され、受勲者も一二人までに制限されていた。いずれにせよ、実際に授与されたのはたった一人で

---

14 Historical Division, U. S. Forces, "Basic Needs of the ETO Soldier," ch. viii, p. 38. この中で、同様の事例がさらに言及されている。
15 Ibid., p. 24.
16 Ibid., p. 22.
17 E. Weniger, *Wehrmachtserziehung und Kriegserfahrung* (Berlin, 1938), pp. 91-93. また、以下も参照。Blecher, "Gedanken zur Erneuerung des Eisernen Kreuzes vor 25 Jahren," *Soldatentum* 6 (1939):245.

あった。[18]

これらの勲章は段階的なもの、つまり各等級の勲章はそれに先立つ等級の勲章をすべて獲得していれば授与の推薦を受けられた。このことが意味していたのは、同じような戦功をあげてもいつも同じように報いられるわけではないものの、勇敢さを繰り返し発揮する強い誘因を生み出すということであった。一九四一年以降、授与される勲章の数は毎年増加していったものの、それは授与の要件が緩和されたためではなく、死傷者数が示す戦闘の激烈さゆえであった。要件の変更があったとしても厳格化する方向で変化しており、例えばパイロットの撃墜数の要件は増加したのである。

あらゆる階級の兵士がすべての等級の鉄十字章の推薦を受ける資格があったが、受勲の前提条件は全員が平等というわけではなかった。上位の等級（騎士鉄十字章以上）の勲章を受けるには、一般兵士や下士官は何らかの明白に勇敢な功績（対戦車戦が多かった）をあげるか、自主的な判断に基づく行動をとらなければならなかった。[19]指揮官の場合は、自主的な行動を一度ならずとることが無条件の前提となっており、どれほど並外れた勇敢さでもそれだけでは不十分であった。〔フェルディナント・〕シェルナー元帥はモクロス中佐に柏葉付鉄十字章の授与を推薦する可否について諮られた際、連隊長が自ら先頭に立って部下を率い、機関銃と手榴弾を手にして反撃に成功したのは「自明の責務」であると書き記している。[20]

さらに高位の勲章を受けるには、例えば連隊長であれば直属の上司による推薦が必要であった。軍団長や軍司令官が承認した推薦に基づき、記入された書類が略歴（ヒトラー・ユーゲントなどでの活躍を強調する目的で候補者が使うことが多かった）や写真とともにヒトラーの決裁を仰ぐために提出された。すべての手続きには三～五週間かかるのが普通であったが、二週間以内で終わる場合もあった。叙勲の推薦が承認されると、例えば、X少佐は国防軍で柏葉付騎士鉄十字章を受勲した○人目の国防軍兵士である、といった形で新聞や放送機関に伝達された。

一九三九年九月から一九四五年五月にかけて与えられた勲章は表9－1のようになっている。上位五つの勲章の保有者はごく少数のエリートであった。五年半におよんだ戦争中に、受勲者は国防軍で兵役に就いた全兵士の最大で○・○三三%、戦死者の約○・三%に過ぎなかった。この排他性を維持するため、特別な系統の勲章であるドイツ十字章金章・銀章が一九四一年九月に制定された。この二つの勲章は、既に一級鉄十字章を叙勲された兵士で、（自主的な行動を伴わない）度重なる勲功や顕著な功績をあげたが、騎士鉄十字章には満たない者を対象としていた。だが、ドイツ十字章は鉄十字章の一部に含まれず、その上位の勲章を受ける前提条件にもなっていなかった。この二系統の勲章は厳密に区別されていたのである。

実際に叙勲がどのように運用されていたかを把握するため、

表9-1　ドイツ陸軍における鉄十字章の授与数

勲　章	授与数
二級鉄十字章	2,300,000
一級鉄十字章	300,000
騎士十字章	5,070
柏葉付	569
剣付	87
ダイヤモンド付	13
金柏葉、剣、ダイヤモンド付	1

出典：R. Absalon, *Wehrgesetz und Wehrdienst, 1939-1945*（Boppard am Rhein, 1960）.

18　Absalon, *Wehrgesetz und Wehrdienst*, p. 258.

19　敵前での優れた功績（Bewahrung vor den Feind）によってこの勲章を授与された一般兵士は士官候補生として採用されることを望めたので、それより上位の勲章のほとんどが士官に与えられた。

20　Schoerner note of 10 March 1945, BAMA Rh7 v 299.

戦争期間中の様々な時期・部隊の叙勲の推薦と勲章の授与について無作為抽出調査を行った。自主的な行動をとったすべての階級の兵士や士官に対して数多くの高位勲章（一級鉄十字章以上）が授与された事実は誰の目にも明らかで、これらが調査対象全体の約四割を占めていた[21]。この制度は終戦まで機能しており、ヒトラー自身も自らの命を絶つわずか二四時間前でも推薦を却下する労をいとわなかった[22]。さらに驚くべきは、ヨーロッパ戦勝日以降に戦争、総統、国家《ライヒ》のどれもが不在の状況でも機能していたことであろう。

アメリカ陸軍

マーシャル大将によれば、第一次世界大戦時にアメリカ陸軍では勲章の授与が極めて少なかった。勲章の種類が少なかっただけでなく、授与されるまでの期間も非常に長かったため、受勲者の大半が勲章を手にしたのは戦争が終わってからであった。マーシャルはこうした状況を是正する決意を固め、制度の変更により勲章の価値が下がりかねないという批判があっても揺るがなかった[23]。

第二次世界大戦で運用されたアメリカの褒賞制度はドイツとは大きく異なっていた。様々な勲章は制定時期も前提条件も異なっており、相互に関連しておらず、段階的なものでもなかった。一部は兵士に限定して授与されていたが、文官に授与されるものもあった。アメリカの勲章に、自主的な判断に基づく行動が授与の要件とされているものは一つもなかった。他方で、非戦闘任務における功績にかなり大きな比重があった。ドイツでは他の兵員に比べて士官の方が上位の勲章を受けるのが難しかったのに対し、アメリカ陸軍ではそのようなことはなかった[24]。

マーシャルの狙いは良かったが、兵士が戦功をあげて叙勲されるまでの間隔を大幅に短縮することはできなかった。上位の勲章が授与されるまでの待機期間は平均で約五～六カ月であったが、下位の勲章はそれよりも短かったはずである。[25]

最高位の勲章とされる名誉章は、任務を超越した顕著な武勇を戦闘で示した者に与えられ、戦中と戦後に二八九が授与された。これに次ぐ勲章は殊勲十字章で、これも「武装する敵に対する軍事作戦における卓越した武勇」が対象であり、四四三四が授与された。それに続くのが功労章であり、重大な職責の地位における卓越した功績に対して授与され、一九四〇～四五年の間の授与数は一四三九であった。[26]

これらに次ぐのは銀星章《シルバー・スター》（授与数七万三六五一）であり、戦闘で武勇を示したが上位二つの勲章にはおよばない者に授与された。また、勲功章（授与数二万二七三）は、非常に困難な任務の遂行において格別の功績をあげた者に授与された。したがって、これら上位五つの勲章は合計で一〇万八六回授与され、これは戦死者数の約三三％にあたる。この割合はドイツを一〇〇対一で上回っていた。

それ以外の勲章としてはアメリカ陸軍航空軍の飛行章《エア・メダル》があり、これは戦闘任務で飛行した全員にほ

---

21 BAMA 29234/9 を参照。
22 BAMA Rh7 v 298.
23 Marshall to King, National Archives (hereafter NA) file No. 20458-90 (22-819).
24 この点を変革することが、一九四六年に公表された、士官と一般兵士の関係をめぐるドゥーリトル報告書の主要な提言の一つであった。
25 この期間については、ETO files (Box 322/Admin. File ETO 7/38 and 38/183 at the NA) の調査に基づく。
26 これらすべての授与数は以下に基づく。War Department, ed., *Decorations and Awards* (Washington, D. C., 1947), p. 10.

表9-2　アメリカ軍における士官への勲章授与数

勲章の種類	受勲数	士官への授与数	士官の割合（%）
名誉章	289	94	32.5
殊勲十字章	4,434	2,071	46.7
銀星章	73,651	23,877	32.4
戦闘勲章計	78,374	26,042	33.2
功労章	1,439	1,438	99.9
勲功章	20,273	17,159	84.6
非戦闘勲章計	21,712	18,597	85.6
総計	100,086	44,639	44.6

出典：War Department, ed., *Decorations and Awards* (Washington, D. C., 1947).

ぼ等しく授与された。地上軍でそれと同様の勲章は銅星章《ブロンズ・スター》があるが、飛行章ほど簡単に授与されず、その結果として妬みが広がった。勲章の最下位に位置していたのは名誉負傷章《パープル・ハート》であり、戦傷だけでなく、しばしば戦闘によらない負傷の場合も含め、数十万の兵士に惜しみなく授与された。

アメリカ陸軍では、実戦の指揮よりも責任ある地位での功績がかなり重視されていたために士官優遇の傾向があり、全勲章の半数近くが士官に授与されている。[27]上位五つの勲章の授与数の階級別内訳については、その全体像が表9－2に示されている。

したがって、いずれの勲章でも武勇が要件として高まるほど、受勲者で士官の割合は下がったのである。

軍事司法制度

指揮とは、模範を示すことと説得することの組み合わせにあると言われてきた。これら二つの効き目がなければ、強制力の使用を余儀なくされるかもしれない。迅速かつ効果的な法執行を可能にする適切な司法制度なくして、軍隊はもちろん、いかなる社会組織も機能し得ないのである。

ドイツ陸軍

おそらくはドイツ統一戦争での肯定的な経験のせいと思われるが、第一次世界大戦時のドイツ陸軍は「軍国主義」との評判とは裏腹に、死刑の判決を下し、執行することを強く忌避する姿勢を示していた。[28] この点は表9－3の数字に示されている。

この表によると、死刑判決のうちの七八・六％、死刑執行された件数の七七％が刑法ではなく、軍刑法の違反によるものであった。この驚くべき数字の低さは相反する解釈を招くことになった。それは、帝政ドイツ陸軍の規律が良かったために厳しい懲罰的措置を必要としなかったか、あるいは死刑の判決を出し、執行するのをおそらくは政治的配慮も踏まえて軍事司法制度が避けていた、という二つの解釈である。[29] 後者の立場をとる人間の一人が、アドルフ・ヒトラーであった。

表9-3　第一次世界大戦のドイツ陸軍における死刑判決

死刑判決が下された犯罪の類型	執行	不執行	計
敵前での命令不服従	4	21	25
反逆	10	17	27
敵前逃亡	18	31	49
反乱および反乱教唆	2	7	9
戦場での上官に対する攻撃	3	5	8
殺人	11	21	32
計	48	102	150

出典：Volkmann, *Soziale Heeresmisstände als Mitursache des deutschen Zusammenbruchs* (Berlin, 1929), p. 63.

27　一八〇万七三九人の受勲者のうち、四四・六％を占める八〇万四五三三人であった。名誉負傷章は除く。
28　E. Schwinge, *Die Entwicklung der Manneszucht in der deutschen, britischen und französischen Wehrmacht seit 1914* (Berlin, 1941), p. 48.

表9-4　第二次世界大戦のドイツ陸軍における死刑判決に至った犯罪

	1943年10～12月	1944年4～6月
死刑判決の総数	1,455	1,906
軍事力破壊	309	343
敵前逃亡	728	1,033
その他	418	530

出典：BAMA file H20/481.

表9-5　第二次世界大戦のドイツ陸軍における死刑判決・執行

年	敵前逃亡による死刑判決	全犯罪による死刑執行数
1940	312	559
1941	470*	425
1942	1,551	1,560（?）
1943	1,364*	2,880
1944（1～9月）	1,605*	3,829
1945（1～4月）	n.d.	2,400*
計	5,302	11,753

出典：OKH ed., "Krieg-Kriminalitätstatistik für die Wehrmacht," 1 January 1940-31 March 1942, BAMA W-05-165 and 166; F. W. Seidler, "Die Fahnenflucht in der deutschen Wehrmacht während des Zweiten Weltkrieg," *Militärgeschichtliche Mitteilungen* 22（1977）: 27, 36.
＊　著者による推計

一九三五年に軍刑法が改正された。これにより、反逆罪、抗命罪、それらの教唆、敵前逃亡罪、戦場における上官暴行罪、略奪罪といった既存の死刑相当罪に加え、「軍事力破壊（Zersetzung der Wehrkraft、文字通り戦闘力の弱体化を意味する）」罪がナチスに典型的なものとして新たに追加された。また、刑法上の犯罪のうち、殺人、不自然な性交、強盗も死刑を科すことが可能であった。

表9－4の数字が示すように、第二次世界大戦中は、敵前逃亡や軍事力破壊（自傷行為を含む）は死刑判決が下される重大犯罪であった。

この表を含めた説得力のある証拠によれば、軍事力破壊や敵前逃亡は、すべての死刑判決の約七〇％を占めており、それ以外の犯罪を引き離していた。[30] 表9－5は正確でも完全でもないが、絶対数については多少なりとも参考となろう。[31]

これらの数字は正確とは言えないものの、おそらく規模感を伝える優れた指標であろうし、第一次世界大戦以降、軍事司法制度がどれほど厳格になったかを示すものである。[32] 極めて不利な状況に直面した国防軍が結束力を維持するうえで、こうした措置が与えた影響については、敵前逃亡者と無許可離隊者の合計数をめぐる次の評価に示されている。[33] 両者の合計数は、一九四一年に九七七八人であったのが、一九四二年に一万六六五五〇人、一九四三年には六万六八六一人、一九四四年には二〇万二四二二人に増加していった。全体的な比率は年間では兵力一〇〇〇人当たり約七・九人で推移しており、最高値は一九四四年の二二・五人となっていた。

一九四〇年一月から一九四一年六月まで、士官二二五一人、下士官一万七一〇七人、一般兵士八万

29 一九一四年八月四日から一九二〇年三月三一日まで、イギリスの軍法会議は、三〇八〇の死刑判決を出し、そのうち三四六が執行された。War office, ed., *Statistics of the Military Effort of the British Empire during the Great War* (London, 1922), p. 64を参照。

30 Oberkommando des Heer, ed., "Krieg-Kriminalitätstatistik für die Wehrmacht," 1 January 1940-31 March 1942, BAMA W-05-165 and 166.

31 異なる情報源に基づくが、実質的に同じ数字を出している別の評価については以下を参照。O. Hennicke, "Auszüge aus der Wehrmachtkriminalstatistik," *Zeitschrift für Militärgeschichte* 5 (1966):444, table 4.

32 ナチスの圧力で、様々な形の敵前逃亡の刑罰は戦争が進むにつれて厳しくなっていった。だが、軍事裁判官は違反者を敵前逃亡ではなく、無許可離隊で有罪にする比率を高めてこの流れに対抗した。

33 F. W. Seidler, "Die Fahnenflucht in der deutschen Wehrmacht während des Zweiten Weltkrieg," *Militärgeschichtliche Mitteilungen* 22 (1977):30.

表9-6　ドイツ陸軍における上官に対する攻撃と部下の不適切な取り扱いの件数

期間	1940年 1～6月	1940年 6～12月	1941年 1～6月	1941年 6～12月	1942年 1～3月
上官に対する攻撃の件数	746	738	1,246	920	515
部下の不適切な取り扱いの件数	434	603	893	939	431
差異	71.8%	22.3%	39.5%	－2.1%	19.4%

出典：BAMA W-05-165 および W-05-166.

七一八八人の合計一〇万六五四六人が裁判にかけられた。これによると、士官が関与した犯罪は全犯罪数の二・一％であり、陸軍全体の人員に占める士官の比率を多少下回っていた。それに対し、下士官による犯罪は一六％であり、陸軍全体の下士官比率と完全に一致していた。有罪となった件数は全部で九万五二三〇件であり、起訴された件数の八九・四％であった。士官が無罪となる確率は二二・六％であったが、下士官は一五・五％、一般兵士は九・三％しかなかったという点に限れば、この制度に偏りがあったように見える。

だが、他の面では、この制度は上官の権威を強めると同時に、兵士を上官から守ることにもかなり効果を発揮した。上官に対する犯罪と部下に対する犯罪の刑罰は同程度であった。上官侮辱罪は二年以下の禁固刑（軍事法典第九一条）であり、部下侮辱罪（同第一二一条）も同様の罰則となっていた。上官暴行罪（同第九七条）は三年以上の禁固刑であったが、部下虐待罪（同第一二二条）も同じであった。さらに、第一二二条a項では虐待を「意図的または不必要に部下の生活を困難とすること、または他の方法で苦痛を与えること、もしくは他の兵士による同様の行為を許容すること」と定義した。これが中身のない条文でなかったことが表9－6に示されている。

この表に示された時期を通じて、上官への暴行と部下への虐待の差は二六・二％であった。

アメリカ陸軍

アメリカの軍事法典は、他国の軍隊と同じく、規律を強化する条項（軍法典〔AW〕第六三条「上官に対する侮辱」、第六四条「上官に対する暴行・意図的抗命」、第六五条「下士官に対する非服従」など）を数多く含んでいた。だが、兵員を上官から守る明確な条文がないという点でドイツとは異なっていた。その代わりに、軍法典第九五条で「兵士に対する虐待」について触れられ、「士官や紳士に相応しくない行為」とされて酩酊や不渡り小切手の使用などと同列の罪とされた。つまり、部下に対して適切な態度をとることは、士官の名誉の問題とされたのである。

ドイツ陸軍と比較すると、アメリカ陸軍における法執行は明らかに緩かった。一九四二年から一九四五年までの間、（詳細な統計が入手できる唯一の戦域である）ヨーロッパ作戦戦域で兵役を務めた四〇〇万に近い兵員のうち、軍事法廷にかけられたのは約〇・五％にあたる、わずか二万二二一四人しかいなかった。そのうち七・八％にあたる一七三七人が士官であり、軍全体で士官が占める割合と一致していた。他方、士官は軍事法廷にかけられると、無罪になる確率は一般兵士の二倍であり、この点はドイツの制度と似ていた。[34]

ドイツ陸軍と同じく、アメリカ陸軍でも敵前逃亡には死刑の可能性もあった（軍法典第五八条）が、

34 Historical Brigade, Office of the Judge Advocate General with the U.S. Forces, ETO, "Statistical Survey – General Courts Martial in the European Theater of Operations," Ms. 8-3.5-aa, vol. 1, NA file 204-58 (87).

表9-7　1942～45年のヨーロッパ作戦戦域における死刑判決・執行

犯罪	死刑判決		再審理		執行	
	判決数	判決全体に占める割合（%）	再審数	総数に占める割合（%）	執行数	執行全体に占める割合（%）
殺人	82	18.7			28	
強姦殺人	18	4.1			12	
殺人・逃亡	2	0.4			—	
強姦	151	34.1			29	
刑事犯罪件数	253	57.5			69	27.4
敵前逃亡	73	16.8			—	
危険な任務を回避する目的による逃亡	57	12.9			1	0.5
敵前での不適切な行為	24	5.7			—	
歩哨義務違反	3	0.7			—	
士官に対する攻撃	24	5.4			—	
反乱	7	1.6			—	
軍刑犯罪件数	188	42.5			1	0.5
総数	441	100.0	108	24.3	70	15.8

出典：Historical Brigade, Office of the Judge Advocate General with the U. S. Forces, ETO, “Statistical Survey—General Courts Martial in the European Theater of Operations,” MS8-3.5 AA, vol. 1, NA file 204-58 (87).

両軍で出された死刑判決について分析すると、それぞれの哲学の非常に深いところにある違いが明らかになる。表9－7（ヨーロッパ作戦戦域のみ）の数字がすべてを物語っている。

これによると、軍刑法上の犯罪よりも刑法上の犯罪による死刑が数で上回っている。それだけでなく、刑法上の犯罪で死刑判決が出され、実際に執行される確率は、軍刑法上の犯罪の五四倍（！）も高かった。おそらくその結果として、敵前逃亡の比率は一九四四年に一〇〇〇人中の四五・二人、一九四五年には六三人に達し、ドイツを数倍上回っていた。[35] 最終的に、数十万人におよぶ敵前逃亡者や無許可離隊者のうち、わずか二八五四人しか起訴されなかった。そのうち死刑が執行されたのはただ一人であり、その親類が政府に対して損害賠償請求を行っている。[36]

兵士の苦情申し立て

いかなる軍隊でも苦情の申し立ては非常に危険な行為である。苦情の申し立て先となる機関は遠くにあり、苦情の対象は近くにいて、しかも苦痛を与えられる立場にある場合が多い。したがって、苦情を申し立てる側は、担当機関が苦情に対応する能力と意思があると合理的に確信できない限り、不満を胸にしまっておく可能性が高いであろう。

ドイツ陸軍

一八九五年、ドイツ陸軍では兵士による苦情申し立ての統一的な手続きが導入され、その後一九二一年と一九三六年に改正された。[37] 兵士による苦情の申し立ては、一般的には年上の戦友の助力を得つつ、口頭、あるいは書面によって行うことができた。申し立ての期間は、対象となる傷害を受けた次

35　R. A. Gabriel and P. L. Savage, *Crisis in Command; Mismanagement in the Army* (New York, 1978), p. 180, table 1. 敵前逃亡の絶対数は入手不能である。

36　*International Herald Tribune*, 8-9 September 1979, p. 5. この兵士の伝記の著者によれば、当人は戦後に減刑される懲役刑と引き換えに戦闘から逃れたいと考えていた。数千人が成功したが、この兵士の場合は計算通りにいかなかったのである。W. B. Huie, *The Execution of Private Slovik* (New York, 1954), p. 107.

37　H. Frahm, *Wehrbeschwerdeordnung* (Berlin, 1957), p. 13.

の日から七日後（士官の場合は三日後）までであった。二等兵や下士官による苦情申し立ては直属の上官か、直属の上官が苦情の対象となる場合は、その上位の指揮官で決定権を持つ者に対してなされることになっていた。もし否定的な反応があった場合はさらに上位の指揮官に申し立てを繰り返すことができ、いずれにせよ理論的には最高指導者（最初は皇帝、次は大統領、そして後にはアドルフ・ヒトラー）にも上申が可能であった。中立人が善意に基づき規則に従って行動した場合は、根拠のない申し立てであっても理論上は罰則が科されなかった。

この制度はドイツ陸軍の分権的な手法の典型であり、指揮官が自らの部下である中間指揮官と意見が食い違っても中立人を支援するという姿勢に大きな信頼を置いていた。他方で、苦情が正当だと認められた場合には、苦情を受け付けた側が迅速かつ効果的に対処する体制になっていたのである。

アメリカ陸軍

アメリカ陸軍では、他の分野と同じく、兵士の苦情申し立てに関しても公平性を追求・達成するために中央集権的な制度に頼っていた。したがって、各兵科や職種の監察官に対して苦情を申し立てることになっていた。だが、監察官の権限は純粋に勧告的役割にとどまっていた。一九三七年に制定された陸軍規則二〇−三〇によると、監察官室は「積み上げられた事実から結論を導き、それに基づくと考えられる提言を行えるが、判定を下したり、処罰を科したりする権限はない」とされていた。そのような制度の下では、迅速で信頼のおける正当な審判を申し立て側が期待できるかどうか疑わしいであろう。

第10章 下士官

ドイツ陸軍

選抜と訓練

帝政時代の陸軍では士官と一般兵士の間に明確な社会的格差があったが、下士官には当てはまらなかった。下士官の大部分は小農や下級中産階級の出身であったが、小学校より上の教育を受けている者は少なかった。[1]

下士官候補の選抜は一年の兵役後に行われた。所属する中隊や大隊の士官が参謀本部の打ち出した

1 Militärgeschichtliches Forschungsamt, ed., *Handbuch zur deutschen Militärgeschichte*, 7 vols. (Frankfurt am Main, 1965-), 5:91-92, 7:375-76 に基づく。

指針に従って選抜を行ったが、その後に自部隊への受け入れの可否を決める権限もあった。この非常に分権的な制度は封建時代の名残であったが、下士官が所属部隊との強い関係を構築するのを促し、一九四五年まで維持された。

下士官候補生の訓練は各連隊に設けられた特別な大隊で行われていたが、一九三六年になってようやく陸軍中央下士官学校が設立された。[2] 訓練は二年間にわたって連隊の士官や古参下士官の手で行われた。下士官候補生は古参下士官と公私両面で極めて近く、その結果として一種の下士官の団体精神が醸成された。彼らの比較的高い社会的地位や連隊の様々な部隊の下士官との頻繁な交流が相まって強力な専門家階級が生まれた。この下士官階級はあらゆる陸軍組織が究極的に拠って立つ基盤として欠かせないものである。

ワイマール期には、連合国によって課された長期間の兵役（一二年間）により、下士官をさらに徹底的に訓練することが可能になった。三年半の訓練期間後に七〜八カ月の連隊勤務が続いたが、この勤務では統率、武器に関する実践的知識、そしてスポーツに重点が置かれていた。全員が自らの階級より二階級上の職責を果たせるべきであるという原則に則り、ワイマール共和国軍は下士官団を育成した。この下士官団の存在により、一九三〇年代初頭に急拡大する陸軍の訓練とナチ党の武装組織への指揮官の提供が無理なくできたのである。

一九三三年に訓練期間が二年に短縮されたものの、ワイマール共和国軍による徹底的な訓練によって、第二次世界大戦の開戦時までは質を大きく落とすことなく下士官の需要を満たすことができた。実はその逆、すなわち質が向上していたと言えるかもしれない。一九一四年の時点では思考する知的な下士官は例外的存在であったが、その二五年後にはありふれた存在になったのである。[3]

下士官の選抜システムに関して特に言及しておくべき点は、平時にはすべての兵科で同じ規則が適用されたが、戦争が始まると前線勤務の経験者が優先されるようになったことである。したがって、野戦軍の下士官は六カ月の勤務を経ると昇進の可能性があり、特に望ましい場合は編成表に適当な空きがなくても昇進することがあった。それに対して国内予備軍では、下士官は一年の勤務（前線での二カ月の勤務を含む）を経なければ昇進の可能性はなく、それも適当な空きがない場合は昇任しなかったのである。[4]

勤務条件

ドイツ陸軍では、一九三九年まで下士官のラウフバーン（Laufbahn、軍人としての経歴・キャリア）は士官と区別され、並置されていた。それゆえ、職業軍人として下士官になった人間は士官になることを望まなかったし、士官への昇任があっても極めて稀であった。その理由は、能力不足とみなされていたのではなく、ナチ時代以前には下士官は士官と違って政治的に全幅の信頼を置けないとされていた事実によるものと思われる。[5]

2　一九四四年七月の時点で、下士官学校の数は二一に増えた。教育担当要員は、大部分がかつて武勲を立てたが負傷した士官や下士官であり、五二五〇名を数えた。全校学生数は一万三四〇〇名であった。W. Lahne, *Unteroffiziere* (Munich, 1965), p. 487.

3　MGFA, ed., *Handbuch*, 7:378.

4　Generalstab, ed., Heeres Dienstvorschrift 29/a, *Bestimmungen über die Beförderungen und Ernennungen der Unteroffizieren und Mannschaften bei besonderen Einsatz* (Berlin, 1939) p. 7.

第一次世界大戦時には、この制度に不満が広がり、批判が集まるようになった。前線の下士官には鍛え抜かれ、実績を残していた者も多かったが、彼らがいわゆる一年志願兵（Einjährige）の指揮下に置かれることになったのである。この一年志願兵は高校卒業後に一年間の勤務を終え、四〜六週間の士官教育を受けてから少尉として任官した。その結果、一九歳や二〇歳の軟弱な若者が、自分よりずっと年上で経験もある兵士を指揮する立場に置かれたのである。[6] この制度は当然のように生じる敵意を煽っただけでなく、陸軍の戦場での能力に否定的な影響をもたらした。[7]

それゆえ、一年志願兵の制度は一九一九年に廃止されることになった。社会民主政権は国防大臣のグスタフ・ノスケ、参謀次長の〔ヴィルヘルム・〕グレーナー中将を通じ、有能な下士官を選抜し、士官へと昇任させる措置をとった。[8] その結果、士官と下士官を隔てる障壁は依然として高かったものの、少なくとも乗り越えられないほどではなくなったのである。第二次世界大戦ではその障壁がさらに崩され、数万の下士官が士官に任命されたが、最初に士官学校を経ずに任官した例外的な事例すらあった。一九四五年までに、陸軍だけでも下士官から軍歴を始めた将官が一一人いた。[9] 重要なのは、一時はヒトラーの護衛部隊隊長を務め、マルメディ虐殺事件〔ベルギー東部のマルメディで米兵の捕虜を虐殺した事件〕の責任者であったゼップ・ディートリヒを含む三人が、武装親衛隊の幹部として勤務していたことであった。

さらに、下士官が自らのラウフバーンにおいて昇任する機会はワイマール期に拡大された。下士官候補生は二年間の訓練を経て上等兵（Gefreiter）となり、そこから四年でほとんどが軍曹（Feldwebel）となったが、特に有能とされる場合はこの階級を飛ばして昇任することもあった。上級軍曹（Oberfeldwebel）への昇任は特別試験を受験した結果にかかっており、上等兵への昇任から七年後（例外的な場合は五年後）に資格が生じた。一九三五年にもう一つの階級である曹長（Hauptfeldwebel）が設けられたのに対し、下士官としての通常勤務年限（一二年）を超えて勤務することを選んだ者は本部曹長（Stabsfeldwebel）に昇進する資格があった。

だが、一二年の年限を超えて勤務する下士官は例外であった。陸軍の社会的地位の高さと、比較的規模が小さかったことにより、帝政期とワイマール期には十分な数の適切な候補者を集めるのはかなり簡単であった。それでも、一九三六年には、通常の一二年のラウフバーンと並んで、わずか五年に短縮されたラウフバーンを設ける必要に迫られた。これにより、二年間の兵役が満期に近づくと、さらに三年間の勤務を継続する機会が与えられたのである。

勤務延長に応募すると、一九〇〇年以降の下士官候補生は、訓練期間中に合計一〇〇マルクを受け取り、さらに給与が増額された。下士官団の政治的な信頼性を確保するために、一八九〇年に一〇〇〇マルク（後に一五〇〇マルクに引き上げられた）の退職金も設けられた。除隊後は公務員として優

5 MGFA, ed., *Handbuch*, 5:93.

6 抜群の経験を持つ下士官は、武器や陣地構築などの専門家として欠かせない特技兵であるのが普通であったが、非常に少数ながらも士官に任官する可能性があった。だが、彼らは依然として別の集団として扱われ、士官団と統合されることはなかった。

7 M. Hobohm, *Soziale Heeresmisstände als Teilursache des deutschen Zusammenbruchs von 1918* (Berlin, 1929) を参照。これは、公式の資金援助を受け、敗北の原因を明らかにする目的で行われた数多くの研究のうちの一冊である。

8 K. Demeter, *Das deutsche Offizierkorps* (Berlin, 1965), p. 49.

9 その数は海軍や空軍の幹部ではもっと多かった。

先的に採用される権利を持ち、彼らの誠実さと徹底した信頼性が高く評価される職場での勤務が望めたのである。その中には、官僚組織の序列で中間層に昇進する人間もいた。[10]また、下士官をすべての社会階層で最も価値ある存在とみなすナチス政権による寛大な貸付金や助成金の支援を得て、農場を購入し、定住する者もいたのである。

地位と能力

帝政時代のドイツ陸軍では、下士官は軍事的ヒエラルキーの最下層をなしていた。この事実自体で、下士官は国家権力の代表、そして戦争の重要な手段として一定の尊敬を受けていた。

こうした尊敬や、下士官が一般兵士以上に享受していた物質・非物質双方の面でのかなりの報酬のせいもあって、適切な候補者に事欠く事態は全く生じなかった。[11]実際にはむしろ真逆の状況にあった。一九〇〇年の時点でも、プロシア陸軍だけで下士官の定員を一二〇〇名超過しており、その後も志願者数は増え続けた。[12]この志願者の急増に対応するため、一九〇四年には陸軍における下士官の編成上の定員を七一九名増員しなければならなかった。[13]

ワイマール期には、一〇万人規模の軍で下士官を確保するのは全く問題ではなかった。だが、第二次世界大戦に先立つ急激な拡大期に状況が変わり始め、これによって従来の一二年のラウフバーンと並んで、五年のラウフバーンが設けられた。だが、一九三九年の第二次世界大戦開戦時の国防軍の規模は、一九一四年の帝政時代の陸軍とほぼ同じであったが、下士官はかつての七五%しかいなかった。[14]戦時中でも職業軍人たる下士官は六人に一人の割合であった。だが、一九四三年の時点でも、連合軍の捕虜となった全下士官の半数以上が戦前の陸軍時代からの在籍者であった。彼らは屈強で練度の高い兵士であり、軍人という職業に深く傾倒して任務を果たしていた。[15]

ドイツ陸軍の下士官の地位は、他の大陸国家の軍隊の大半と異なっていた。下士官は規律上の権限を有しておらず、士官の代わりではなく、その緊密な監督の下で勤務していた。おそらくは同じ理由から、下士官が部隊を指揮する際には制裁を最も頻繁に用いる傾向にあった。[16]

第一次世界大戦時には、(現役・予備役合わせて)一一万六一八人の下士官が戦死し、一九万二〇五人が行方不明か戦死と推定され、四七万七七三四人が負傷した。[17] プロシア、バイエルン、ザクセン出身の下士官は、下士官にとって士官のプール・ル・メリット勲章に相当する勲章を総計で二五四四個受けている。[18]

10 MGFA, ed., *Handbuch*, 7:377.

11 より高額の給与、向上した医療サービス、夜間外出、訓練や移動中に背嚢を背負わない権利などが含まれる。

12 MGFA, ed., *Handbuch*, 5:97.

13 Lahne, *Unteroffiziere*, p. 321.

14 MGFA, ed., *Handbuch*, 7:378.

15 E. A. Sahils, and M. Janowitz, "Cohesion and Disintegration in the Wehrmacht in World War II," *Public Opinion Quarterly* 12 (1948):280-315.

16 G. Blumentrit, "Das alte deutsche Heer von 1914 und das neue deutsche Heer von 1939," U. S. Army Historical Division Study B296 (Allendorf, 1947), ch. 1.

17 これらの数は、Lahne, *Unteroffiziere*, pp. 379-80 による。

18 MGFA, ed., *Handbuch*, 5:94. ここで対象となる勲章は、軍事功労十字金章(プロシア)、武勇勲章金章(バイエルン)、聖ハインリヒ勲章(ザクセン)である。

第二次世界大戦における下士官の戦死者数は不明であるが、戦時中に授与された五七四〇の騎士鉄十字章（全等級）のうち、約一三〇〇が下士官に授与されたことが分かっている。

アメリカ陸軍

アメリカ陸軍では、一般兵士が能力または年功序列に基づいて昇任して下士官になった。下士官には士官の特権が与えられず、いずれにせよ士官と異なる社会的環境の出身であったため、一般兵士と親和する傾向があった。よく言われる「陸軍の根幹」たる下士官の団体精神は存在しないと言われてきた。[19]

低賃金であり、尊敬もほとんど受けていなかったため、戦間期の陸軍は下士官となる質の高い人的資源を集めるのに苦労していた。その結果、一九四〇～四一年により高い教育を受けた兵士が多数入隊した時期には、下士官が部隊で最も教育水準が低く、能力も劣る傾向があった。[20] この問題は後に選抜徴兵された兵士が昇任していくにつれ、ほぼ自然に解消されていった。

下士官への昇任は主に年功序列に基づいていた。これもアメリカ陸軍全体での物事の進め方として典型的であるが、無線手や自動車整備士のように技能が必要な兵員用に学校が整備された。だが、小銃小隊軍曹、先任曹長、戦車長など、指導的立場にある兵員向けの学校は設けられなかった。彼らの統率能力は部隊勤務だけで培うものとされ、特別な訓練は必要ないと考えられたのである。[21] この制度を変更すべしとする声も折に触れてあがったが、「簡素《シンプル》」な陸軍を一貫して追求する陸軍地上軍司令部はこうした提言をのきなみ却下した。[22]

下士官になった兵員は驚くべき数に上った。第二次世界大戦中はドイツ兵の六人に一人が下士官であったが、アメリカ陸軍の場合はヨーロッパ戦勝日の時点で一般兵士の約半数が下士官であった。[23] とりわけ、内地から補充制度を通じて下士官が流入したことにより、古参兵は昇進の見込みが新参者に奪われたと感じ、その士気に望ましくない影響を与えた。他方、新参の下士官が歩兵として前線に配置されると、彼らより階級の低い下士官の指揮下に入ることが多かったため、同じく士気が損なわれた。公刊戦史によると、その正味の結果は、理論的には陸軍で最高の練度を誇る最も屈強な兵士であるはずの下士官が、師団に最も敬遠される部類の補充兵となったのである。[24]

---

19 S. A. Stouffer et al., *The American Soldier*, 4 vols. (Princeton, 1949), 1:401-03.
20 Ibid., pp. 60-63.
21 Command and General Staff College, Fort Leavenworth, "History of the Army Personnel Replacement System," 1948, pp. 477-78.
22 R. R. Palmer, *The Procurement and Training of Ground Combat Troops* (Washington, D. C., 1948), pp. 477-78.
23 Stouffer, *The American Soldier*, 1:237-38. この事実が技術の高度化と無関係なのを、現代のドイツ国防軍で下士官は兵員の三分の一であることが示している。
24 Ibid., 2:279. また、Palmer, *Procurement and Training*, p. 249 も参照。

第11章 統率と士官団

ここで、おそらく戦争の行方を最も左右する戦闘力の一要素である統率について分析すべきであろう。カート・ラング〔アメリカの社会学者〕が述べたように、「指導者の振る舞いこそ重要である」ことを示す膨大な文献が存在する。[1] したがって、士官の選抜方法から昇任制度に至るまで、士官に関するすべてが並外れた、まさしく決定的な重要性を持つのである。

本論を始める前に、一つ注意しておくべきことがある。比較的早く生み出せる部隊や兵器とは異なり、士官団が効果的に機能するには長い伝統と幅広い経験が欠かせない。だが、戦時中に四〇倍に膨張したアメリカの士官団はこの伝統と経験が皆無であったし、培うこともできなかった。アメリカとドイツの士官団について体系的な比較を行うなら、この基本的事実を無視できないのである。

イメージと地位

ドイツ陸軍

帝政時代のドイツ陸軍では、士官と一般兵士の間には大きな格差があった。給与、制服、食事、住居、それ以外の福利厚生の面で士官の特権は大きく、これがおそらく第一次世界大戦最後の一カ月で起こった陸軍の崩壊と海軍内の反乱を誘発したのであろう。[2] こうした特権はワイマール期に激しい論争の的となり、第二次世界大戦が始まるまでにかなり大幅に削減された。

ドイツ陸軍が士官に求め、得ていたとされる資質の概要をつかむため、ここで再び一九三六年版の『軍隊指揮』を引用する。

6　戦争における統率[3]では、判断力、明確な理解力、予見力を備えた指揮官が必要となる。指揮官は断固として自立的に決断し、それを実行に移す際には揺るぎなく、精力的であり、戦局の浮き沈みに左右されず、自らの預かる重責について強い自覚を持つことが不可欠である。

1　K. Lang, *Military Institutions and the Sociology of War* (London, 1972), p. 68. 当該ページ以降に、統率の様々な側面とその兵士に対する影響に関する幅広い文献リストが含まれている。

2　D. Horn, *Mutiny on the High Sea, the Imperial German Naval Mutinies of World War I* (London, 1969), ch. 2.

3　ドイツ語では「ヘアー・ヴィー・トルッペンフューリング（Heer-wie Truppenführung）」という。

7　士官はあらゆる分野において指揮官であると同時に教育者でもある。部下についての知識や正義感だけでなく、優れた知識や経験、道徳的優越性、自制心や強い勇気で卓越していなければならない。

8　士官や指揮する立場にある兵士が示す模範は部隊に決定的な影響をもたらす。敵前において冷静さ、決断力、および勇気を示す士官は部隊を自ら牽引する。だが、部下の感情や考えを理解することによって彼らの心情に通じ、信頼を得る方法を模索しなければならない。自らの部下に対しては不断の配慮が不可欠である。

相互の信頼が危急の際には規律の確固たる基盤をなす。

9　指揮官であれば、いかなる状況でも責任を恐れずに全人格を捧げなければならない。責任を負う姿勢[4]は、統率に関するあらゆる資質で最も重要である。だが、それも全体を考慮しない独断的な決定、忠実でない命令の実行、あるいは自分が誰よりも知っているという態度につながってはならない。自立性は恣意性に転じてはならない。しかしながら、限界をわきまえた自立性は偉大なる成功の基礎である。

12　指揮官は部隊と寝食を共にし、危険や困難、幸福や苦労も分かち合うべきである。そうしなければ、自らの部隊の戦闘力（Kampfkraft）とその要件について真の知見は得られない。

個々人は自分自身だけでなく、戦友に対しても責任を有している。他者より能力があり、強い者は、未熟で弱い者を助け、導くべきである。

そうした基盤の上に真の戦友という感情が生じる。この感情は兵士の間でも重要であるが、指揮官と兵士の間でも同様である。

13　……越権行為、略奪、恐慌、およびその他の有害なる影響を防ぐため、最も厳格な措置も含め、あらゆる手段を用いて規律違反に対処することは、各指揮官の義務である。
規律は陸軍が拠って立つ主要な柱である。厳格な規律の維持は全般的に好結果をもたらす。
14　決定的な瞬間に最も高度な要求に応じられるように部隊の兵力は温存されなければならない。部隊に無用の雑務を求めれば、成功の見込みに反する罪を犯すことになる。
戦闘での兵力の使用は眼前の目的に見合ったものでなければならない。達成不可能な要求は指揮官に対する部隊の信頼と士気をも損なうことになる。

指揮官とその参謀の位置

109　指揮官の部隊に対する個人的影響力は最も重要である。指揮官は戦闘中の部隊の近くに位置すべきである。
110　軍団司令部の位置選定は、何よりも師団と後方の両方と常時緊密に連絡を維持する必要からなされる。軍団長は技術的な連絡手段のみに頼るべきではない。
高度な技術的手段が利用できる場合でも、前線から遠く離れていれば命令や報告を伝達する距離が長くなり、通信が脅かされ、報告や命令の到達が遅延するか、到着しない場合もある。また、地形や戦闘状況について個人的に把握するうえでも困難が生じる。

4　ドイツ語では「フェアアントヴォルトゥングスフロイドイカイト（Verantwortungsfreudigkeit）」、つまり「責任を担う喜び」。

他方、軍団司令部の位置は、様々な職種の整然とした活動を可能にするよう固定されるべきである。

111　師団長は部隊と行動をともにする。……敵との戦闘の際は自ら視認するのが最良である。

これらはかなり重みのある言葉であり、付け足すことはほとんどない。理論から実践に目を移すと、第二次世界大戦時には下士官から士官への道は開かれており、数万人の兵員がその道を通った。士官と一般兵士の紐帯《ちゅうたい》は、両者を含む「兵士」という包括的な用語の使用と、一般兵士に士官だけでなく同輩に対しても敬礼を義務付ける規則によってさらに強調された。士官は一般兵士からなる中隊で訓練期間の大半を過ごすことから、勤務外でも一般兵士と自由に親交を深めることが許され、国家社会主義の教義によってむしろ奨励されていた。これらすべての結果として、戦争捕虜に対する尋問によると、「西部方面作戦を通じ、中隊レベルの下士官と士官のほぼ全員が勇敢かつ有能で、思いやりがあるとドイツ兵からみなされていた」のである。[5]

アメリカ陸軍

以下は『野戦教範一〇〇―五』における統率と指揮についての記述である。

102　指揮の階層を問わず、戦闘で部隊を率いるには、重大な責任を担う強い自覚を持つ冷静で思慮深い上官が必要である。上官は断固として自立的に決断を下し、それを実行に移す際には精力的で一貫しており、戦闘の推移にも泰然としていなければならない。

103　部隊は上官の示す模範と行動によって強い影響を受ける。上官は優れた知識、精神力、自信、主導性、自己犠牲の精神を持っていなければならない。恐れを見せる、あるいは危険を共有しようとしない姿勢は統率において致命的である。他方、大胆で意志の固い上官は、どれほど困難な任務でも自ら部隊を牽引する。上官と部下の間の相互信頼は規律の最も確かな基盤である。この信頼を得るために、上官は部下の心に訴えかける方法を模索する必要がある。上官は部下の考えや感情を理解し、彼らの福利厚生について常に配慮を示すことで、これを達成する。

104　優れた指揮官は自らの部隊を無意味な苦難にさらさないようにする。また、重要性の低い行動をとって戦力を浪費したり、不適切な人事管理で苦痛を与えたりするのを防ぐ。さらに自らの指揮下にある部隊に訪問や視察を行うことで緊密な連携を維持する。自分の部隊の心理的、精神的、肉体的状態、彼らが直面する状況、その功績、要望、欲求などを、個人的な接触を通じて把握していることが重要となる。

105　指揮官は優れた功績を速やかに認め、助けを必要とする者には手を差しのべ、逆境にある時には激励すべきである。自分の指揮下にある部下を思いやるには、自らが上官に対して誠実かつ忠実でなければならない。指揮官は部隊と寝食を共にし、彼らと危険や困難だけでなく、喜びや悲しみも分かち合わなければならない。指揮官は自らの観察と経験によって、部下の要望や戦闘における価値を判断できるようになる。任務遂行のために必要とあらば、指揮官は自らの部

5　E. A. Shils and M. Janowitz, "Cohesion and Disintegration in the Wehrmacht in World War II," *Public Opinion Quarterly* 12 (1948):280-315.

隊に完全なる自己犠牲的行動を求め、受け入れることになる。
106　戦友に対する無私の協力精神を士官と兵士の間で育むべきである。強く有能な者は、弱く経験の浅い者を励まし、導かなければならない。そうした基盤の上に真の戦友意識が確実に培われ、部隊の完全なる戦闘上の価値が上級指揮官にもたらされることになるだろう。
109　賢明かつ有能な指揮官は……部隊の全集団が同じ業務量を処理し、同じ時間の余暇を享受できるように内部管理を調整する。また、効率性を発揮すればすぐにこれを認め、報いられるように配慮する。さらに、軍事行動の高い基準を全員に示し、規律維持の規則を全員に等しく適用するであろう。
119　……指揮と統率は不可分である。部隊の規模や指揮機能の複雑さにかかわらず、指揮官は常に統制の頭脳でなければならない。また、指揮官は計画の立案者であると同時に、活力や推進力の源泉でなければならず、その力が部下全員に吹き込まれるのである。
121　責任を受け入れる意欲は統率における最も重要な特性である。最上級の指揮官から最下級の二等兵に至るまで、行動を起こして判断を誤るよりも、行動を起こさずに機会を逸する方がより厳しい譴責を受けるであろうことを、各人が常に留意する必要がある。指揮官が自らの決断の妥当性を判断する基準は、上級指揮官の意図を実現できるかどうかにある。上級指揮官よりも現状を把握しているという可能性だけを根拠に、命令を無視する形で責任を受け入れる意志を露わにしてはならない。下位部隊は上級指揮官が特定の目的を達成するために用いる戦術的組織の一部であり、中間指揮官による自立性の発揮は部隊全体の全般的な計画と一致していることが不可欠である。

戦闘における行動

140　命令の発出を終えると、指揮官は最も効果的に行動経路を統制でき、統率を発揮できる場所に身を置くべきである。司令部は確立された信号通信の利益をもたらす。機会が生じ、指揮官自らが司令部に身を置くことが緊急に必要とされない場合は、隷下の指揮官や部隊を訪問して自信を吹き込み、自身の命令が理解され、適切に実施されているかを自ら確認すべきである。

142　戦闘の決定的な局面では、指揮官は作戦で非常に重要な地点付近に位置すべきである。

ここでもドイツの教範の記述がそのまま抜き書きされているが、全体的な論調は多少異なっている。指揮官の第一の属性として知識により重点が置かれている。上官に対する忠誠（「指揮官が自らの決断の妥当性を判断する基準は、上級指揮官の意図を実現できるかどうかにある」）により重要な位置付けが与えられる一方で、自立的な行動の重要性は低かった。アメリカの教範の一〇六項はドイツの一二項の直訳であるが、重要な点としては士官と一般兵士の間の戦友関係についての言及が削除されている。規律は、ドイツの教範では「陸軍が拠って立つ主要な柱」であるが、アメリカの教範ではほとんど言及されておらず、この点は軍事司法制度の運用を部分的に説明するものかもしれない。ドイツの士官のように自らの部下を掌握せよと命じられるのではなく、アメリカの士官は部下を公平に取り扱うよう奨励されているのである。

第二次世界大戦時のアメリカ陸軍における士官と下士官を隔てる障壁は、ドイツ軍よりもかなり高かった。この点は敬礼に関する規則や、全兵員を包含する用語がなかった点でも確認されており、これらはドゥーリトル報告書の提言でも改革できなかった。二つの集団の断絶は、士官に任官されるにはまず陸軍から正式に除隊し、再入隊する必要があったという事実から明らかである。アメリカの士官と一般兵士が勤務外で親交を結ぶことは禁じられており、その興味深い影響の一つは、一般兵士が陸軍婦人部隊（WAC）の士官との接触を禁止されていた点である。ドイツの中隊長は自らの部下の誕生日に祝いの言葉を述べることが当然とされていると、マーシャル大将自身が署名した陸軍省公式の出版物に記載されているのに多少驚かされる。[6] おそらく、これらすべての要素のせいで、戦時中に調査の対象となったアメリカの一般兵士の七〇〜八〇％が、士官は部隊よりも自分の福利を優先していると考えていたのである。[7]

選抜

ドイツ陸軍[8]

一九一四年以前であれば、士官になるのは、一〇校あった士官学校（最初の士官学校はフリードリヒ大王によって設立され、その目的は士官の子息やその他の困窮貴族に安価な教育を提供することであった）の一つに入校するか、連隊長に申し込むことで可能であった。[9] 応募者を士官候補生として受け入れるべきか否かの決定は、連隊長の手に委ねられていた。連隊長は候補者の社会的出自、学歴、宗教（ユダヤ人はほぼ士官になれなかった）をまず精査し、次に全般的な適性を判断するために長時間の面接を行った。そして、士官候補生の訓練が終わると、その同じ連隊長が士官として任官すべきかどうかを決定した。この決定には皇帝の承認が必要ではあったが、普通は単なる形だけのものであった。

応募者を選抜する際に、連隊長はとりわけ精神力と責任感、つまり信頼される性格に着目した。言うまでもなく、性格は社会的出自と同一視されることが多かった。不適切な家庭（中流階級以下であれば明らかに不適切）の出身者は拒絶された。

学歴は意図的かつ意識的に性格よりも後回しにされたが、次ページの表11－1が示すように、第一次世界大戦に先立つ四半世紀の間に全般的な教育水準は高まる傾向があった。[10]

ドイツ諸州のうち、バイエルンのみがアビトゥーア〔Abitur、ドイツの大学入学資格〕を要件としていた。それ以外の州は、ライフェプリューフング（Reifeprüfung、ギムナジウムでの六年間の教育を経

---

6 War Department, ed., *Absence without Leave* (Washington, D. C., 1944), p. 14.

7 S. A. Stouffer et al., *The American Soldier*, 4 vols. (Princeton, 1949), p. 14.

8 Militärgeschichtliches Forschungsamt, ed. *Handbuch zur deutschen Militärgeschichte*, 7 vols. (Frankfurt am Main, 1965-), 5:88 に基づく。

9 こうした士官学校に対する非常に鋭い批判については、以下を参照。Ein Stabsoffizier, *Das alte Heer* (Charlottenburg, 1920), ch. 1.

10 一八三五年、ザクセンの副官長による皇帝宛ての書簡の中で、この政策を正当化する古典的な理由を述べている。普通教育の必要性は否定できないが、それが主要な要素になることは許されるべきではない。戦争が次第に複雑になっているため、若手士官ですらも専門知識が必要となっている。その結果、日々の任務から注意をそらされることがままあっても、それは知識のせいではなく、知識を与える方法のせいである。実務的な士官にとって知識だけでは十分ではない。能力こそが必要なのである。しかし、能力は知識を通じてしか得られないのである。K. Demeter, *Das deutsche Offizierkorps* (Berlin, 1965), p. 102 を参照。

表11-1　1890〜1914年のプロシアの士官候補生の学歴

年	1890	1900	1905	1910
プロシアの士官候補生のうち、アビトゥーア保有者*	35%	44%	48%	63%
年	1895-99	1900-04	1905-09	1910-14
海軍士官候補生のうち、アビトゥーア保有者	31.1%	43.5%	65.0%	77.8%

出典：D. Bald, E. Lippert, and R. Zabel, *Zur Sozialen Herkunft des Offiziers* (Bonn, 1977), p. 42.
＊　アビトゥーア、つまりギムナジウムでの9年間の教育を経て与えられる証書の保有者であり、アビトゥーアは大学への入学に必要であった

て得られる証書）を取得すれば十分ではあったが、ここでもとりわけ望ましいとされる家庭の出身者を優遇する例外が設けられていた。だが、全体としてはより高い学歴という潮流には抗えず、それが公式に認められていた。アビトゥーア合格者は任官すると最初から年次で二年先行したし、熱意に燃える士官の大多数が目指す輝かしい目標であった参謀本部要員課程への合格は、この年次によって左右されたのである。[11]

士官という職業を特別視する傾向は非常に強く、比較的中産階級の多かったバイエルンでもアビトゥーア合格者が陸軍に集中し、三〇もの連隊に同時に応募する者もいた。平均的な年で、一五四人の採用に対して三〇〇〇人という多数の応募者を当局は見込むことができた。文字通り買い手市場だったのである！[12]

この好ましい状況を劇的に変化させたのは、第一次世界大戦による士官の需要の大幅な増加であった。社会的・学歴的要件を大幅に下げることを余儀なくされ、半分程度しか基準を満たしていない人間でも士官に任官された。現役士官団の間で死傷者が増えてくると、高齢の予備役士官と若手の一年志願兵がその穴を埋めた。一九一六年以降は、古い士官団の生き残りを救うための意図的な政策の一環として、最高司令部は前線から士官を引き抜いて参謀本部で勤務させたが、結果として前線における統率の弱体化に拍車をかけた。その影響が第一次世界大戦におけるド

イツ敗北の一因とされるのは、当然かもしれない。

一九一九年には、ベルサイユ条約による制限を満たすために士官の大幅削減を強いられ、ノスケ〔国防相〕とグレーナー〔参謀総長〕は二〇万人から三〇〇〇人を選抜した。同時に有能な下士官も一〇〇〇人昇任させ、第一次世界大戦末期に問題化した主たる不満の源泉を一つ解消するのに寄与した。戦闘部隊で勤務し、武勇で叙勲され、少なくとも准尉（Offiziersstellvertreter）を六カ月務めた下士官から選抜された彼らは、教育を終え、士官学校を卒業してから任官される場合がほとんどであった。[13]

だが、士官団の本格的な改革に着手したのは、帝政時代の参謀本部を偽装して設置された部隊局〔Truppenamt〕の次代局長であった。〔その任にあった〕ゼークト大将は士官学校を閉鎖し、一年志願兵の制度を廃止した。今や公式のドクトリンでは、「知識から有能さに至るのは大きな一歩であるが、無知から有能さへと達するのはなおさら大きな一歩である」とされた。[14] したがって、士官候補生は大学入学資格を得られる水準の教育を受けていることが期待された。だが、アビトゥーア自体は公式の要件とはされなかった。アビトゥーアがなくても試験（士官候補生予備試験〔Vorprüfung〕あるいは士官候補生最終試験〔Nachprüfung〕）で代替することが可能であり、この制度によって一般兵士にも

---

11 K. Hesse, "Militärisches Erziehungs-und Bildungswesen in Deutschland," in *Die deutsche Wehrmacht*, ed. Wezell (Berlin, 1939), p. 472.

12 H. Rumschöttel, "Bildung und Herkunft der Bayerischen Offiziere 1866 bis 1914," *Militärgeschichtliche Mitteilungen* 2 (1970):131, fn. 131.

13 W. A. Robertson, "Officer Selection in the Reichswehr 1918-1926" (Ph. D. diss., University of Oklahoma, 1978), p. 143.

14 Demeter, *Das deutsche Offizierkorps*, p. 103 より引用。

士官になる道を開き、学習意欲の向上をもたらした。[15]

士官教育を改善するため、それ以外でもゼークトは多大な努力を払った。木曜講話（各界の専門家を招いた士官向けの講話）の制度が設けられ、参謀本部要員候補生試験（Wehrkreisprüfung）の受験が従来のように任意ではなく、全士官に義務付けられた。[16]第一次世界大戦で敗北した主な原因が技術教育の欠如とされたため、多数の士官が技術学校に派遣された。[17]こうした措置は効果を発揮し、一九三〇年までには新規の士官任官者の七七・五％以上がアビトゥーア合格者となった。[18]

それ以外の点では、ゼークトは革新者《イノベーター》というよりは復古主義者であった。性格の重視は依然として決定的な要素とされ、そうした姿勢を確固たるものにするため、ゼークトはスポーツ活動や青少年活動の経験者を士官候補生とするべきだと主張した。さらに重要だったのは、誰を士官とすべきかという決定を連隊長の手に委ねていたことである。心理検査室を設置するというグレーナーの意見が陸軍内で通ったのは、一九二六年にゼークトが退役してからであった。

士官候補生になるための道筋は次のようになった。候補者は自らが選んだ連隊に出頭し、背景調査（年齢、学歴、前科、政治活動）を受ける。そして、連隊長が受け入れ可能と判断すれば、地元の軍管区で実施される一連の試験のため、軍が費用を全額負担する形で集められる。[19]この段階で候補生は五〜六人のグループに分けられ、二〜三日間を過ごす。候補生は士官やシモナイトの検査室に所属する心理学者から長時間の面接を受け、精神力を試すために負荷のかかる身体検査（例えば、満杯の背嚢を背負って滑らかな壁を何度も乗り越えたり、徐々に強い電流が流れる拡張器《エクステンダー》を曲げたりする）が行われた。その間、隠しカメラで挙動や表情を撮影し、その後に分析された。技術的適性は子供用の組み立てセットを含め、様々な道具を用いて試験された。教育能力を判断するため、候補者は常時用意されている兵士のグループに対して、例えば針金からコート用のハンガーを作る方法を教えることを求められた。また、候補者は絵画について表現したり、詩を言い換えたり、自分のクラスをベルリンへの旅行に引率する方法について文書で説明したりすることも要求された。そして、候補者が自ら選んだテーマについて話し、他の候補者の関心を引くよう求められると、「性格学的検査の絶頂」(シモナイト)に達する。再びシモナイトの言葉を引用すると、「人間が他人に影響をおよぼせるのは適切かつ自由に自分を出す時しかない」とされていたのである。

この長期間におよぶ全手順は、士官、精神科で研修を受けた医師、そして心理学者の各一名からなる委員会による面接で締めくくられた。[20] まず各委員が結果を個別にまとめ、次に合議によって最終決

15 Robertson, "Officer Selection," pp. 218-220.

16 MGFA, ed., *Handbuch*, 7:367.(繰り返し受験は可能であったが)この試験に合格できなかった士官が将官になる可能性はほとんどなかった。

17 Demeter, *Das deutsche Offizierkorps*, p. 104.

18 F. Doepner, "Zur Auswahl der Offizieranwärter im 100,000 Mann Heer," *Wehrkunde* 22 (1973): 261.

19 この個所の記述は以下に基づく。T. W. Harrell and R. D. Churchill, "The Classification of Military Personnel," *Psychological Bulletin* 38 (1941):331-53; H. L. Ansbacher, "German Military Psychology," *Psychological Bulletin* 38 (1941):370-92; および A. H. Martin, "Examination of Applicants for Commissioned Rank" in *German Psychological Warfare*, ed., L. Farago (New York, 1941), pp. 171-78.

20 この点については、M. Simoneit, *Leitgedanken über die psychologische Untersuchung des Offizier-Nachwuchs in der Wehrmacht* (Berlin, 1939), pp. 24-25. また、H. Masuhr, "Zur Unterstützung militärischer Menschenauslese durch soziologische Statistiken," *Soldatentum* 1 (1934):141-61.

定に達した。結果は書面で連隊長に送付されたが、点数制ではなく、公的な拘束力はなかった。最終決定は依然として連隊長一人に委ねられていたのである。

この制度のとりわけ顕著な特徴は、知能を体系的に調べようとしていなかった点にある。これは『軍隊指揮』が記しているように、戦争では何よりも性格が重要とされていたためである。単純な知能試験に最も近かったのは、一連の様々な大きさ、色、形の三二個の物体を異なる原則に従って並べるものであった。だが、これについても実際の成績よりも、候補者が与えられた課題をどのように処理したかがより重要と評価されていた。士官に必要とされる主な資質は、精神力、野外生活への関心、技術的能力、好戦的性質（とりわけ学校での反抗的態度によって表れる性質であり、それゆえ一〜二回の留年は好意的に受け止められた）、表現力、統率力などであり、頭脳の優秀さそのものではなかったのである。

これらの手法の効果については間接的に評価する以外は難しい。検査の範囲は非常に広く、その結果についても定量化は不可能で、追跡調査も困難であった。さらに、全く異なる人格を有する人間も優秀な士官になる可能性があると認識されていたため、なおさらであった。何よりも実務家であったシモナイトは、彼の手法が結果を出している限り、その理論的妥当性にはほとんど関心がなかった。シモナイト自身は成功率が八〇％を超えると主張しており（ある資料では、検査室の評価と士官訓練生のその後の評価の間には九八％の相関関係が存在すると主張されている）、この主張を覆す証拠はこれまでのところ明らかになっていない。一九四〇〜四一年にアメリカ陸軍の資とするためにドイツの制度について報告したアメリカの心理学者らは、同制度が効果的である可能性が高いという見解で一致していた。それ以降にドイツの制度を調査した人間も、第二次世界大戦の戦前と戦中のドイツの士官の質が高いことに例外なく言及している。シモナイトに批判的な立場の一人が書き記しているように、士官の資質に関するシモナイトの考えは先入観であり、経験的証拠では証明されていなかったのかもしれない。だが、この批判者ですらもシモナイトの手法を「模範的」と評している。[21]

ナチ時代の士官候補生の心理的検査が実際に徹底的なものであったとしても、莫大に増えた需要によってそれ以外の面ではすぐに基準を下げざるを得なかった。とりわけ、社会的・学歴的要件は緩和され、この方針はナチスのイデオロギーに合致するものであった。この緩和により、士官団がドイツ史上初めてあらゆる階層の人間によって構成されるようになり、敗戦が確実であったにもかかわらず最後まで戦い抜いた理由を説明するうえで、この点を重要な要素とみなす人々もいる。[22]

一九三九年九月一日にポーランドに侵攻した陸軍は、ワイマール共和国軍や帝政期の陸軍で訓練を受けた高齢の予備役士官に加え、旧オーストリア軍の士官も多数含んでいた。だが、大多数の士官、とりわけ若手士官はシモナイトの検査室を経た人間であった。シモナイトの検査室は単なる技術機関であり、その性格を維持し続けた。同室から提言することはできたが、士官訓練への受け入れと士官任官の双方をめぐる決定は連隊長の手に確実に委ねられていた。同じ部隊に所属する士官間の欠かせない相互信頼を醸成・維持するには、この分権的制度しかないと考えられていたのである。

21 R. F. Bigler, *Der einsame Soldat* (Frauenfeld, 1963), p. 30.
22 G. Blumentritt, "Warum hat der deutsche Soldat in aussichtloser Lage bis zum Schluss des Krieges 1939-1945 gekämpft?" U.S. Army Historical Division Study B 338 (Allendorf, 1947), pp. 18-20.

アメリカ陸軍

第二次世界大戦時のアメリカ陸軍において、士官にとって「最も重要な要件」は戦闘で兵士を率いる能力であった。管理職を充足する必要があったことは確かである。しかし、各士官は他の士官の職務を代行できることが求められていたため、若手士官が過度に専門化することは望ましくないとされていた。[23]

地上兵科の士官は、「戦闘の危険と不確実性の中で一般兵士の行動を指揮し、他の士官と協力する能力」が主な前提条件であった。こうした能力は「責任と統率」の順で概念としてまとめられていた。このように陸軍のドクトリンはかなり明確に定義されていたものの、無形の「武人、あるいは戦闘指揮官としての潜在能力」を判定する明確な手順は存在しなかった。[24] 直接的手段を活用できなかった（もしくは、考案、準備、適用するにはどうしても多大な時間を要した）ため、「多少間接的な指標」が信頼され、とりわけ「陸軍一般分類試験（AGCT）」が最も重視された。[25] この試験は高学歴者が有利とされ、アメリカの徴兵制度は一九歳の男子だけでなく、一八歳から三七歳までのすべての年齢層を対象としていたこともあって、アメリカの士官はドイツよりも高学歴の傾向があった。そのうち八六・五％が高校を卒業しており、五一・八％以上が大学に多少なりとも在籍した経験があった。[26]

士官志望者は試験を受けた後に、国内各地に多数存在する士官候補生学校まで、旅費や宿泊費を自己負担して赴いた。実際の選抜は学校長とその部下が候補者に対して面接を行って実施された。[27] 基準には変動があったものの、常に考慮されたのは年齢、健康状態、軍歴、統率力、学習能力、社会性、性格、学歴であった。

だが、実際に活用された選抜手法は、公式ドクトリンに定められた理想像と合致していなかった。

学校長が統率に必要な資質を判断するのは容易ならざることであった。他方、記述式のＡＧＣＴの結果は簡単に入手できた。したがって、公刊戦史の記述によれば、ＡＧＣＴが「依然として主要な選抜手段」だったのである。[28]

ドイツとアメリカの制度の違いをここでまとめておくのは有益であろう。というのは、双方の陸軍における管理手法の完全なる典型例だからである。両軍とも統率力が士官の最も重要な前提条件であると認識していた。ドイツ陸軍では統率力の有無を判断するために多大なる努力を払っていたのに対し、アメリカ陸軍は明らかに時間の重圧もあってそうしなかった。ドイツ軍は性格を重視し、アメリ

---

23 R. R. Palmer, *The Procurement and Training of Ground Combat Troops* (Washington, D. C., 1948), pp. 93-94.

24 Ibid., pp. 10, 11.

25 公刊戦史には、士官候補生に必要とされる知能指数に関する情報は含まれていない。L. A. Pennington, *The Psychology of Military Leadership* (New York, 1943), p. 166 によると、I段階に属する兵士は、「士官学校向けの……優れた人材である」ということが分かる。だが、そうした人間は一〇〇人中七人しかいなかったため、II段階に属する兵士の多くも士官になったことは明らかである。

26 W. C. Menninger, *Psychiatry in a Troubled World*, p. 110.

27 こうした面接にどの程度の時間がかかったかは不明である。だが、ある士官候補生学校では、既に訓練を開始していた士官候補生に対し、四～五人の士官からなる委員会によって面接を行っていた。この面接は一五分ほどで終わり、その回答は点数で記録された。

28 Palmer, *Procurement and Training*, p. 329. その後の追跡調査で、筆記試験の成績と士官としての戦闘での評価にほとんど相関関係がないことが確認されている。J. W. Eaton, "Experiments in Testing for Leadership," *American Journal of Sociology* 52 (1947):523-35 を参照。

カ軍は知能を重視した。ドイツでは心理学的検査を非常に幅広く活用したが、士官の選抜はその後に士官候補生を訓練し、戦闘で率いることになる当事者の手に最終的には委ねられていた。これに対し、アメリカの士官の選抜は心理部局と士官候補生学校長が分担しており、学校長は訓練を所管していたが士官候補生が任官すると再び顔を合わせる可能性は低かった。[29]したがって、ドイツの制度は人間的で分権化されており、アメリカの制度は非人間的で中央集権化されていたのである。

当然ながら、こうした違いの背景には統率の本質だけでなく、まさに戦争の本質をめぐって全く異なる概念が潜んでいた。ドイツの士官は何よりもまず戦闘指揮官であった。シモナイトの見解によれば、この戦闘指揮官としての要件と長い平和の時代における教育者の必要性との調和が主たる問題であった。[30]性格の特定とその将来的な発展の予想は途方もなく困難な任務であり、時には誤りも避けられなかった（一九三三年以前はわずかな共産主義的傾向があるというだけでなく、望ましくない家柄出身という理由でも性格を否定された政治的考慮の影響については言うまでもない）。しかし、ドイツは多大なる努力を払い、その過程で多くの軍隊で今でも用いられている手法を先駆けて開発したことは否定できない。それに対してアメリカ陸軍の主たる関心は知能にあった。アメリカの士官も戦闘で兵士を率いるはずであったが、この点は本質的に「人間工学」の問題と考えられた。士官は有能な「人事技術者」となるため、その専門分野の技能を会得しなければならなかったのである。[31]したがって両軍の違いは明らかである。

訓練

ドイツ陸軍

帝政時代の陸軍では、士官候補生（つまり、一九歳で一般兵士として入隊し、いずれの士官学校も卒業していない者）は、士官任官前に一八カ月の訓練を受けた。このうち、九カ月は基礎訓練と上級訓練に充てられ、さらに士官学校で九カ月を過ごした[32]。

第一次世界大戦が進み、士官の需要が高まると、訓練期間を次第に短縮せざるを得なくなった。一九一八年に、現役士官は国内予備軍で三カ月の基礎訓練を受け、野戦軍の部隊で三カ月勤務した後に、三カ月の士官養成課程に送られた。その後、試験を受け、再び野戦軍に戻って最終的に士官として任官した[33]。予備役士官の訓練も、戦闘部隊（Fechtende Truppen）で過ごす期間がより長かった点を除けば同様であった。

ワイマール共和国軍では、連合国によって課された非常に長い兵役期間のせいで、士官の訓練を延

---

29 軍人の選抜に関するドイツの出版物の数は、他の全言語によるものの合計を上回っていた。Harrell and Churchill, "The Classification of Military Personnel," p. 331.
30 Simoneit, *Leitgedanken*, p. 27.
31 Pennington, *Psychology of Military Leadership*, pp. 1, 167.
32 Hesse, "Militärische Erziehung," p. 487 を参照。
33 この期間の長さは不明であり、固定されていない可能性もあった。

長し、従来よりも徹底的に錬成することが可能となった。このため、士官候補生は一〇カ月半の課程である士官学校への入校前に、部隊で丸二年間勤務することになった（他の兵士と居住区を共有していた）。その後に、各自が専門とする兵科の学校で一〇カ月半の課程を終え、これらすべてを合わせると入隊から士官になるまでの期間はほぼ四年におよんだ。[34]

ゼークトの指導の下で訓練の内容も見直された。知識よりも人格、知能よりも性格を優先するドイツ陸軍の伝統が改めて強調されたものの、いわゆる「科学的（wissenschaftliche）」科目がかなり重視されるようになった。[35] 士官学校での教育課程は、戦術（週六時間）、兵器技術（三時間）、工兵（三時間）、地理、陸軍組織、市民教育（各二時間）、対空防御、通信、自動車技術（各一時間）、スポーツ理論（一時間）、衛生（四〇分）、軍事行政（二〇分）となっていた。その後、士官が専門の兵科学校の一つで訓練を続ける場合は、理論的科目（市民教育を含む）の一部は省略される一方で、軍事史が二～三時間追加された。これは士官候補生独自の研究に基づくもので、重要性では戦術に次ぐものとされていた。さらに、数学、物理、化学などの専門科目も追加された。

全体としてこの制度は一九三七年まで機能していた。三段階の訓練、すなわち部隊での基礎訓練、士官学校での訓練、そして兵科学校での訓練が維持されていた。その後に部隊での追加的な勤務期間があり、士官候補生は入隊から約二年で任官することが期待できた。士官学校での教育内容はより実践的になった。戦術は週九時間になり、市民教育の代わりに国家社会主義の原則について一時間にわたって教化を受けることになった。高校卒業証書（Reifezeugnis）が最低限の教育水準として維持されていたが、一九四二年末にはこれも廃止せざるを得なかった。[36]

第二次世界大戦が始まると、士官学校における公式の訓練を前線での実勤務で代替しようとする傾向が強まった。その結果、一九四二年末までには、士官候補者はまず国内予備軍で六カ月の訓練を受け、次に前線で三カ月勤務してから士官学校に三カ月間送られ、さらに前線で二〜四カ月勤務して、一四〜一六カ月の勤務で最終的に任官することになった。しかし、この前線勤務中の士官候補生の損耗があまりにも大きかったため、再び制度を変更せざるを得なくなった。一九四二年秋から終戦まで、士官になる道は次ページの表11－2のような段階を経ることが一般的であった。

さらに、本来は士官になる訓練を受ける予定ではなかったが、実勤務で好成績をあげた者は、アビトゥーア合格者であれば最低六カ月、それ以外は一二カ月の勤務で、連隊長から士官訓練への推薦を得られるようになった。「明らかな統率力、……人格、軍人に相応しい行動、功績」に基づいて選抜された者が士官学校に送られ、通常であればその後に自部隊に戻り、連隊長の手で任官されることになった。[37] この制度により、士官に選抜されるための主要な基準は敵前での顕著な功績（Bewahrung vor den Feind）となり、数万人の下士官や一般兵士が戦時中に士官に任官されるようになった。

このように、士官になるためにいずれの経路を経ても、前線での実勤務が最良の訓練とみなされていたことは明らかであった。開戦時にあった五〜七カ月の訓練は戦況のため維持できなくなったもの

---

34 M. Messerschmidt et al., "Verhältniss von algemeinbildenden und fachlichen Inhalten in der Ausbildung zum Offizier," unpublished paper, MGFA (Freigburg, i. B., 1971), pp. 9-10.

35 Seeckt order of 1 January 1921 に引用。Hesse, "Militärische Erziehung," p. 481.

36 Messerschmidtet al., "Verhältniss von algemeinbildenden," pp. 13-15.

37 Generalstab, Heeres Dienstvorschrift g 151, *Mobilmachungsplan für das Heer: E. Erhaltung des Heeres im Kriegszustand* (Berlin, 1939), article 553 ff.

の、実戦でかなりの数の実弾射撃を経験することなく、士官候補生が任官されることはなかったのである。

表11-2　1942年秋以降のドイツ軍士官候補生の訓練段階

	期間（月）
国内予備軍における基礎訓練	3〜4
国内予備軍における下士官訓練	2〜4
国内予備軍における小隊長訓練 下士官に昇任	2
前線勤務 士官候補生（Fahnenjunker）に昇任	2
士官学校 上級士官候補生（Oberfahnrich）に昇任	3〜4
上級士官訓練	2
合計期間[38]	14〜18

アメリカ陸軍

第二次世界大戦に先立つ時期のアメリカ軍の士官学校での教育は、現在と同じ四年間であった。だが、様々な理由で、全訓練時間に占める専門科目の割合は減少する傾向にあった。例えば、アナポリス〔海軍士官学校〕では、士官候補生の教育時間の三一・六%はどこの大学でも学べる教養科目に、三一・二%が技術科目に向けられ、専門科目にはわずか三七・二%しか充当されていなかった。[39]ウエスト・ポイント〔陸軍士官学校〕は、昔も今も他国が模倣するモデルであったが、同校の校長であった〔シルヴェイナス・〕セイヤー名誉准将〔学校長在職時は大佐であったが、退役後に名誉准将に任命〕が一世紀前に導入した制度は、何よりも優れた管理者を輩出する傾向があった。重圧の下でも物事を早く、効果的に処理することに大きな重点が置かれていたのである。[40]

アメリカ陸軍は小規模なうえ、広大な国土に小部隊で広く散在していたため、実践的な訓練の機会には乏しかった。したがって、アメリカの士官はその経歴の大半を学校で教育を担当するか、入校して過ごすことになり、規模の大小を問わず部隊を指揮する機会は稀であった。フィリピンでの義務的な勤務は例外の一つであり、同地に大規模な駐屯地があったため、士官は少なくとも多少の実務経験を得ることができたのである。

一九四〇年、アメリカで再軍備が開始されると、当時二万人しか現役士官がいない陸軍は、最終的な規模はまだ見通せなかったものの、確実に数百万の兵力へと拡大する軍の指揮・管理を行う士官を選抜するという極めて困難な任務に直面することになった。この任務は一九四三年初頭に達成された。二年間のうちに士官団は三〇倍以上に膨れ上がり、士官の不足は過剰へと転じ、この状態が終戦まで続いたのである。一九四三年初頭には戦闘は全くなかったため、前線での勤務を踏まえて一般兵士を士官に任命する可能性はほとんどなかった。さらに悪いことには、士官の過剰状態ゆえに、一九四三年初頭以降に入隊した兵員は能力の有無にかかわらず、士官に任官される見込みがほぼないという状態になった。その代わりに、そのうち最も有能な人間は下士官になることが多く、すべての関係者にとって不幸な結果を招いたのである。[41]

一般兵士と同じく、アメリカ陸軍の士官候補者はまず、一三週間（後に一七週間に延長）の基礎訓

38 G. Bachlin, "Deckung des Offiziersbedarf im deutschen Heer während des 2. Weltkrieg," U.S. Army Historical Division Study D 110 (n.p., n.d.) p. 110.

39 S. P Huntington, *The Soldier and the State*, p. 295. ウエスト・ポイントについて同様の情報は入手できないが、同校でも一般的な教養科目の重要性は高まる傾向にあった。

40 ウェスト・ポイントの制度に関する優れた論考については、G. Ellis and R. Moore, *School for Soldiers, West Point and the Profession of Arms* (New York, 1974) を参照。

41 本書一八六〜七ページを参照。

練を受けた。次に、士官候補生予備学校において四週間の訓練があり、そこでは武器、小部隊戦術、地図判読、そして基本動作が教育された。士官候補生学校本体では約一七週間の訓練があり、各兵科に特化していた。この点はドイツの制度と異なっていた。陸軍への入隊から任官までの期間は全体で八～九カ月であったが、わずか七カ月で任官する場合もあった。[42]

表11-3　主題別によるアメリカの士官教育

主題	時間数	
	共通教育	部門別教育
教練・規律	99	—
一般科目	52.5	—
戦術	129	108
通信	42	—
装輪車両	50	—
全装軌車両	—	46
砲術	136	94
教官教育	33	—
導入教育	17	—
予備	9.5	—
計	568	248

出典：R. R. Palmer, *The Procurement and Training of Ground Combat Troops* (Washington, D. C., 1948), p. 363.

機甲科士官の訓練を担当した士官候補生学校のカリキュラムの概要は表11－3に示されている。士官候補生は表に示されている科目について試験を課されるだけでなく、授業態度、体力、主導性、統率力などについても絶えず評価されていた。[43] 成績は点数制で記録されていたが、陸軍全体で統一的な基準は存在しなかった。

詳細な情報が不足しているため、アメリカの士官訓練の内容をドイツと比較することは不可能である。しかし、アメリカの士官候補生が合わせて八～九カ月の訓練を受けていたのに対し、ドイツの士官候補生は戦争中の召集時期によるが九～一六カ月の訓練を受け、さらに二カ月から最大七カ月もの前線勤務があったことは注目される。アメリカの士官候補生は訓練終了後にプール（ドイツ軍にはこのプールという用語はなく、その代わりに「予備」という用語が使われていた）に入れられ、その後に編成表の欠員に応じて陸軍の九一個師団のいずれかに配属されることになった。それに対して、ドイツの士官候補生は過去に勤務した連隊で任官され、連隊長からまさしく直接指名されることが多かったのである。

昇進

ドイツ陸軍

帝政期の陸軍における昇任は年功序列で決まっており、現代の基準から見れば極めて遅かった。中尉から大尉になるまでに一五年かかり、大尉から少佐になるまでにはさらに一〇年を要した。現役士官の大多数は少佐で勤務を終えたのである。[44]

優先的昇任の資格を得るためには、参謀本部の要員教育を受けていることが事実上の前提条件となっていた。この事実は、より下級の士官には比較的低い教育水準しか求めていなかったこととは相反するものであった。参謀本部要員は競争率の高い試験で選抜され、その数は全体の三～四％であったが、平時でも比較的早い昇進を期待することができたのである。

42　Palmer, *Procurement and Training*, pp. 264, 353.

43　Ibid., pp. 330-34. 本資料によると、この制度が生み出す士官候補生は、質問したり、責任をとったり、主導性を発揮したりするのを恐れる傾向があったという。また、彼らがそうした資質を持ったまま戦闘に臨んだことを示す証拠もあるという。

44　MGFA, ed., *Handbuch*, 5:89, および Hofmann, "Beurteilungen und Beurteilungnotizien im deutschen Heer," U.S. Army Historical Division Study P 134 (Koenigstein Ts, 1952), p. 3.

この制度は、陸軍でブリンプ大佐〔イギリスの漫画に描かれた保守的で無能な軍人〕が出ないようにしていた（ブリンプ大佐のような人物なら大佐になる前に退役させられていたであろう）ものの、それと同時に中隊長や大隊長は能力の疑わしい高齢の男性となる場合が少なくなかった。それゆえ、第一次世界大戦中にはこうした士官が何度も整理された。一九一四年には二回、一九一五年も二回、一九一六年は三回、一九一七年は七回（！）で、一九一八年は再び二回の整理が行われたのである。

この制度の根幹はワイマール期でも維持されたものの、陸軍の規模が制限されたため、昇任は以前よりもさらに遅くなった。だが、上官が部下を評価し、選抜するための主たる手段となっていた評価書をゼークトが改善した。一九二〇年に、これらの評価書は性格をより重視するよう改められた。性格とは、誠実さ、無欲さ、献身的精神、責任感といったものである。出世第一主義は非難される一方で、信頼を育み、維持する能力は最も重要な美徳の一つに数えられていた。

評価制度が無秩序な状態になるのを防ぐために、指揮官はとりわけ評価書の内容で評価されると通告されていた。評価書は簡潔でありながら、人格、性格、専門的能力、功績といった重要なことはことごとく網羅されている必要があった。

この制度に基づき、士官は普通に勤務していれば最終的にはほぼ連隊長になることが期待できた。連隊長の職はドイツ軍ではかなりの責任と栄誉であった。しかし、さらに上位の階級へと昇任するには、師団の参謀長（作戦参謀）の勤務を経なければならないのが普通であり、したがって参謀本部の要員教育を受けている必要があった。次に高い職である師団長になるにはほぼ例外なく、この教育を終えていることが要件であった。

ワイマール共和国軍の人事計画担当者が直面し、解決を試みた問題の一つは、小規模な職業軍で昇任の機会が限られていた状況が士官団の士気に否定的影響をおよぼさないようにすることであった。この取り組みは、年功序列に能力の要素を加え、平均で全体の約一五％にあたる特に優秀な士官を特別なリストに入れることで成し遂げられた。一つ上の役職に昇任させるために能力に基づいて選抜された士官の大半が、参謀本部勤務者であった。だが、それ以外の士官も特別な場合は考慮される可能性があったし、参謀本部勤務者の優先昇任の前提条件は野戦部隊での勤務を終えていることであった。優先昇任の資格が与えられると、士官の経歴にとってはまさしく追い風（陸軍現役士官名簿上の席次では二〇〇～二七五位に相当）になった。したがって、ベルサイユ条約が昇任の機会に投げかけた暗い影は、士官団内外の移動性がかなり低下するという代償を伴ったのは事実であるが、ある程度は解消されたのである。[45]

陸軍の拡大によって士官団の急速かつ歓迎すべき活性化がもたらされたという事実を除いても、この制度は一九三〇年代を通じて維持されていた。参謀本部勤務者が引き続き昇任で優遇される一方で、例外的に優秀な少数の部隊勤務者も他の士官に先んじて昇任できた。[46] 士官団の急速な拡張とそれに伴う機会の増大にも欠陥がないわけではなかった。この時期はまさに「出世」の時代となったのである。

評価制度も完全な形で維持されていた。部隊勤務者は偶数年で評価され、参謀本部勤務者と将官は奇数年に評価を受けることになった。この区別により、参謀本部勤務者と将官は少数であったにもかかわらず過大な注目を受けたのである。上官は部下について次の適切な上位職を二つ選ぶとともに、

45 D. N. Spires, "The Career of the Reichswehr Officer," Ph. D. diss., University of Washington, 1979, p. 218.
46 Hofmann, "Beurteilungen," p. 57.

「平均以上」「平均」「平均以下」で評価するよう求められた。平時に平均以下の評価を受けた人間は自動的に除外されることになった。強制的比較や点数制は用いられなかった。一九三八年には点数制の導入が提案されたが、士官の大多数から拒絶された。その理由は、点数制では非常に望ましい「全人的」な人物像が得られなくなるというものであった。[47]

こうした評価に基づき、各師団には七つの分類に従った士官のリストがあった。この分類は、①陸軍最高司令部の任務に適した者、②参謀本部での任務に適した者、③総務・法務部門（adjudantur）に適した者、④訓練や研究などの特別な適性を持つ者、⑤健康上の観点から一時的に配慮が必要な者、⑥次の昇任には相応しくないとみなされた者、⑦現在の任務を適切に果たせない者となっていた。

このリストと評価により、陸軍人事局（ＨＰＡ）は昇進や補職を決める優れた手段を有していた。さらに、人事局員は行軍や演習にしばしば参加し、将官や参謀本部勤務者のほぼ全員を個人的に知っており、それに応じて自らの方針を策定できたのである。[48]

この制度は数世紀にわたる発展の賜物であり、次第に増える損耗によって年功序列が軽視され、能力が重視されるようになっても戦争の前半期には維持されたのである。一九四二年一一月、ヒトラーの直接の命令を受け、ＨＰＡは情勢の変化を制度に反映するための一連の改革に着手した。

総統は、敵に対して部隊を成功裏に指揮し、必要な資質が備わっていることを示した士官は、その地位に応じた階級に昇進させるべきであると命じている。

さらに総統が求めているのは、並外れた個人的資質と戦功のある士官を指揮官とし、昇任させることである。

全員に昇任の機会を平等に与える（すなわち年功序列による）制度は、勝利のために国防軍が従うべき指導部や総統の原則に反している……

この命令はとりわけ前線の士官に適用される。彼らは死に最も近く、それに応じて報いられるべきである。[49]

この制度の下では、前線勤務の士官、とりわけ戦死した上官の職務を代行していた者の昇進は格段に早まった。例えば、少尉が中隊を指揮していた場合は、その状態がわずか二カ月続いただけで中尉に昇進することが可能であった。また、中尉が大隊を指揮する場合は、六カ月勤務すれば大尉になることができた。さらに、そうやって昇任した階級は恒久的なものであった。[50]

戦争が長期化するにつれ、前線勤務によって昇任を勝ち取るという士官への重圧が高まった。一九四四年七月以降、参謀本部勤務者は前線勤務がなければ昇任の資格が得られなかった。評価書には、「危機耐性（Krisenfest）」という新たな性格の属性が盛り込まれた。ヒトラーに絶えず急かされた結果、HPAはさらに年功序列を崩し、性格を重視するようになり、性格は前線での著しい功績と同一視さ

47 Ibid., p. 45.

48 士官評価書を評価する制度はなかった。しかし、それにもかかわらず、HPAの士官は個人的な知り合いを通じてそれらの信頼性を確かめようと努めていた。

49 H. Meir-Welcker, *Untersuchungen zur Geschichte des Offizier-Korps* (Stuttgart, 1962), p. 205 において引用。

50 Hofmann, "Beurteilungen," p. 56.

表11-4　1943年のドイツ陸軍における優先昇任と計画昇任

昇任した階級	優先昇任		計画昇任		総数
	件数	総数に占める割合(%)	件数	総数に占める割合(%)	
上級大将	3	100.0	—	0.0	3
大将	25	96.1	1	3.9	26
中将	67	77.9	19	22.1	86
少将	58	37.7	96	62.3	154
大佐	198	60.4	130	39.6	328
中佐	206	67.7	103	33.3	309
少佐	245	96.0	39	4.0	384
計	902	69.2	388	30.8	1,290

出典：W. Keilig, *Truppe und Verbände der deutsche Wehrmacht*, 7 vols. (Wiesbaden, 1950-), 3:203-04.

れることが多くなった。実力を証明した者を前面に押し出すという制度の利点は否定できない。他方、この制度が士官団の伝統的な同質性や団体精神を崩すことにつながったが、これはまさしくヒトラーが意図していたことだったのかもしれない。[51]

こうして採用された措置が確実に影響を与えたことは、一九四三年前半の計画昇任と優先昇任を比較した表11－4に示されている。

兵科別に遡及《そきゅう》昇任（つまり、実際の職責に見合った階級が与えられるという意味）した士官の数は、表11－5の数字が示すように、各兵科の損耗と直接的な相関関係があった。危険な職種は手厚く報いられたのが明らかである。

アメリカ陸軍

戦間期のアメリカ陸軍では厳密な年功序列で昇進が決まっていた。一九二〇年には、例外的に有能な少数の人間に対して優先昇任を行う計画が提案されたことも確かである。だが、「どの若手士官が戦時に優れた上級指揮官になるかを平時に予測するのは不可能」であり、結果として陸軍は「相対的に

表11-5　ドイツ陸軍における兵科別の遡及昇任と損耗

兵科	遡及昇任（総数に占める割合、％）	兵科が被った損失（総数に占める割合、％）
歩兵科	57	53
機甲科	19	20
砲兵科	16	18
工兵科	6	7
通信科	1	2
参謀本部*	1	—

出典：W. Keilig, *Truppe und Verbände der deutsche Wehrmacht*, 7 vols.（Wiesbaden, 1950-）, 3:204-05. これらは1945年5月31日までの期間を含む数字である
＊　参謀本部が被った損失は各種兵科の損耗に含まれている

少数の卓越した個人ではなく、士官団全体の全般的な能力に依存」せざるを得ないという理由で、その提案は却下された。[52]

一九四一年に陸軍が膨張を始めると士官不足が深刻となり、いずれの若手士官を佐官にするかを決める必要が出てきた。その結果、年功序列ではなく選抜によることになり、昇任者の推薦の六〇％は野戦指揮官から行われ、残りの四〇％が陸軍省に留保された。[53]この政策は、陸軍の各部が独自路線をとり、かなりの混乱を引き起こした。それゆえ、陸軍省は、一九四三年七月の指令で「陸軍全体で用いられている評価基準」を昇任と再び連動させるように命じ、その結果として各階級で勤務した月数に基づくことになった。[54]

この頃には、一九四一年の士官不足が解消され、多数の余剰が出るようになっていた。戦傷を受けた士官がいれば、編成表超過

51　Meier-Welcker, *Untersuchungen zur Geschichte*, p. 206.
52　Huntington, *The Soldier and the State*, p. 297.
53　War Department Press Release, 12 June 1941, National Archives (NA) file 407/14103/12/B.
54　War Department/Hq ASF/Adjutant General, Memorandum No. S 605-17-43, 21 July 1943, NA file 204/58/106-253.

兵力（全部隊が保有を認められていた）や内地にあった士官候補生学校の卒業生のプールから簡単に補充できた。さらに、アメリカから到着した補充士官は、入れ替わる士官よりも階級が高いことも少なくなかった。[55]その結果、士気に二重の打撃を与えることになった。つまり、戦闘部隊の兵員は自らの昇任の機会が奪われたと考え、新たに到着した補充士官は階級に見合わない低い地位に就くことを余儀なくされたのである。

一九四四年、士官一〇〇〇人当たりの月間平均昇任数は、補給部隊で三六、工兵部隊で三一、野戦砲兵で二八であったが、歩兵では二五しかなかった。[56]昇任は引き続き各階級での勤務月数と関係していたので、こうした違いを説明できる理由は一つしかない。すなわち、歩兵では士官が昇任に必要な勤務期間を終える前に戦傷を受け、補充兵が続々と彼らの代わりを務めたのである。この点はドイツの制度との違いが最も際立っている。

こうした状況においても、効率性を評価する制度の運用は続けられた。評価票には「最下位層」に属する士官を示す項目は確かにあったが、実際に無能な士官を外すのは転属させる以外にはほぼ不可能であった。[57]さらに、全士官の大多数を「最上位層」として割り振る傾向も強かった。こうした傾向は明らかに制度全体を損なうものであり、戦後すぐに新たな評価票が導入され、一部隊に所属する全士官の強制的比較に頼るようになった、まさに主たる理由であった。こうした試みは、社会工学の一部を用いて人間の短所を補おうとする、アメリカ的なアプローチ全般に典型的なものだったのである。[58]

余論——参謀本部制度

ドイツ陸軍

第二次世界大戦中盤までのドイツ陸軍では、参謀本部の一員であることが優先昇任の資格を得る、あるいは将官になる事実上ただ一つの道であった。参謀本部の士官は排他的なクラブを形成しており、エリート中のエリートであった。周囲から見た彼らの特権的地位は際立っており、少数ながら世間に対する影響は並外れていた。陸軍の戦闘力に与える参謀本部の影響はいくら評価しても足りない。[59]

第一次世界大戦前の帝政期の陸軍では、陸軍大学校（Kriegsakademie）に向けた選抜は毎年の競争試

55　このような不満は、Replacement Board, Department of the Army, "Replacement System World Wide," bk. 6 の中で数十回示されている。

56　S. A. Stouffer, et al., *The American Soldier*, 4 vols. (Princeton, 1949), 2:271. これより低い率だったのは沿岸砲兵だけであったが、それでも一〇〇〇人中二〇であった。

57　一九四〇年九月から一九四六年四月まで陸軍で軍役を終えた八七万二〇〇〇人の士官のうち、再分類委員会に持ち込まれたのは〇・七七％にあたる六七〇〇人に過ぎなかった。三五七人が降格され、二五九三人が名誉除隊となり、一五〇〇人が名誉除隊以外の形で除隊し、二五三人が再配置された。Menninger, *Psychiatry in a Troubled World*, p. 16.

58　E. D. Sissoh, "The New Army Rating," *Personnel Psychology* 1 (1948):365-81.

59　参謀本部に関する著作は多数に上る。以下を参照。W. Goerlitz, *History of the German General Staff, 1657-1945* (New York, 1953); W. Erfurth, *Die Geschichte des deutschen Generalstab von 1918 bis 1945* (Göttingen, 1957). この部分の記述は特に、H-G Model, *Der deutsche Generalstabsoffizier* (Frankfurt am Main, 1968) に基づいている。

験によって行われていた。試験科目には戦術、野外生活術、工兵、武器、語学、地理、歴史があったが、戦術に重点が置かれていた。一九二〇年以降は全士官にこの試験の受験が義務付けられ、試験科目も数学、物理、化学に体育実技も含めて拡大された。この試験の厳しさは、試験準備には通常五カ月を要したという事実からも推測できる。ゼークトの下では常であったが、試験の結果は知識や有能さを評価するだけでなく、受験者の人格や性格に関する知見を得るためにも活用された。したがって、受験準備の困難さ（士官は余暇に準備しなければならなかった）や試験自体がもたらす興奮状態は、試験の主たる利点とみなされ、戦争の重圧に相当するものとされていた[60]。

　この試験制度はナチス政権期に拡大されたが、第二次世界大戦が始まるまで、ほとんど変更されることなく（例外として、自然科学は選択科目となり、技術部門での勤務を希望する士官向けとされた）維持されていた。第二次世界大戦勃発までは、軍団長が参謀本部要員の候補を参謀本部要員課程に派遣した。その大部分は大尉であり、戦闘で高い能力を示し、高位の勲章を授与されている者が多かった。軍団長は候補者の性格、能力、職務上の実績、健康状態の順で候補者を評価することになっていた。すべての評価は「Xは参謀本部での勤務に適任である」という明確な意見で締めくくることになっていた。

　一九一四年以前の候補者は三〇～三五歳であることが一般的であった。これが、ワイマール期に二五～三〇歳まで引き下げられ、一九三三年以降には二八～三二歳に再び引き上げられた。それゆえ、陸軍大学校に入校する学生の大半は数年間の勤務経験があったものの、年齢が高すぎて何か新しいことを学ぶのに支障があるわけではなかった。基準が極めて高かったため、入校者は常にごく少数であり、一九一四年以前は毎年一五〇～一六〇人、ワイマール期は七〇人（そのうち全課程の修了者はわずか一〇～一五名しか見込まれず、さらに参謀本部の常勤として受け入れられたのは五～一〇名）であった。例えば、要員が不足しつつあった一九三六年ですら、入校者は一〇〇〇人中一五〇人であった。第二次世界大戦中には一七回の参謀本部要員課程（Lehrgänge）が実施され、それぞれ六〇～八〇人の士官が参加し、一九四三年以降は一〇〇～一五〇人となった。

陸軍大学校での教育は三年間であった[61]。その目的は、何よりも師団の参謀長兼作戦参謀となる作戦の専門家を育成することにあった。したがって、戦術と戦史が主要科目であり、重要度ではそれ以外の科目を大きく引き離していた。参謀業務、陸軍組織、情報、補給、輸送、兵器技術、軍種間協力を含む全科目が戦術の至高の重要性を強調する形で教育された。外国語や、三年目（常にベルリンで行われる）で学ぶ国際情勢、政治、経済を含む非軍事科目は外部の専門家によって講義された。また、技術系大学で科目を履修するために毎年多くの学生が派遣された。スポーツは常に重要視されていた。

訓練方法は段階的なものであった。一年目は一〇～一五人の学生からなるグループで講義を受け、その後に演習、セミナー、個別発表（戦史が主題となることが多い）、機動・作戦計画立案、計画演習やウォーゲームへと進んでいった。教室内での演習が野外演習と交互に行われ、古戦場や軍事施設への参謀旅行演習〔古戦場などを訪問して戦闘や作戦などについて実地で検討する研修〕と現地研修が年に数回行われた。夏季に公式の教育はなく、学生は各兵科の可能性と限界について知見を得るため

60　Spires, "The Career of the Reichswehr Officer," p. 102.
61　ワイマール期には、ベルサイユ条約のため、最初の二年間は各軍管区で教育が実施され、三年目に選抜課程を勝ち抜いた人間がベルリンに集められた。

に、様々な兵科での勤務を命じられた。三年間の課程は二週間の参謀旅行演習で仕上げとなる。この演習では大作戦が細部まで模擬・検討され、学生の最終成績を左右したのである。

課程の最後には監督していた参謀が学生の選抜を行い、その際には非公式の社交的訪問から得られた学生についての詳細な知見も踏まえていた（だが特に困難な場合は学生同士の評価が求められることもあった）が、筆記試験はなかった。知性、論理的思考、決断の速さ、本質を見抜く眼力、疲れを知らずに集中して堅実に長時間働く能力などが、求められる主な資質であった。

陸軍大学校の修了者は参謀本部で一～二年の試用期間を経た。それを終えて正式に参謀本部の完全な一員となり、羨望の的であったエンジ色の側章《ストライプ》と銀の襟章を佩用《はいよう》し、階級の後ろに「i.G（im Generalstab）」を付けられるようになった。これで一人前になったのである。

一九三九年に第二次世界大戦が始まると、参謀の不足や短期戦が予想されたことから、陸軍大学校は閉鎖された。陸軍大学校での三年の教育に代わる八週間の課程が設けられ、その修了者が「参謀本部の下位職域で、上官の指示に従い、その監督下で有意義な役割を果たす」ことができるようにするのが目的であった。その課程への選抜でも、性格、自立した思考能力、内なる力が決定的な要素であった。教育内容は厳密に実践的なものとされ、戦術、補給、輸送、参謀業務、情報、防諜が特に強調された。教育方法はできるだけ平時と同等とされたが、現地研修などの数は当然ながら影響を受けた。通常は修了者の約八〇％が「参謀本部での勤務に適性あり」と評価され、残りは「適性不十分」か「不適」であった。

一九四二年三月、死傷者が激増し、参謀本部要員の不足が深刻になると、再び改編が行われて最終的な制度形態をとるようになった。参謀本部要員の志望者は、まず師団参謀として半年間の実践的訓練を受け、次により上級の参謀、例えば軍の参謀としてさらに三カ月の訓練を受けた。そして、八週間の参謀本部要員課程を受け、六カ月の試用期間を経て、最終的に参謀本部に受け入れられたのである。したがって、訓練は合わせて約一年半におよんだ。また、戦争についての最高の教師は戦争という、いつもながらのドイツの考え方に従い、前線での実務がかなり多く含まれ、学生に少なからぬ死傷者が出ることもあった。

ドイツの制度で特筆すべきは、軍種横断的な学校がなかった点である。このことは、結局のところ三つの軍種で陸軍が抜群の重要性を誇り、最も歴史が長いという理由で説明できる。実際にOKWの下に軍種横断的な学校が一九三九年に設置されたが、開戦時に閉鎖された。その最初の課程は失敗であったと言われている。それでもノルウェーや地中海における作戦では、戦術・作戦レベルにおける軍種間の協力は期待以上の効果をあげた（興味深いことに、双方とも空軍の将官が最高指揮官であった）。ドイツの戦争努力は基本的に大陸的な性格を帯びており、おそらくイギリスやアメリカほど軍種横断的な学校を必要としなかったのであろう。

一九三九年以前に行われた訓練が全体として非常に優秀という点で専門家の意見は一致している。だが、戦争中に行われた訓練に対する見解は異なっており、ここでまとめることはできない。その代わりに、この制度に特有の性格を与えるうえで大きく寄与した点を改めて言及する価値はあろう。①すべてを包含した唯一の陸軍大学校の存在、②戦略や高次元における戦争の遂行を無視したと一部から指摘されるほどの戦術・作戦能力の最重視、③学生の知識や有能さそのものよりも学生の性格を最重視、④点数制はもちろん、記述試験よりも学生についての教官の詳細な知識への信頼、⑤平時・戦時を問わず、正式の教育と並んで実務を重視、⑥長期にわたる試用期間、⑦少なくとも一九四三年まで、上位階級への昇任のためのほぼ唯一の手段としての陸軍大学校の活用、そして最後に⑧参謀本部員の排他性と独立性である。以上が、普仏戦争から歴史家が世代を超えて飽くことなく描き続けてきた組織に特有の特徴だったのである。

アメリカ陸軍

アメリカ陸軍省参謀本部はエリフ・ルートによって一九〇三年に設立され、多くの面で意識的にドイツの制度を模範としていたが、当初から性格は異なっていた。陸軍省参謀本部はその名称が示すように、陸軍省であると同時に参謀本部でもあった。ドイツの組織に比べ、全般的な管理と戦時における陸軍の指揮を組み合わせた性格が非常に強く、要員の訓練もそれに合わせて行われていた。その結果、例えばパーシングが一九一七年に戦争に赴くと、最も高次のレベルで作戦を統制する参謀組織がないことが分かり、自ら育成せざるを得なかったのである。[62]

参謀本部での勤務に備えた育成は二段階で進められた。一九〇一年、フォート・レヴンワースにあった歩兵学校と騎兵学校が指揮幕僚学校へと発展・改編され、有能ゆえに推薦された士官（通常は少尉）が参謀業務を学ぶ一年の課程が設置された。その修了生は陸軍全体で広く参謀として用いられたため、ドイツにおける同等の集団である部隊参謀本部員（Truppengeneralstab）〔各種部隊で参謀として勤務する参謀本部員〕に比べると、実質的にかなり弱い存在となった。

参謀本部勤務に向け士官を育成するため、一九〇四年に陸軍戦略大学（War College）が設立された。だが、一九二二年まで陸軍戦略大学の修了が参謀本部勤務の前提条件とされることはなかった。陸軍戦略大学に選抜されるには指揮幕僚学校の修了が第一条件であったが、抜群の能力評価を受けた士官はこの段階を省略できることも少なくなかった。陸軍戦略大学入校の有資格者が列挙された非常に栄誉ある士官名簿が作成され、他の士官の奮起を促すために公表されていた。例えば、一九二八年の名簿には、一四〇〇人の正規士官と一二五人の州兵士官の名前が掲載されていた。毎年何人が陸軍戦略大学に入校したかははっきりしない。同大学の課程は一年間であった。

一九二八年に陸軍戦略大学長補佐が新入生に行った講義によると、同大学の任務は、①戦争の遂行に関わる政治的、経済的、社会的問題を含め、より高次の段階で野戦を行うための士官の育成、②陸軍省参謀本部の業務に関する教育、③海軍との統合作戦に向けた訓練、④特に第一次世界大戦を含む過去の紛争の戦略、戦術、兵站についての教育であった。[63]実際に、カリキュラムでは国際関係、経済、産業、軍種間の問題が重視されていた。なぜなら、同大学の目的は戦場での指揮のために士官を訓練するのではなく、陸軍省の全般的な管理業務に備えることだったからである。

学習は主に実践を通じて行われた。各種の委員会、会議、部外講義は学生自身が管理していた。教官と学生の関係は堅苦しくなく、表現の自由が奨励されていた。[64]

総括すると、アメリカの陸軍戦略大学はドイツのものとは大きく異なっていた。ドイツの陸軍大学校は参謀本部と野戦部隊の双方での勤務のために参謀を訓練していた。これに対し、アメリカの陸軍戦略大学は陸軍省での業務を行う上級管理者を育成しており、この点は入校の年齢制限の上限が五二

62 Pershing Report, *Infantry Journal* 15 (1919):691, 692.
63 Col. J. L. de Witt, Lecture, 4 September 1928, Center of Military History files, unnumbered, pp. 19-20.
64 G. S. Pappas, *Prudens Futuri; the US Army War College 1901-1967* (Carlisle, Pa., n.d.) ch. 6.

歳であったことにも示されている。したがって、アメリカの陸軍戦略大学は主たる選抜の手段として活用できなかったし、むしろ選抜が始まるのがドイツの制度よりも遅かったというべきかもしれない。アメリカの参謀本部員はドイツと比べると排他的ではなかった。参謀本部では試用期間はなかったが勤務は四年に限定されており、それ以降は自分の兵科や職種に戻ることになっていた。この点はアメリカにおけるエリート主義への恐れが何らかの影響を与えた可能性があり、また一九三三年まで参謀本部員に独自の記章が与えられなかった事実とも関連しているかもしれない。

陸軍戦略大学の組織や目的を踏まえると、第二次世界大戦中に必要とされた多数の参謀を育成することは当然ながらできなかった。その代わりに、一九四〇年からフォート・レヴンワースで開設された八週間の課程で数多くの参謀が訓練されたのである。

人員数と配置

ドイツ陸軍

第一次世界大戦前の帝政ドイツ陸軍は七五万一〇〇〇人であった。そのうち、二万九〇〇〇人(三・八%)が現役士官であった。動員によりさらに八万一〇〇〇人の予備役士官が加わり、陸軍兵力四〇〇万人に達する中で、士官は一二万人(三・〇%)に上った。[65]

第一次世界大戦中に実際に勤務した士官の総数(現役・予備役の双方)は、二七万二〇五三人とされている。[66] この数字が正しければ、四年間の戦争における陸軍勤務者全体の約二・一%に相当する。この事実は、ドイツ陸軍が士官の不足を受け入れたが、質については妥協しなかった姿勢を示している。

様々な兵科や職種への士官の配属について得られる情報はほとんどない。一九一四年の時点において、技術的に最も単純な兵科である歩兵は士官が配置される割合が、陸軍全体と比べて相対的に低かった。歩兵は全兵力の六五%を占めていたのに対し、全士官に占める割合は五三%に過ぎなかったのである。平時における士官比率は、歩兵一個大隊で兵力の二・六四%から(猟兵《イエーガー》大隊の場合で)三%であった。[67]それゆえ、陸軍全体と前線の歩兵大隊における士官の割合の差はわずかであった。

ベルサイユ条約で士官は四〇〇〇人(全兵力の四%)まで認められた。この条約枠に加え、採用状況が好ましかったにもかかわらず、一九三三年時点での実数は三六〇〇人に過ぎなかったと言われている。同じ年にワイマール共和国軍には将官が四七人いたため、その全兵力に対する比率は一対二一〇〇であった。兵科や職種別の将官の分布に関する詳細は不明である。

一九三四年に再軍備が始まると、陸軍から新設された空軍に五〇〇人の士官が移籍した。一九三四年に約一一〇〇人の士官が新たに加わり、一九三五年に同規模の増員があったため、総数は約五〇〇〇人となった。ただし同時期に陸軍全体が一五〇%増加したので、士官の割合は半分に低下した。

一九三五年に士官がさらに空軍に移籍したものの、下士官の昇任、予備役の動員、警察官の編入、士官の新規任用によって、二四〇〇人の純増を達成できた。一九三六年までに、約一万八〇〇人の士

65 MGFA, ed., *Handbuch*, 5:90-91, 7:353.
66 Demeter, Das deutsche Offizierkorps, p. 47.
67 H. Metz, "*Die deutsche Infanterie,*" in *Die deutsche Wehrmacht*, ed. Wezell (Berlin, 1939), p. 169.

表11-6　ドイツ陸軍における士官の分布

（人）

	総兵力	士官
野戦軍	2,741,064	81,314（2.98%）
国内予備軍	996,040	24,080（2.41%）
歩兵師団の内訳		
戦闘部門	13,462	457（3.34%）
後方支援部門*	4,293	83（1.93%）
歩兵師団計	17,755	540（3.01%）

出典：B. Mueller-Hillebrand, *Das Heer*, 3 vols.（Frankfurt am Main, 1969-）, 3:255. 歩兵師団における士官の数については87ページの表6-9を参照

＊　野戦補充大隊を含む

注：括弧内の数値は総数に占める割合

官のうち、半数以上が一九三三年以降の任官者であった。だが、士官の割合の低下は続き、ようやくワイマール期の比率の半分に再び回復したのは一九三七年秋であり、その時点の兵力は五九万人に達していた。[68]

一九三八年、オーストリア軍の編入は兵力面では歓迎すべき増員をもたらした。オーストリア軍の士官は比率的にドイツよりも高かった（兵力五万八〇〇〇人のうち、三・六%にあたる二一二八人）が、その大部分は年配者であった。結果的に一六〇〇人しか国防軍に移管されず、将官の五五%以上が退役を余儀なくされた。[69]

一九三九年九月一日時点の動員時の状況が表11－6に示されている。

一九四四年七月、連隊レベル以下の野戦軍の士官の割合は総兵力の三・七%であり、それより上のレベルでは三・二%であった。[70] その差はそれほど大きくなかったものの、前線に近い部隊であるほど士官の数は多くなった。

一九四四年時点における国防軍の士官の分布は表11－7に示されている。

この表によると、全士官の七〇%が部隊に配置されていたのに比べ、管理部門の士官は全体の一七・四%に過ぎなかった。全現役士官の七四・二%が部隊に配置されていたのに対し、予備役士官は六七・七%にとどまった。現役士官が比率的に最も多かったのは軍判事と、この時期には大半が障害

表11-7　ドイツ軍士官の類型別分布

（人）

士官	総数	現役	予備役
兵科	245,000	55,000（22.4%）	190,000（77.5%）
衛生科	28,000	3,000（10.7%）	2,500（89.3%）
獣医科	9,000	1,000（11.1%）	8,000（88.9%）
国土防衛	5,800	2,800（40.7%）	3,000（59.3%）
管理科	61,000	11,000（18.0%）	50,000（82.0%）
輸送科	4,800	1,000（20.8%）	3,800（79.2%）
判事	1,200	400（33.3%）	800（66.6%）
計	354,800	74,200（21.5%）	280,600（78.5%）

出典：D. Bachlin, "Deckung des Offiziersbedarf in deutschen Heer während des 2. Weltkrieg," U. S. Army Historical Division Study D 110（n.p., n.d.）p. 22.
注：括弧内の数値は総数に占める割合

のある兵員から構成されていた国土防衛隊であった。これらの例外を除けば、現役士官はかなり均等に配分されていた。

戦前および戦中の様々な時点における階級別の現役士官の分布は、次ページの表11－8に示されている通りである。

表11－8の右端の列〔一九四三年五月〕には全士官の約二〇%しか含まれていないが、陸軍全体の将官数の減少（一九三二年には二一〇〇人中一人、一九四四年には四六〇〇人中一人の比率）から、階級のインフレはなかったことが明らかである。[71]実際、その逆のことが起こっていた可能性がある。一九四四年の時点で、国防軍では数百の大隊を少佐や大尉が率いており、さらには中尉でさえも指揮していたのである。[72]

一九四四年五月、ドイツ陸軍では歩兵科五一五七人、機甲

68 MGFA, ed, *Handbuch*, 7:308.
69 Ibid., p. 310.
70 Tagesbuch Heerespersonal Amt, 19 July 1944, Bundesarchiv/Militärarchiv (hereafter BAMA), H4/12.
71 Bachlin, "Deckung des Offiziersbedarf," pp. 22-23.
72 W. Keilig, *Truppe und Verbände der deutsche Wehrmacht*, 7 vols. (Wiesbaden, 1950-), 3:204/1.

表11-8　1932〜43年におけるドイツ士官団（現役）の階級構成

（人）

階級	1932年5月	1936年10月	1938年10月	1943年5月
元帥	—	1	—	15
上級大将	—	1	3	18
大将	3	16	31	141
中将	14	41	87	369
少将	27	91	140	501
将官計	44（1.18%）	150（1.77%）	261（1.59%）	1,044（2.44%）
大佐	105	328	472	325
中佐	191	421	872	448
少佐	374	1,139	1,303	4,304
大尉	1,097	2,466	3,161	7,794
中尉	1,275	1,584	2,006	11,126
少尉	638	2,366	8,283	11,418
総計	3,724	8,454	16,358	42,709

出典：1932〜38年については、Militärgeschichtliches Forschungsamt, ed., *Handbuch zur deutschen Militärgeschichte*, 7 vols.（Frankfurtam Main, 1965-）, 5:373による。1943年の数字については、W. Keilig, *Truppe und Verbände der deutsche Wehrmacht*, 7 vols.（Wiesbaden, 1950-）, 3:203/21に依拠している

科一四〇七人、砲兵科一八二七人、工兵科五五一人、通信科四二九人、補給科五一六人、そして各職種部隊や保安師団などで三〇〇〇人の士官が不足しており、合計で一万二八八七人が欠員となっていた。[73] そうした状況でも、士官をどう扱うかという問題は生じなかったのである。

アメリカ陸軍

一九四三年末の時点で、アメリカ陸軍（航空軍を含む）には約六〇万人の士官が在籍していた。そのうち、一万五〇〇〇人（二・五％）は真珠湾攻撃以前からの正規士官であり、一万九〇〇〇人が州兵、一八万人は予備役出身であった。一〇万人は民間から直接任用された軍医、管理者、従軍牧師などからなる専門家が大半であり、三〇万人は士官候補生学校や航空学校を経ていた。[74]

アメリカ陸軍における士官の割合は、常にドイツ軍よりもかなり高かった。一九四〇年の時点で、兵力二四万三〇九五人のうち士官は一万四〇〇〇人（五・七五％）を占めていたが、ヨーロッパ戦勝日には兵力八二九万九九三人のうち八八万五六四五人（一〇・六％）まで高まっていた。[75]この数字には約五万七〇〇〇人の准士官や航空士官が含まれている。

士官の階級別分布は表11－9に示されている。

一九二八年時点では少佐が少尉を数で上回っていたため、士官団は明らかに上部が重い《トップ・ヘビー》状態であった。それに対して一九四四年時点で、陸軍は幹部候補生学校を卒業して間もない若手士官（少尉から大尉）が過剰となっていた。

一九四四年一二月時点での陸軍では、全兵力五五〇万六一九七人のうち、士

表11-9　1928年と1944年時点におけるアメリカ士官団の階級構成

（人）

階級	1928年	1944年1月
大将	データなし	5
中将	〃	28
少将	〃	303
准将	〃	860
将官計	〃	1,196
大佐	531	7,854
中佐	660	19,558
少佐	2,172	48,280
大尉	4,142	130,422
中尉	2,774	182,294
少尉	1,464	283,081
総計	11,743	672,695

出典：1928年時点のデータは、Hearings before Subcommittee 1 of the Committee on Military Affairs, House of Representatives, 25 January 1924による。1944年時点のデータについては、War Department, ed., *World Wide Strength Index*（n.p., n.d.）p. 4に依拠している

73　Ibid., 3:204/4.
74　Palmer, "Procurement and Training," pp. 92-93.
75　これらの数値は、Greenfield, *The Organization of Ground Combat Troops* (Washington, D.C., 1947), pp. 1-2, 210による。

表11-10　アメリカ陸軍の全兵員に占める士官の比率の分布

（%）

小銃中隊*1	歩兵連隊*2	歩兵師団*3	第六軍*4	海外戦線*5	内地*6
3.5	5.0	5.7	6.2	8.5	9.1

出典：S.A. Stouffer et al., *The American Soldier*, 4 vols.（Princeton, 1949）, 2:8; Replacement Board, Department of the Army, "Replacement System World Wide, World War II"（Washington, D. C., 1947）, bk. 6, parts 83 and 81; U. S. War Department, ed., *World Wide Strength Index*（n.p., n.d.）, p. 11.

*1　1944年6月6日時点の実兵力

*2　1945年4月10日時点の編成定数

*3　1944年秋時点における第六軍所属の六個歩兵師団の平均実兵力

*4　1944年秋時点の実兵力

*5　陸軍航空軍を除く実兵力

*6　総兵力から内地の兵力を差し引いて計算

官は四八万五一八五人（八・八%）を数えた。[76] 士官は陸軍地上軍で一〇〇〇人中五四人、陸軍後方支援軍では一〇〇〇人中九七人の比率とされていたため、約五万人の余剰があったと算定できる。[77] この余剰を解消するために、部隊では既に士官の超加枠（overstrength）が承認され、具体的には内地で二五%、海外で一五%の超過が認められていた。一九四四年一二月には、各師団に最大二〇〇人の尉官からなる特別中隊の編成さえも許可されていた。[78] しかし、これらすべての措置に効果がなかったことは明らかであり、全死傷者の七〇%を占めた歩兵科がとりわけ重大な例外ではあったが、陸軍の士官の余剰は終戦まで続いたのである。[79]

表11－10は、各部隊、戦域、兵科、職種の全兵員に占める士官の比率を示している。

内地で言えば、陸軍後方支援軍の士官は全兵員の九・三%を占めていたのに対し、陸軍地上軍では七・〇%に過ぎなかった。[80] この数字から、実際の戦闘が行われている地域から離れた部隊ほど、士官の割合が高かったことが完全に明らかになる。[81]

戦死者

ドイツ陸軍

第一次世界大戦におけるドイツ陸軍の戦死者は、表11―11のように分類できる。

一九三九年九月一日から一九四四年一二月三一日までの時期については、同じく戦死者数のみが対象であるが、次ページの表11―12に示されている通りである。

これによれば、戦争初期には士官の戦死率は全兵員のそれの二倍に達した。一九四四年には陸軍全体における士官の比率が二・五％を切るほど低下していたものの、それでも戦死率は全兵員の一・五

表11-11　第一次世界大戦における階級別戦死者数

（人）

現役士官	11,357（24.7%）
予備役士官	35,494（15.7%）
下士官・一般兵士	1,751,809（13.3%）

出典：Volkmann, *Soziale Heeresmisstände als Mitursache des deutschen Zusammenbruchs* (Berlin, 1929), p. 35.

注：より詳細な数字については、C. von Altrock, *Vom Sterben des deutschen Offizierkorps* (Berlin, 1922), p. 57 を参照

訳注：括弧内の数値は総数に占める割合

76 Replacement Board, "Replacement System World Wide," bk. 2 part 19.

77 Palmer, *Procurement and Training*, p. 105.

78 Adjutant General's Directive, 27 March 1942, No. AG 320 (3-20-1942), NA file 407/4103/12/3/B; また、Department of the Army, ed., *The Personnel Replacement System of the U.S. Army*, p. 446.

79 Palmer, *Procurement and Training*, p. 105.

80 War Department, ed., *World Wide Strength Index*, p. 11.

81 アメリカ陸軍において士官の比率が高かったのは、より大規模な機械化の結果のせいだけではない。このことは、現在のドイツ国防軍の師団は兵員の三・六％しか士官がいない点からも示されている。

表11-12　第二次世界大戦における階級別・年別のドイツ戦死者数

（人）

年	総数	士官
1939-40	73,829	4,357（5.9%）
1940-41	138,301	7,831（5.6%）
1941-42	445,036	16,960（3.8%）
1942-43	418,276	16,484（3.9%）
1943-44	534,112	20,696（3.9%）
1944-45　（1944年12月まで）	167,335	5,304（3.2%）
総計	1,776,889	71,632（4.0%）

出典：Heeres Personal Amt file, "Verluste der Wehrmacht," Bundesarchiv/Militärarchiv HG/737.
訳注：括弧内の数値は総数に占める割合

表11-13　第二次世界大戦におけるドイツ士官の戦役別の死傷者・行方不明者

戦役	全損耗に占める士官の損耗（%）		
	戦死	負傷	行方不明
ポーランド（1939年）	4.60	1.95	1.35
フランス（1940年）	4.85	3.10	2.00
ソ連（1941年8月3日まで）	5.45	3.65	1.90
ソ連（1941年10月1日まで）	4.37	3.25	1.74
ソ連（1941年12月31日まで）	4.27	3.16	1.75
ソ連（1942年9月10日まで）	3.82	2.89	1.40
ソ連（1944年7月31日まで）	3.40	2.85	2.62
ソ連（1944年12月31日まで）	3.20	2.86	3.01
1944年12月31日までの野戦軍総計	4.07	データなし	1.68

出典：B. Mueller-Hillebrand, "Statistisches System," U. S. Army Historical Division Study PC 011 (Koenigstein Ts., 1949), pp. 119-20.

表11-14　第二次世界大戦中のドイツ陸軍における年別、類型別、階級別の非戦闘要因の死者

（人）

年	事故・自殺・疾病		死刑判決	
	総計	士官	総計	士官
1939-40	14,138	986（6.9%）	519	3（0.6%）
1940-41	21,296	1,601（7.5%）	447	—（0.0%）
1941-42	38,252	2,333（6.0%）	1,637	10（0.6%）
1942-43	44,117	2,501（5.6%）	2,769	30（1.6%）
1943-44	45,312	2,447（5.9%）	4,118	51（1.2%）
1944-45（1945年12月31日まで）	15,186	529（3.9%）	206	9（4.3%）
総計	178,301	10,397（5.9%）	9,696	103（1.0%）

出典：Bundesarchiv/Militärarchiv, HG 737.
訳注：括弧内の数値は類型別総数に占める割合

倍を超えていた。[82] このように、戦死者に占める士官の比率が相対的に高いという状況は、分析対象となったすべての作戦や個々の部隊について当てはまった。[83]

ここで、士官の死傷者を類型化すると、表11－13に示されているような全体像が浮かび上がってくる。つまり、士官は戦死者が並外れて多かったのに対し、戦傷者についてはその構成比とほぼ同じであり、（ソ連とフランスの双方で大規模な包囲戦が行われた一九四四年後半を別にすると）行方不明者については著しく少なかった。同じことは、分析対象となった個別の部隊にも当てはまった。[84]

最後に、非戦闘要因による士官の死者数について、一般兵士や下士官と比較することができる。その結果は表11－

82　Keilig, *Truppe und Verbände*, 3:204/1.
83　例えば、第六軍団（一九四一年六月二二日から一九四二年一〇月二日）や第九軍（一九四二年七月三〇日から八月一〇日）。BAMA file 29234/9. また、一九四四年七月一日から一二月三一日までのフランスにおけるB軍集団。BAMA file HG 737.

14に示されている。この表は、士官に加わったさらなる重圧を示す指標として有用かもしれない。

アメリカ陸軍

ある資料によると[85]、第二次世界大戦におけるアメリカ陸軍の戦闘における死傷者（戦死者、戦傷者、行方不明者、捕虜、抑留者）の総数は九四万八五七四人であり、そのうち一〇・五％にあたる九万九五四人が士官であった。戦死者一七万五四〇七人の一四・〇％に相当する二万四五六四人が士官であり、戦傷者については五九万八五二八人（戦傷が原因で後に死亡した者も含む）の六・六％にあたる三万九九三六人、行方不明者、捕虜、抑留者については一七万四六三九人の一九・七％に相当する三万四四八七人であった。したがって、士官の戦死者はその構成比を上回っており、戦傷者ではそれを大きく下回っていたが、行方不明者、捕虜、抑留者に関しては大きく超過していた。死傷者全体における士官の割合は、陸軍全体で彼らが占める比率を超えてはいたが、その差は小さかった。

これらの数字はドイツとは大きく異なるパターンを示しており、この違いはアメリカ陸軍には航空軍が含まれていたという事実でしか説明できない。航空軍では六人に一人が士官であり、さらに航空機搭乗員ではその比率がもっと高かった。このことは、行方不明者、捕虜、抑留者の数が不釣り合いに多い点を概ね説明している。

地上部隊に限れば、戦闘における死傷者は八二万九七六〇人を数え、そのうち五・八％にあたる四万八二一六人が士官であった。また、戦死者の六・六％、戦傷者の五・五％、行方不明者、捕虜、抑留者の五・三％を士官が占めていた。これらの数字は、陸軍における士官の比率よりもかなり低かったが、一〇〇〇人中五四人であったと言われる陸軍地上軍における士官の比率とはほぼ一致していた。

表11-15　アメリカ陸軍における非戦闘要因による類型別・階級別入院率*

（入院件数）

入院理由と入院地域	士官	一般兵士
全地域の非戦闘要因による入院者	507	680
アメリカ本土	480	678
すべての海外戦域	554	683
疾病による入院者	454	601
アメリカ本土	434	611
すべての海外戦域	490	588
非戦闘要因での負傷による入院者	53	79
アメリカ本土	46	67
すべての海外戦域	64	95

出典：U.S. Army, Medical Department, *Medical Statistics in World War II* (Washington, D. C., 1975), p. 27.

＊　1942～45年における兵員1,000人（男子）当たりの入院件数

つまり、陸軍地上軍の士官はその比率に見合った死傷者を出していたものの、その率を大きく上回る数ではなかった。他方、陸軍後方支援軍で難を逃れていた大多数の士官は、明らかにそれには当てはまらなかった。陸軍後方支援軍の部隊では、士官の比率が一〇〇〇人中九七人であったが、通信隊における全死傷者の七・二%、補給部隊では五・三%を占めるに過ぎなかった。それ以外の職種についても同様の数字が見られる。

　この解釈は、ヨーロッパ作戦戦域（ETO）の死傷者報告書の分析によって裏付けられる。Dデイ〔ノルマンディー上陸作戦の開始日〕からその九〇日後（一九四四年九月六日）まで、ETOにおける

84　第二〇山岳軍（一九三九年九月一日から一九四五年一月三一日まで）。BAMAHG/737. 第六軍（一九四一年六月二二日から一九四二年一〇月三一日まで）BAMA 29234/9. また、南方軍集団（一九四一年六月二二日から一九四四年一〇月三一日まで）ObKdo HG Süd/IIa/Nr. 3052/44g, 16 November 1944, BAMA RH 19/v/55による。

85　Department of the Army, *The Army Almanac* (Washington, D.C., 1950) pp. 667-68. 非戦闘要因による死傷者も含まれるため違いはあるものの、別の数値については以下に収録されている。Department of the Army, Statistical and Accounting Branch of the Adjutant General, *Army Battle Casualties and Nonbattle Deaths in World War II* (n.p., n.d.), p. 5.

全死傷者の八二・九％を歩兵が占めたのに対し、後方支援部隊（工兵部隊、医療部隊、通信隊、補給部隊、憲兵隊、化学戦部隊、輸送部隊の合計）の死傷者はわずか九・四％であった。だが、一九四四年一二月二一日の時点で、ＥＴＯ（地上部隊）の全士官のうち、歩兵は一九・二％に過ぎず、四〇・七％は先述の後方支援部隊に所属していた。つまり、後方支援部隊の士官の数は、実際は歩兵科士官の二倍を上回っていたのである。[86]

ここで非戦闘要因による死傷者に目を移すと、その全体像は表11－15によって明らかとなる。

ここで示される情報には少なくとも二つの解釈の余地がある。一つは、士官が入院するのは重病や重傷の場合に限られていたという解釈である。この解釈に立てば、一般兵士に比べて入院者が少なく、回復に時間がかかったという事実が説明できよう。だが、疾病や非戦闘要因による負傷の割合をストレスの指標と解釈するなら、アメリカ陸軍の士官は一般兵士に比べて待遇が良かったため、入院の可能性が低いうえに、入院しても優遇されたということになる。証拠が不足しているため、読者自身の判断が求められよう。

86　Replacement Board, "Replacement System World Wide," bk. 8 part 42.

第12章 結論

この結論章には二つの目的がある。第一に、ドイツ陸軍の高い戦闘力の秘密を総括すると同時に、アメリカ陸軍の戦闘力の弱さを招いた非常に異なる組織構成について説明せねばなるまい。第二に、より重要な点であるが、戦闘力をめぐる全体的な問題をより幅広い観点から位置付ける必要がある。この目的を達成するため、三つの問いを投げかけ、それぞれに回答を試みる。具体的には、①戦闘力を生み出すうえで民間の組織とは異なる軍隊の特徴は何か、②現代技術による組織変化の影響下で、戦闘力をいかに、どの程度維持できるのか、③現代戦を左右する様々な要素との関連で戦闘力の果たす役割は何か、という問いである。

ドイツ陸軍についての考察

ドイツ陸軍は卓越した戦闘組織であった。士気、気概、部隊の結束力、強靭性の面では、おそらく二〇世紀の軍隊では比類なき存在であった。[1]

国家社会主義思想による教化や軍の社会的地位の高さ、そして民族性の特異な性質（ですら）も、こうした成果をもたらすうえで一定の役割を果たしたであろう。だが、もしドイツ陸軍の内部組織がなければ、いずれの要素も効果を発揮しなかったであろう。この組織こそが数世紀にわたる発展と敗北から意識的に学び取った教訓の産物であり、その存在によって戦闘力を生み出し、維持することに成功を収めたのである。

第二次世界大戦において平均的なドイツ兵には精神的に異常な傾向はなかった。彼らは社会的名声を得るために戦ったわけではなく、少なくとも一九四一年冬以降はそうであった。また、一般的に、ナチスのイデオロギーに対する信念から戦ったわけでもなかった。実際には、その逆の方が真実に近い場合が多かったかもしれない。[2] その代わりに、いつの時代も人間が戦ってきた理由でドイツ兵も戦った。つまり、結束力が強く、優れた統率の下にある組織の一員であると認識しており、責任逃れする人間（Drückenberger）や「金鶏《きんけい》（きらびやかな制服に身を包んだ党の回し者）」はいたものの、組織の構造、管理、機能は全体的に公平かつ公正と認識されていたからである。

ドイツ陸軍はクラウゼヴィッツの原則（独立した意志の衝突としての戦争）を基礎に構築され、伝統的に厳しい経済的・物質的制約（絶対的にも、二正面戦争で対峙する敵国と比べても）に縛られてきた。そのため、戦争の作戦面にひたすら集中し、それ以外の全てを無視したとは言わないまでも、疎《おろそ》かにした。ドイツ陸軍はまず何よりも戦闘部隊であり、そのドクトリン、訓練、組織はすべて狭義の戦闘に備えていた。機能に関する任務と成果に関する任務のバランスをとるために、兵站、行政、管理については比較的わずかな資源しか割かず、時にはそれが過小となることもあったであろう。また、ドイツ陸軍は最も優秀な兵員を組織的かつ持続的に前線に送り込みつつ、後方については意識的かつ意図的に弱体化させていた。給与、昇進、叙勲などの面でも、戦闘要員を生み出し、彼らに報いるように制度設計されていた。ドイツ陸軍は質を追求し、それを達成したのである。ここにその戦闘力の秘密があることは疑いない。

ドイツ陸軍は作戦に一心に集中したため、アメリカ陸軍と同じ水準まで科学的管理手法を発展させる必要性はなかったし、その組織は現代の基準のみならず、当時の基準から見ても多くの面で原始的であった。ドイツ陸軍は機械的管理手法や点数制を用いておらず、この点は戦後にドイツ兵を尋問したアメリカ軍士官にとって大きな驚きであった。[3] また、世論調査、社会福祉の専門家（ソーシャル・ワーカー）、または精神分析学を活用しなかった。ドイツ陸軍は限られた量の統計情報の収集で十分

---

1 ドイツ陸軍に匹敵するものとして一九六七年のイスラエル陸軍が想起されるが、第三次中東戦争は六年間ではなく、六日間で終わった。

2 一九三〇年代には多くの人々が陸軍に「移住」したが、それはまさしく陸軍が非ナチ、あるいは反ナチとみなされていたからであった。

3 まさしくこうした尋問を契機にドイツの元士官による研究が生まれたのであり、本書もその成果にかなり依拠している。

だとし、原則として数理モデルは用いなかった。

こうした後進性をもたらした原因の大半は、（事務機器の活用を拒否するという）保守主義、（世論調査の活用を否定するという）関心の欠如、（フロイトを拒絶するという）ナチスのイデオロギーなどの否定的要因によるものであった。しかし、肯定的要因がもたらした成果でもあり、例えば、一部の詳細な情報を不要とする決定は、中間指揮官の地位が脅かされる事態を防ぐとともに、部隊に課せられる事務負担の軽減という意向を反映していたのである。ドイツ陸軍による管理の簡素化し、形式主義を排除する取り組みでは、一九四二年以降のとにかくほぼあらゆるものが不足していた状況が非常に有利に働いた。こうして必要性を美徳へと転化することができたのである。

したがって、アメリカ軍の司令部が必要不可欠とみなす情報は、ドイツの司令部では入手できないことが多かった。たとえ情報が入手できた場合でも、機械化された情報処理の手法が欠如していたため、その効率的な活用が妨げられた。それゆえ、ドイツのあらゆる階層の指揮官は本質的要素の選択と集中を行い、詳細は部下に委ねざるを得なかったし、その必要性はアメリカ軍の指揮官よりはるかに大きかった。この本質的要素を徹底的に重視する姿勢は、①任務型戦術〔指揮官は目標を示し、それを達成する方法は部下に委ねた戦術〕制度、②細心の注意を払った士官の選抜方法、そして、③全員の能力評価と参謀要員のそれとの間の明確な区別というわずか三つの事例でも示されている。

この点での両者の違いは思考過程や言葉遣いにも反映されている。ドイツの士官がある任務に直面した際に自問するのは、「問題の核心は何か」である。戦争に対する「工学的アプローチ」の教育を受けたアメリカの士官であれば、「問題の構成要素は何か」と問うであろう。[4]

こうした違いは明らかであったものの、問題の核心には決して到達していない。最終的には、ドイツ陸軍の組織制度は意図的な選択を反映したもの、つまり戦争の遂行において決定的とされる要素をいかなる犠牲を払っても維持するという自覚的な決意の表れだったのである。その要素とは、相互信頼、責任を担う意志、そしてあらゆる階層の下級指揮官が独自に決断し、実行に移す権利と義務であった。

自立性を育むためには自由を与える必要があった。兵士に責任感を促すためには権限を委譲しなければならなかった。信頼を築くためには、信頼性と長期的な人間関係の構築が欠かせなかった。そもそも、これらへの配慮の直接的な産物がドイツの規則であり、アメリカのものと比べると詳細に立ち入らず、前もって解決策を明示することはなかった。分権的な管理制度が大きく依拠していたのは、個々の指揮官や兵員の直感とまでは言わないものの、彼らの裁量であったが、それと同時に彼らの双肩には一貫して完全な責任が直接かかっていたのである。信頼性と信頼の絶対的な前提条件である親密さの醸成を促すために、補充制度はかなりの管理・技術上の問題をあえて引き受けたのである。

つまり、ドイツ陸軍は個々の戦闘要員の社会的・心理的欲求を中心にして組織されていた。とりわけ心理的欲求についてはまさしく決定的とも言える重要性が完全に認識されており、その重要性に応じてドイツ陸軍のドクトリン、指揮手法、組織、管理は形作られていたのである。

しかし、これらのすべてが意味するのは、ドイツ兵が特にアメリカ兵と比べて甘やかされていたと

4　ドイツの軍事に関する著作に見られる主要用語は英語に対応する用語がなく、実際にほとんど翻訳不可能な点は興味深いし、決して些末なことではない。それらの用語には、「軍の統率（Truppenführung）」や「責任を担う姿勢（Verantwortungsfreudigkeit）」に加え、もちろん「戦闘力（Kampfkraft）」そのものが含まれる。

いうことではない。むしろ、その逆が真実であった。ドイツ陸軍は何よりも常に戦闘組織としての自覚を持ち、その人員の扱いは戦闘効果を最大化することを唯一の目的として設計されていた。ドイツの士官向け教範では、部下の面倒を見る必要性は戦闘力を維持することの重要性に次ぐものであり、そのための機能の一つとされていたのである。

しかし、これには裏の側面も存在する。まさにドイツ陸軍の実力はほぼ完全にその組織自体の優秀さに依存していたがゆえに、最も頑強に戦うことができると同時に、無数の無辜の民を冷酷に虐殺することも可能であった。組織による強力な統制が兵員におよんでいたため、彼らはどこで、誰と、なぜ戦っているかについて全く無関心であった。彼らは兵士であり、任務を果たしただけで、その任務が南方での攻勢作戦、北方での防勢作戦、あるいは中央での残虐行為であろうと関係なかったのである。

史上最大の軍事作戦であり、ソ連への侵攻作戦であった「バルバロッサ」作戦の前夜に認《したた》めた日記で、フリードリヒ・ザクセは次のように記している。

噂が飛び交っている。ドイツ軍の大規模な配備はイラクへの自由通行をソ連に認めさせるのが目的……あるいはコーカサスかティフリスが目的なのか。ある尉官は、自分の師団はインドに向かうと言っている。ソ連と戦うことになるという者もいる。いずれ分かるだろう。いずれにせよ、我々は早くどこかに行きたいのだ。[5]

かの偉大なドイツ通であるアドルフ・ヒトラーが、ほぼ同時期に違う文脈［クレタ島陥落の祝賀演説」で述べたように、「ドイツ兵は万能！」だったのである。[6]

アメリカ陸軍についての考察

一九四〇年から一九四五年にかけて、アメリカ陸軍は士官と一般兵士合わせて二四万三〇〇〇人の戦力から、八〇〇万人を超える軍へと膨張した。世界で最も軍事化の程度が低い国家の一つであったアメリカにおいて直近まで民間人だった兵員からなる八九個師団をもって海を渡り、史上最も高度に軍事化した二カ国を打倒するうえで決定的な役割を果たしたのである。アメリカ以外の国家にそのような偉業を成し遂げられたかどうか疑わしい。マーシャル大将が「勝利の組織者」と称されたのは、まさしく理由がないわけではなかったのである。

アメリカ陸軍の欠点の大半は、あまりに急速な膨張の直接的な結果であった。また、それ以外の客観的要素も影響を与えた。例えば、長大な連絡線ゆえに、アメリカの士官はドイツの士官のように前線勤務で訓練されなかったし、師団単位人員数が多数に上った原因にもなった。また、士官の絶望的な不足も一因であった。こうした要因は、アメリカの制度が非常に中央集権化され、その結果としてあれほどの機械的な管理手法を用いざるを得なかった理由の一部を説明している。

また、経験不足もアメリカ陸軍を形作るうえで影響を与えた。しかし、経験不足で説明するには限

5 F. Sachsse, *Roter Mohn* (Frankfurt am Main, 1972), pp. 94-95.
6 "Dem deutsche Soldat is nichts unmöglich!" Speech of 31 May 1941 in honor of the fall of Crete.

界もある。個々の補充兵が戦友や指揮官と離れて一つの集結地から次へと移動することが容認され、周囲の人間から自分の名前すらも知られずに戦闘に投入された冷酷な補充制度は経験不足では説明できない。[7] また、最も危険度の低い場所で勤務する士官が最も早く昇進する制度も、経験不足では正当化できない。精神的傷病者をめぐるすべての問題への対処方法は（第一次世界大戦で得た第一級の経験を踏まえれば）経験不足では言い逃れできない。叙勲制度の動きが遅かったのは、経験不足ではなく、純粋に単純な官僚制度の非効率性で説明できる。さらに、軍事司法制度で兵員が犯した軍法上の犯罪が些細な問題であるかのように扱われたのも経験不足のせいではない。そうした扱いは、平時であれば称賛の対象になるかもしれないが、戦時には許しがたい緩みでしか説明できない。

　これらの各要素について指摘しておくべき点は、いずれも「機械的」な運営能力が含まれていなかったという事実である。この能力の面では、アメリカ陸軍はほとんどドイツ陸軍と同等か、はるかに勝っていることも少なくなかった。例えば、これまで見てきたように、アメリカの師団はドイツよりも余剰戦力が著しく多いというわけではなかった。ドイツ軍が夢にも思わなかったほどの兵站能力をアメリカ陸軍が発展させたことは言うまでもない。だが、アメリカ軍の弱点はこうした分野ではなく、兵士の最も基本的な心理的欲求に対する関心の低さにあった（逆説的ではあるが、「心理学」を方便として広く受け入れる姿勢と融合していた）のである。具体例としては、指揮官タイプではなく特技兵の下士官に特別な訓練を施す制度が挙げられる。さらに顕著なのは戦傷者の扱いであった。アメリカの医療部隊は救命の面ではドイツよりもはるかに優れていたのに対し、この事実が士気に与えた影響は回復後の戦傷者の取り扱いによって相殺されてしまったのである。

　ここで問題の核心に立ち戻ると、アメリカ陸軍は巨大な生産力を背景に、おそらく自動車工場の組織を意識し、戦争を敵対する軍隊間の闘争ではなく、勝敗の大部分は機械で決するものとみなしたようである。[8] したがって、戦闘力に集中するのではなく、最大限の火力で敵に対抗することを狙っていた。兵士の欲求には関心を払わず、科学的管理と資源の最適配分・配備が重視された。その結果、戦争の作戦面（operativ）（ちなみに、英語ではこの用語自体に正確な対応語がない）に専念する姿勢ではなく、調整と統制を目的とした均衡のとれた組織がもたらされたのである。このアプローチは人間を機械の付属物へと変える傾向があり、陸軍の「機械的」効率性と、社会的・心理的問題への関心の低さとの間にあった断絶をほぼ説明するものである。

あらゆる資源をできる限り効率的に配備し、すべての人や物を適切に配置するには、高度に中央集権化された組織と膨大な量の詳細な情報が必要であった。有り余る情報があればそれを処理する機械的手段が欠かせない。利用可能な事務機器を活用してこれらの情報を最大限効率的に処理できるように、どんなものでもすべて加工する必要があった。逆に機械的手段で処理できないものは存在しないものとされ、その中には、不幸なことに、まさに戦闘力の核心をなす心理的（seelische）（これも訳すのが非常に困難な表現であるが）態度のようなものも含まれていたのである。

こうした考え方は、結局のところアメリカ特有の人間と機械のバランスがもたらしたものである。

7　朝鮮戦争の際、四人の兵士が一緒に訓練、移動、戦闘を行えるようにした「バディ・システム」は、この欠陥を補うために採用された。

8　E. N. Luttwak and S. L. Canby, "Mindset: National Styles in Warfare and the Operational Level of Planning, Conduct and Analysis," Canby and Luttwak, Washington, D. C., 1980, especially p. 4 を参照。

この考え方によって、戦傷者や補充兵の実際の扱い方、出身地域を考慮しない部隊編成、自らの指揮官や戦友を知らないままでの戦闘への投入を説明できるであろう。さらに、師団の運用方法や部隊の交替勤務制度の不在についてもほぼ説明がつく。利用可能な資源を最適な形で調整することを目的とした純粋な管理上の観点から言えば、人間を交換可能な歯車のように扱う制度が最も効率的なのは疑いない。この点についても、おそらく陸軍が性急に編成されたことが影響を与えたのであろう。だが、同じく重要だったのは、どの司令部のレベルでも管理上の効率性を最優先するという決意であった。

また、情報への執着はさらなる不幸な結果を招いた。可能な限り広く完全な知識を得ることが勝利の鍵とみなされていたため、最も優秀で知能の高い人材が知識の生産、収集、処理という任務に振り向けられたのは自然なことであった。後方で勤務する事務要員は無数におり、その中には士官も少なくなかったのに対し、戦闘兵科は有能な人的資源が不足していたのである。最も多くの死傷者を出した兵科では、比率上はⅠ・Ⅱ段階に分類される兵員が最も少なかった。また、地上部隊の士官の戦死者数が明らかに少なかったという事実から、アメリカの民主主義が「疲弊した、貧しい、寄せ集めの大衆」の犠牲によって第二次世界大戦を戦ったことはほぼ疑いない。

士官団は戦争のあらゆる面に関わるとよく言われるが、それがまさしく本当だとすると、第二次世界大戦におけるアメリカの士官団は平均を下回っていた。時間の重圧が一因であったことは疑いないが、士官の選抜と教育に用いられた方法はどれも目覚ましい成功を収めなかった。後方ではあまりに多くの士官が軽い職務についており、前線で指揮していた者は極めて少なかった。実際に前線で指揮にあたった士官は不適切な統率を行っていたことが多く、この点は公刊戦史が率直に認め、死傷者の数でも裏付けられている。[9] アメリカとドイツの士官の比較は単純に不可能である。

何はともあれ、アメリカ兵が第二次世界大戦に勝利したという事実に変わりはない。その勝利は、多数の人間に危害を加えたり、強姦したり、その他の不当行為を働いたりすることなく得られたのである。アメリカ兵が足を踏み入れた地域では、ドイツ国内ですらも安堵をもって迎えられ、少なくとも恐れられるようなことはなかった。アメリカ兵にとってこれ以上の賛辞は考えられないだろう。

軍事組織の本質についての考察

本書の冒頭から文字通り一貫している未解決の問いは次のようなものである。もしアメリカの軍事組織が戦闘力を生み出すうえで劣っていたのであれば、同国の経済・産業組織が戦時物資の生産であれほど優れていたのはなぜか。例えば、なぜフォルクスワーゲンはフォードを模倣し、逆ではなかったのか。アメリカはこれまでで最も効率的かつ生産的な経済機構を構築できたのに対し、その陸軍は同じく称賛に値するような戦闘力を生み出せなかったという、ビジネスと戦争の本質的な違いはどこにあるのだろうか。

近年、とりわけ社会学者が軍事組織に関心を示すようになったため、軍と企業の類似性について論じることが流行している。両者は本質的には管理を営む実体であり、例えばナパーム弾の殺傷効果やインスタントコーヒーの生産のように、最も低い費用で最大限の成果をあげることを目的に、人的資源と物的資源の調整機能を持つ組織形態をとっている。

9 Greenfield, *The Organization of Ground Combat Troops* (Washington, D.C., 1947), p. 316.

軍隊が技術的により高度になり、その官僚機構はさらに複雑になるに従い、類似した官僚組織と対比しようとする誘因も強まっている。現代の軍隊は戦闘関連任務に人的資源のごくわずかな割合しか使っておらず、その率も低下しつつあるという指摘は的を射ている。軍の人員にはあらゆる分野の管理者、技術者、専門家が増加しており、その業務も民間の同業者と違いがあってもわずかしかない。実際には、伝統的な武人のイメージよりも民間の同業者との共通点が多いことも少なくない[10]。戦闘そのものですらも、もはやかつてのように生々しい原始的な営みではなくなっていると指摘されている。むしろ、戦闘は非常に複雑で技術的な営為となっており、例えば、ある著名な権威によれば、戦車操縦手に要求される技能はクレーンの操縦手と大差がないという[11]。

確かに、この点には一面の真実がある。もし単純な機動を行うだけであれば、戦車操縦手に求められる技能は実際にクレーン操縦手にかなり近い。両者に必要なのは、空間認識能力、一定の手先の器用さ、自らが扱う機械に関する十分な理解、そしてチームで他者と協力する意欲である。

だが、結局のところ機動というものは単なるゲームでしかない。ドイツ語で「緊急事態（der Ernstfall）」と呼ばれる戦時には事情が変わってくる[12]。クレーン操縦手の技能は軍が円滑に機能するうえでは極めて重要かもしれないが、本書で戦闘力と呼ばれるものの代わりにはならない。具体的に戦闘力をなすのは、規律、団結力、士気、主導性、勇気や屈強さ、戦意に加え、必要とあれば死をも厭わない気構えといった要素を様々な形で組み合わせたものである。これらの要素がなければただのクレーン操縦手であり、戦闘から遠く離れた安全な場所で（物事が順調に進む限りにおいて）作業するのに適した技術者でしかないのである。

先述の資質は捉えどころがないものの絶対的に重要であり、その重要性が平和と戦争、企業と軍事組織を分かつものである。この点は、軍と企業の類似性に関する研究の大半を的外れにするだけではない。より深層において、功利主義的な考慮のみに基づいて軍隊を構築できないし、すべきでもないということに他ならない。ここにこそ軍隊特有の性質が存在するのである。利益を追求する理性は国家による戦争の決断の基盤となり、軍が戦いに備える基礎になり得ることは確かである。だが、この世に存在する功利主義的な理屈では個人に自ら進んで自分の命を投げ出させることはできない、という定義上の問題がある。まさに戦闘力の神髄をなすこの点にこそ、非合理的かつ社会心理学的な要素の全く異なる組み合わせが関わってくるのである。

つまり、ビジネスの世界は自己利益とそれを追求する理性に基づいている。他方、軍隊はそのいずれにも依拠することはできない。理性は軍隊で奨励され、活用されるべきであっても、最終的には軍隊が拠って立つ礎石とはなり得ない。理性は確かに重要であるが、それ以外の死活的な何かがより一層重要なのである。

軍隊の活動は平和か戦争のどちらか一方に限定されないという現実により、合理性と非合理性、そして効率面と心理面を均衡させる問題はさらに複雑になる。昨日も今日も常に日々の業務を行う企業とは異なり、軍隊はある活動から別の活動への転換をしばしば前触れもなく、かなりの速度で行うと

---

10 E. A. Fleischman, "Differences between Military and Industrial Organizations," in *Patterns of Administrative Performance*, ed. R. M. Stodgill and C. L. Shartle (Columbus, Ohio, 1956), pp. 31-38 を参照。

11 J. van Doorn, *The Soldier and Social Change* (London, 1975), pp. 19-20.

12 この語も英訳が不可能であり、「本番 (the real thing)」というのが最も近いかもしれない。

いう、さらなる問題に直面する。そうした変化が起こると、指揮制度、連絡経路、戦友との関係、様々な種類の資源に対する態度、そしてまさしく人間生活そのものまで、あらゆるものが全く異なる形態をとるようになる。軍隊の構造全体が基礎から揺らぎ、改変され、変形し、莫大な量のアドレナリンで満たされるのである。

技術のたゆまぬ進歩を踏まえ、いかに合理性と非合理性の均衡を図るのか。平時に戦闘力を強化し、戦時に功利主義的な理屈を維持できるのか。現代技術と組織の要請を戦闘力の必要性と調和させることが可能とすれば、どの程度までできるのであろうか。

技術の影響についての考察

技術は特化をもたらし、特化が必然的に意味するのは柔軟性と全般的な能力の水準の低下である。この点は少なくともアダム・スミスの時代から知られていることである。特定の機構（軍事かそれ以外かを問わず）において、その一部をなす人的・物的要素が特化していくと、それぞれが適切な場所で用いられ、他のすべての要素と調和しつつ支え合っていることを確実にする重要性が高まる。その結果、高いレベルでの詳細かつ持続的な計画、統制、調整が重要になってくる。こうした機能を発揮するには、現代の軍隊がかなり複雑になっている事実を踏まえると、機械化された（したがってデジタル化されている）情報処理システムによる支援が不可欠であることに疑問の余地はない。したがって、一例を挙げるだけでも、現在〔本書執筆当時〕のドイツ連邦軍の師団には九〇〇〇もの軍事的特技（MOS）があるのに対し、第二次世界大戦時の歩兵師団には四〇しかなかったという端的な事実により、ドイツ国防軍の緩やかで分権的な人事管理制度全体が歴史的興味の対象となってしまうのである。[13]
したがって、これまで述べてきたドイツ陸軍の組織のほとんどが、技術の発達によって時代遅れになった点は容易に認められる。だが、技術が発達したからと言ってドイツ陸軍の経験の有用性が完全に失われたわけではないし、効率性のためにすべてを犠牲にして、戦闘力を排除すべきということにもならない。このことは、人的資源の管理において、技術とほとんど無関係という意味で永続的な側面についてまず言えるであろう。①士官はあらゆる分野において部下の指導者であると同時に教育者であるべしとする原則、②士官と一般兵士との間の基本的な一体性と同時に両者の違いも強調する軍事用語や慣習の制度、③自らの生命を最大の危険にさらす兵士への適切な報酬を確実にする給与、叙勲、昇進制度、④規律の強化と同時に個人の保護（あらゆる軍事組織の権威主義的な性格によってますます必要とされるもの）のための迅速かつ効果的な軍事司法制度、⑤軍刑法上の犯罪を個人だけでなく国家全体に向けられた犯罪として厳しく処分し、少なくとも刑法上の犯罪に匹敵する厳罰とする

13　そのような極端な専門化が実際に必要なのかどうかは議論の余地があるかもしれないが、それを判断するには筆者の能力がおよばない。*Bericht des Kommission des Bundesminister der Verteidigung zur Stärkung der Führungsfähigkeit und Entscheidungsverantwortung in der Bundeswehr* (Bonn, 1979) を参照。もちろん、専門化は長い鎖の一部分に過ぎないが、その多くの部分は本書で示した手法による高い戦闘力の実現に反しているように映る。典型的な「現代的」組織において、権限は分散される傾向にある。水平的な連絡経路が垂直的経路を補完、あるいは置き換えることすら少なくなく、指揮官や上官の地位が弱まることになる。公平性、とりわけ成果に対する報償の配分を行うのはより困難になる。様々な人間が参加する多様な訓練課程の存在は、同質性や団結力の低下をもたらすであろう。問題点の列挙は際限なくできるのである。

姿勢――これらのすべてがなければ、いかなる軍隊も戦闘力を育むことはできず、ましてや維持することなど望むべくもないのである。

今日の状況ではドイツ陸軍のように作戦に特化した組織は考えられないが、その真逆の組織、つまり技術部門や支援部隊の役割を過度に重視する組織も避けるべきであろう。軍隊の一義的かつ最も重要な機能は、結局のところ戦うことである。人員管理や情報収集、さらには補給品の運搬や車両の修理でさえも主要な機能ではない[14]。ドイツ陸軍が選抜、訓練、昇任の面でこうした事実を考慮していた点については、現在でも何か学ぶことができるかもしれない。

組織の根本原則に目を向けると、大国の軍隊において（ドイツ連邦軍で実際に実践されているように）部隊内に一定の社会的結束を確保するために地域的構成をとることには、一見して反対する明白な理由は存在しないようである。同じく、イギリスのモデルである連隊制度についても、管理上の複雑さが伴うものの、廃止すべき理由はない。さらに、大部隊と特定の訓練センターとの連携、限定された行進大隊による新兵や補充兵の受け入れ、野戦補充大隊を通じた編入を避けるべきという根拠もないと思われる。両方の制度は実際にドイツ連邦軍で存続している〔本書執筆当時〕のである。

人事管理の詳細については、下士官の任免権を中隊長や大隊長に委ねるというドイツ陸軍の制度は今でも有効であろうし、実際に複数の国家の軍隊で維持されている。この制度をさらに進め、連隊長に自らの士官の選抜、訓練、（可能であれば試用期間を経て）任官を左右する手段を与えることに、原則として反対する明白な理由は存在しない。双方の措置により、管理面である程度は非効率になるだけでなく、無駄も出ることは疑いないであろう。だが、管理面での非効率や無駄よりも部隊の団結力の向上を重視するかどうかは、事例ごとに慎重に検討されるべきである。このような制度を通じて重要な権限を委ねることで、最も高度に発展した諸国の士官団が低い社会的地位に甘んじて勤務している状況に何らかの改善がもたらされるかもしれない。

こうした考えに沿って現代の軍隊を組織するうえで、現代的な情報処理システムは妨げにならず、むしろ後押しする場合が多いであろう。情報処理システムを利用すれば、例えば一方では兵員の出身地と専門的資格、他方で現在の欠員状況を照合するように簡単にプログラムできる。もう一つの例としては、若手士官が訓練後に自隊に復帰できるよう、「〔人事上の〕攪拌《かくはん》」を制御するために、コンピューターや数理モデルを利用できる。前線と後方、内地と海外戦域の間で連携を保つために、第二次世界大戦では不可能だった水準まで現代的な通信・輸送手段の導入や能力の活用が可能かもしれない。

つまり、ドイツ陸軍が高い戦闘力を実現した経験は技術の進歩によって無意味になったわけではない。その経験にはいまだに十分な妥当性があり、学習の余地がある。だが、一部のより原始的な組織や管理の手法に回帰することは学ばなくてよい。むしろ、真に学ぶべきは、必要な技術的・専門的要件を満たすことに加え、兵士の社会的・心理的欲求にも配慮した制度設計を目指す点にあろう。

この文脈で警告すべきことがある。ドイツ陸軍は極めて高い戦闘力を有していたことは確かであるが、それは命令の性質にかかわらずそれに従い、それゆえ頑強に戦うのはもちろん、いかなる残虐行為でも任せられる軍隊を生み出すという代償を払った結果であった。高い代償を払わずして戦闘力を生み出すこと、それこそが西側の軍隊が直面する真の挑戦なのである。

14 この点は、過去一貫して当てはまるだけでなく、今日の抑止の時代でも同じである。ヘルムート・シュミットの「戦いを強いられないように、戦えるようにしておくこと」という言葉で、今日の軍隊の機能を端的に表現できる。

戦闘力についての考察

本書の終着点に近づきつつあるが、もう批評家たちから次のような疑問が聞こえてきそうである。本書は戦闘力に注目するあまり、現代戦を左右する他の要素をほとんど無視したことで、現代戦の本質を誤った形で体現していないか。また、アメリカ陸軍はもちろんのこと、アメリカが第二次世界大戦を戦い、勝利を収めるのに貢献した社会・経済・産業・軍事複合体全体に関しても本書の内容は不当ではないのか。結局のところ、ドイツ陸軍は称賛に値する戦闘力を発展させたものの、同じく重要であった他の無数の要素を無視するという対価を払ったからこそであった。さらに、ドイツ陸軍の背後には政治・産業システムが存在したが、単純な効率性の面ではアメリカの国力には到底およばなかったのである。

この点をさらに単刀直入に表現すると次のようになる。一九三九〜四五年のドイツの指導者は戦闘力に頼って今日の世界を形作る諸力について犯罪的に判断を誤ったことは明らかで、その当然の報いとして約四〇〇〇万人ものドイツ人の生命を犠牲にし、歴史にほぼ類のないほど国土を荒廃させる結果になった、と言えるかもしれない。それに対して、アメリカの指導者は高度な技術や経済組織による非常に生産的なシステムに依拠し、国民の犠牲はわずか三〇万人にとどめた。そして、彼らはこの比較的少ない代償で第二次世界大戦に勝利しただけでなく、アメリカをまさにほぼ唯一かつ、最強の超大国の地位に押し上げたのである。このことは、現代戦だけでなく、まさしく現代世界全体も戦闘力以外の諸力に左右されているという証しではないのか。

この反論に対する私の回答は次のようなものである。この主張は結果、つまり本事例で言えば最終的な勝利のみを尺度とし、それゆえ本書の冒頭で警告した罠にはまっている。ドイツの敗北を招いた数多くの基本的要素（その最も明白な要素の一つは、敵味方の相対的な規模の違いであることは言うまでもない）を無視し、優秀さを測る固有の質を探究するのを放棄したアプローチは、戦闘力を勝利の唯一の構成要素とみなすのと同様に現実を歪めるものである。

本書の冒頭で用いた公式を想起してみよう。規模の制約を考慮すると、ある軍隊の軍事的価値は、装備の量と質を戦闘力でかけ合わせたものである。この公式は精神的要素と物質的要素の双方を公平に扱うと同時に、一方が他方を補完するには限界があり、いずれかが欠ければすべての価値を喪失することを示している。この点は過去から一貫しており、現在にも当てはまる。電子戦や押し《プッシュ》ボタン式戦争について語るのが流行しているものの、一九四五年以降の武力紛争の歴史には戦闘力がいささかなりとも決定力を失ったことを示す事象は見当たらない。技術や科学的管理手法のみに頼る国家に対しては、まさしく戦闘力が決定的なものとなるであろう。

訳者解説

防衛省防衛研究所　戦史研究センター安全保障政策史研究室長
塚本　勝也

本書を手に取った読者にとって、ドイツ軍の精強さについてはここで改めて説明するまでもないだろう。第二次世界大戦で、ポーランドを二週間で降伏させ、返す刀で大国フランスをわずか四二日間で陥落させた。ドイツはその後もヨーロッパを席巻し、ナポレオン以来最大の版図を手中に収めた。その原動力としては、戦車を中心とした電撃戦を成功させ、これまでの戦争の方法を一変させたことが挙げられよう。また、ドイツの高度な科学力を活かして、優れた戦車や航空機だけでなく、ジェット機や弾道ミサイルなど、画期的な新兵器を生み出したこともその評価を高めるうえで寄与したことは間違いない。

ドイツはその地理的位置から常に東西の二正面作戦を強いられており、また国力という点でもその周辺国に対して圧倒的な有利に立っていたわけではなかった。それゆえ、物量面では常に不利な立場に置かれ、それが苦境を打開する新たな戦術や兵器の開発を促したことは疑いない。だが、ドイツ軍の精強さは兵器や戦術だけに依存していたのであろうか。あるいは、ドイツ兵の個人的、あるいは集団的な特性がその強さに何らかの影響を与えたのではないだろうか。そうした問いに正面から取り組み、ドイツ軍における主要な軍種であったドイツ陸軍における士官や下士官の採用、教育、訓練、昇任、賞罰といった人間的な要素に着目したのが本書である。

本書の著者マーチン・ファン・クレフェルト教授は、世界的に有名な戦略研究者であり、とりわけ軍事史の権威である。クレフェルトは一九四四年にオランダで生まれ、一九五〇年以降はイスラエルに居住している。ヘブライ大学を卒業後、ロンドン大学政治経済学院（ＬＳＥ）で博士号を取得している。その後、長年にわたってエルサレムにあるヘブライ大学歴史学部で教鞭を執っていたが、現在は名誉教授となっている。

クレフェルトは本書を含め過去に三〇冊以上の本を執筆しており、二〇カ国語以上に翻訳されている。当然ながら、そのうちには日本語に翻訳されたものも少なくない。『補給戦――ヴァレンシュタインからパットンまでのロジスティクスの歴史（増補新版）』（石津朋之監訳・解説、佐藤佐三郎訳、中央公論新社、二〇二二年）、『戦争文化論』（上・下巻、石津朋之監訳、原書房、二〇一〇年）、『戦争の変遷』（石津朋之監訳、原書房、二〇一一年）、『エア・パワーの時代』（源田孝監訳、芙蓉書房出版、二〇一四年）、『新時代「戦争論」』（石津朋之監訳、江戸伸禎訳、原書房、二〇一八年）などが翻訳されており、いずれも既存のパラダイムを覆すような画期的な主張を展開するものである。

他にも翻訳されていないものの、『戦争における指揮（*Command in War*）』『技術と戦争（*Technology and War*）』『戦争の進化（*The Evolution of War*）』など戦争全般に関する著作の他、母国であるイスラエルに関する著作である『剣とオリーブ（*The Sword and the Olive*）』や『イスラエルの防衛（*Defending Israel*）』なども発表している。さらに、クレフェルトの最新作は『ジェンダー対話（*The Gender Dialogues*）』であることが示すように、ジェンダー問題を扱った著作から、平等を歴史的に捉え直した

『平等（*Equality*）』まで、幅広い問題について刺激的な著作を公表してきた。

また、クレフェルトは各国の政府に対してコンサルタントとして助言を与える一方、テレビやラジオを含めたマスコミにも登場し、その発言は非常に影響力が大きい。日本にも、政府や民間を問わず、講演や会議のためにたびたび招聘《しょうへい》されている。訳者の勤務する防衛研究所が主催する「戦争史研究国際フォーラム」で、二〇一〇年には「戦争とは何か――戦争文化」、二〇一七年には「ハイブリッド戦争は日本に訪れるか？」と題して講演を行っている（双方の内容は防衛研究所のウェブサイトにおいて日本語でも確認できるので参照されたい）。

このような博覧強記のクレフェルトの代表作の一つである本書は一九八二年に刊行され、一九七八年に出版された『補給戦』に次ぐ古典に属する。しかし、「戦闘力」とクレフェルトが呼ぶ、軍事力の人的要素に着目し、その構成要素を実証的に分析した本書はいまだに色あせていないと考えられ、以下では本書の意義をいくつかの観点から論じてみたい。

まず、第二次世界大戦期のドイツ軍とアメリカ軍の比較研究としての意義である。本書は四〇年以上前の著作であり、その後にも様々な研究者によって新たな研究が行われてきた。その一例として、イエルク・ムート著、大木毅訳『コマンド・カルチャー――米独将校教育の比較文化史』（中央公論新社、二〇一五年）がある。同書は、ドイツとアメリカの士官教育に焦点を絞り、その「指揮統率文化《コマンド・カルチャー》」の違いについて論証している。両国の指揮統率面での違いは本書でも取り上げられており、ムートも本書を先行研究の一つとして言及し、その一部の内容が最近の研究により必ずしも正しくないと証明されたものの、「多くは時の試練に耐え、今なお認められている」と評している（同書、一九頁）。

他方、『コマンド・カルチャー』は最新の研究成果を反映しているとはいえ、両軍における士官に着目したものであり、必ずしも一般兵士や下士官については論じていない。ましてや軍司法制度や叙勲制度などの分野も網羅しているわけではない。それゆえ、本書は古典とはいえ、ドイツ陸軍総体としての戦闘力を論じている点で、その価値はいささかも低下していないと思われる。

次に、本書の現在的意義についてである。一九八〇年代に出版された、第二次世界大戦のドイツ軍の戦闘力の秘密に着目した著作が、現在でも有用なのかどうか疑問に思う読者も当然いるであろう。例えば、本書で着目する戦闘力の根源は、部隊を同郷の人間で固めたり、指揮官や戦友との仲間意識を醸成したりするというものであった。人工知能で自律的に動くロボット兵器が登場しつつある現在において、人間的な要素がどれほど戦争の帰趨に影響をおよぼすのかと考えても不思議ではない。

クレフェルトは自らのウェブサイトでブログによる発信を行っている（本稿執筆時点では休止中）が、そのエントリーの一つ（"Fighting Power," posted on April 22, 2021, https://www.martin-van-creveld.com/fighting-power/）で、この問いに対する答えを与えている。その内容は、ドイツの雑誌に寄稿した現在のドイツ連邦軍について論じたものを英語で転載したものである。

この中で、偉大な戦略家であるカール・フォン・クラウゼヴィッツが指摘するように「戦争はカメレオン」であり、技術を含めて常に変化するが、戦闘力の前提となるものは人間の本質に根差しており、時代が変わっても変化しないとクレフェルトは主張する。さらに本書で指摘しているように、戦闘力を生み出し、長期にわたって維持することは非常に困難である点を強調し、現代において戦闘力を維持する原則として、クレフェルトは以下の八つを挙げている。少し長くなるが、本書のエッセンスも含まれているので以下に引用してみたい。

①戦争は他の手段を組み合わせた政治の継続であるが、戦闘力は政治に部分的にしか依拠していない。独裁体制でも高い戦闘力を誇る国家がある一方、一九三九～四〇年のフランスのように民主主義国家でも敗北主義に陥ることがある。

②どのような政治体制であれ、軍隊は市民社会からの支持と尊敬を受けていることが重要である。とりわけ現代でも事実上戦闘職種の大半を占める男性兵士が女性から支持され、尊敬されていることが不可欠である。プラトンが言うところの「接吻し、される権利」のことである。それなくして兵士が戦うであろうか。

③軍隊が必要とされる大義は正当であるか、少なくともそのように体感されなければならない。兵士は自ら不正と考える大義に命を投げうつほど愚かではない。

④新兵に戦う準備と必要ならば死ぬ心構えをさせるためには、司令官や戦友をよく知り、信頼していなければならない。それゆえに国防当局は兵士らをできる限り長く一緒にするあらゆる努力を払うべきである。例えば、戦傷から回復した兵士を中央の人材プールに集めるより、原隊に復帰させる措置などをとるべきである。

⑤規律は戦闘力に欠かせない要件の一つである。信頼と規律には兵士に対する公平な処遇が不可欠である。報償や制裁は各兵士の能力、とったリスク、負った責任に応じて配分されなければならない。また、その措置はタイムリーでなければ効力を失うであろう。

⑥司令官の第一の関心事は任務の達成でなければならない。それに次ぐのが部下の面倒を見ることである。そのためには部下と起居を共にし、苦楽を共有しなければならない。全体的に見て、指揮の最良の方法は模範を示すことである。

⑦戦闘力は努力や苦難を共有し、共に危険を冒した結果として生じるものである。逆に言えば、少なくともある程度の危険を含まない訓練は、子供じみたゲームに堕してしまうであろう。
⑧最後に、戦闘力が形として明らかになるのは、私の著作の一冊である『戦争文化論』で示した、「戦争文化」と呼ばれるものである。戦争文化には、共通の所作、規律、制服、象徴、言語、音楽、儀式などの具体的な形態を含む。これらの形態は、何らかの意味を持たせるのであれば、信頼と同じように簡単には培えず、長い伝統、そして究極的には歴史からしか生み出されない。よく知られるように、見栄えを完璧に整えすぎたがために軍隊が魂のないロボットのように変わることもある。その一例として、フリードリヒ大王が死去した一七八六年からイエナの戦いで大敗した一八〇六年までのプロシア陸軍がそうであった。他方、自尊心をもって歴史を顧みることのできない軍隊は、実のところ軍隊とは全く言えないのである。

以上の原則は二一世紀のドイツ連邦軍に向けて書かれたものであるが、本書の内容と重なっている部分も多いことに気付くであろう。このブログの最後に、クレフェルトは「ドイツ連邦軍は戦うために必要な戦闘力を有しているか、もしそうでなければなぜなのか。この状況を変えるために何ができるのか。かつての栄光とは呼べない過去に対してどのように向き合うのか」と問いかけている。したがって、クレフェルトは少なくとも本書で論じた内容が現代でも通用すると考えていると思われる。

さらに、二〇二二年二月のロシアによるウクライナ侵略についての同年三月三一日のブログ（“The Guessing Game,” posted on March 31, 2022, https://www.martin-van-creveld.com/the-guessing-game/）でも、ロシアの侵攻が手詰まりの状況を評したうえで、兵員数、兵器、装備、道路、通信、地形・地理上の障害物等のあらゆる物理的な資源を活用するものの、戦争は結局のところ人間のドラマであると強調する。それゆえにあらゆる種類の人間の衝動や感情によって戦争は左右され、それらが総体となって双方の戦闘力を形作っていると指摘している。したがって、軍事力を含めた物理的な国力ではウクライナを圧倒しているロシアがその優位を戦場で活かしきれなかったのは、両国の戦闘力ゆえであり、本書で指摘されているような様々な要素が影響を与えたのかもしれない。

最後に、本書のドイツやアメリカ以外の国家に対して持つ意義である。ドイツ軍の戦闘力が高かったのは明らかであるが、本書が投げかける問題の一つは、そのドイツから学び、第二次世界大戦では同盟国でもあった日本軍の戦闘力はどうだったのかということである。本書はドイツとアメリカの二カ国を研究対象として絞っており、イギリス、フランス、イタリア、日本、ソ連といった第二次世界大戦の主要参戦国についてはわずかに言及されているのみである。

おそらく日本については、史料の制約もあり、本書で活用されているような統計やデータが必ずしもそろわない可能性が高い。それでも、本書で示された枠組みに従って、現存の史料でどの程度分析できるのかを確認してみるのは全く無意味なことではないであろう。むしろ、日本軍が孤立無援の離島の防衛などの絶望的な状況でも頑強に戦った理由を探るには、その背景を探るための実証的研究が不可欠であると考えられる。

例えば、日本陸軍の連隊はドイツ陸軍と同じく、同じ地域から徴兵された兵士によって充足される「郷土連隊」であることが多かった。士官の選抜制度などは異なるものの、陸軍大学校の卒業生に特権的な地位が与えられるなど、ドイツと似た部分も少なくなかった。したがって、こうした点も含め、本書で示された論点が日本軍の戦闘力にどのような影響力をおよぼしたかを分析することは有益であろう。

既に日本でも、日米の軍隊についてインタビュー調査などを通じて社会学の立場から比較した、河野仁氏の『〈玉砕〉の軍隊、〈生還〉の軍隊――日米兵士が見た太平洋戦争』（講談社学術文庫、二〇一三年）などの優れた業績がある。だが、こうした研究は日本では少数にとどまっており、本書で用いられた研究手法や分析枠組みは、日本陸軍を研究するうえでも大きな示唆を与えるものと考えられる。

本書の訳出には多くの方々の助力があった。まず、ダートマス大学のセバスチャン・ムーニョス＝マクドナルド（Sebastian Muñoz-McDonald）氏には、訳出にあたって難解な点について数多くの示唆を受けた。訳者が二〇一八年から一年半にわたって同大学で在外研究を行って以来、交流を続けているが、彼と出会えたことは今でも大きな財産になっている。

また、先述した『コマンド・カルチャー』の翻訳を含め、ドイツの軍事史について著作を数多く公表されている大木毅氏による先行研究にも大きな示唆を受けた。とりわけ、『ドイツ軍事史――その虚像と実像』（作品社、二〇一六年）、『灰緑色の戦史――ドイツ国防軍の興亡』（作品社、二〇一七年）、『ドイツ軍攻防史――マルヌ会戦から第三帝国の崩壊まで』（作品社、二〇二〇年）などの著作や、同氏が翻訳や監修を手掛けられたヴァルター・ネーリング著『ドイツ装甲部隊史1916－1945』（作品社、二〇一八年）やドイツ国防軍陸軍統帥部／陸軍総司令部編、旧日本陸軍／陸軍大学校訳『軍隊指揮――ドイツ国防軍戦闘教範』（作品社、二〇一八年）は大いに参考にさせていただいた。言うまでもないが、本書に含まれる誤訳やミスはひとえに訳者一人の責任であり、読者からの指摘・批判を今後の糧としたいと考えている。

さらに、訳者の勤務先である防衛研究所の同僚からも貴重な示唆を受けた。防衛研究所は日本の安全保障研究の中枢であり、日本でも指折りの専門家から日々刺激を受けている。この恵まれた環境なくして本書の翻訳を進めていくことは難しかったであろう。とりわけ、石津朋之氏には本書の翻訳権を得るにあたってクレフェルトに連絡する労をとっていただいた。ここに改めて感謝したい。

出版を取り巻く環境が厳しくなる中で、本書の刊行は日経BPの堀口祐介氏の手引きがなければ不可能であった。私自身、世界的に有名な著者の高名はよく承知しており、その著作も少なからず読んではいた。だが、本書は概要を知っている程度であり、ドイツの専門家でもない。それゆえ、本書の翻訳を引き受けるのを躊躇するところもあったが、その背中を押して励ましてくれるとともに、遅れがちな翻訳作業を辛抱強く見守ってくれた。御礼を申し上げる。

最後に、家族の理解や協力に心より感謝したい。妻と息子は休日の貴重な時間を翻訳作業に充てることを快く許してくれた。そして、両親は私が研究者の道に進んだ時から、その決断を理解し、温かく見守ってくれた。まがりなりにも専門書の翻訳を手掛けられるようになったのも、両親が私の留学を惜しみなく支援してくれたからである。とりわけ父はこれまでの私の作品を熱心に読んでくれていたが、本書が世に出る前に他界してしまった。生きていれば本書の刊行を最も喜んでくれたであろう父に本書を捧げたい。

私自身はこれまで技術と戦争の関係、とりわけ技術によるイノベーションを長年にわたって研究してきたが、本書の翻訳を通じて戦争が人間の営為である限り、戦闘力の重要性は変わらないという思いを強くした。日本の安全保障が転換期を迎える中で、本書の刊行が防衛力の人間的要素を改めて見つめ直す契機になれば幸いである。

官僚制機構の設計と指揮官たちの創造性

――『戦闘力』から得られる企業組織への示唆

早稲田大学教授
沼上　幹

ファン・クレフェルトの『戦闘力（*Fighting Power*）』という本を知ったのは、今から一五年以上も前のことである。組織に関する共同実証研究プロジェクトの成果を同僚たちが国際コンファレンスで発表していたところ、参加者の一人、オーストラリアのジョナサン・ウェスト教授（当時はオーストラリア・イノベーション研究センター所長）がクレフェルトの『戦闘力』を読んでみるとよいと推奨されていたのを鮮明に記憶している。二〇〇七年一二月のことであった。

この時の記憶が鮮明なのは、イノベーション研究や経営戦略論を専門とするウェスト教授の読書範囲の広さ、とりわけ軍事関係の教養をしっかり身につけていることに感銘を受けたからである。

日本では、「なぜ日本は愚かな戦争に踏み切ってしまったのか」「この戦闘の勝敗を決した間違った決断は何か」「日本軍はどれほど非合理的であったか」などをテーマとして軍隊を考察している書籍はあふれているが、強い軍隊の構造を体系的に分析した理論的・実証的な研究は数少ないように思われる。また、その種の本の翻訳も当時は少なかったのではないだろうか。実際、クレフェルトの『補給戦（*Supplying War*）』の邦訳は一九八〇年の刊行であり、石津朋之氏によってクレフェルトの著作が多数邦訳されていくのも二〇一〇年以降である。

しかし、英連邦を含む欧米の知識人たちは、たとえ専門が組織論以外であったとしても、この種の本を広く読んで自らの社会科学的教養の基盤を広げているのではないか。もしかするとわれわれ日本の社会科学研究者は、非常に重要な知的資産をうまく取り込めてこなかったのではないか。そのような印象を当時抱いていた。

実際に本書を読んでみると、まずそれまでの常識とは異なる知見が豊富に盛り込まれていて、知的発見にあふれており、夢中になって読み進めた。

例えばテレビドラマの『コンバット!』を観て育った私たちの世代の多くは、ドイツ軍の組織は硬直化していて柔軟性を欠いており、アメリカ軍の組織は現場に即応できる柔軟性を持っているという信念を知らず知らずのうちに形成してきたように思われる。『コンバット!』ばかりではなく、組織論の大家カール・ワイクの語るアネクドートの中にも、ドイツ軍の施設を連合軍が空爆で破壊したら、ドイツ軍を硬直化させていた官僚制機構の書類が消失し、かえってドイツ軍が柔軟な組織になり、強くなってしまった、という意図せざる結果が語られていたりもした。だから、少なくとも筆者はドイツ軍の組織が硬直化していたと思い込んでいた。

しかしクレフェルトの本書を読めば、実態はその逆であったことが明らかになる。ドイツ軍は知略の備わった作戦を重視し、現場の指揮官たちのイニシアティブを尊重し、兵たちの人間的な側面を重視して新兵を統合していくなど、柔軟な組織として位置付けるべきものであった。これに対してアメリカ軍は機械装備の物量に依存し、標準化されたルールの機械的適用と書類作業の形式化が進んだ硬直化した組織であった。第二次世界大戦全体の勝敗という点ではアメリカを中心とする連合軍が勝利したものの、個々の戦闘ではドイツ軍が英米軍よりも戦闘力で勝っていたのは、まさにこの組織の特徴ゆえであったというクレフェルトの指摘によって私は強い感銘を受け、目から鱗が落ちた。

「目から鱗が落ちる」ほどの優れた研究を読めば、その対象が軍事組織であったとしても、読者は企業組織への応用を考えるはずである。もちろん軍事組織と企業組織には異なる面も多々存在する。例えば軍事組織では、組織メンバー（兵たち）は死の恐怖や人を殺害してしまうという恐怖に直面しており、戦果を高めるためにはその恐怖心を克服しなければならない。企業組織の場合は、競争相手と戦うとは言っても、生きるか死ぬかの恐怖の克服というほどの難題を抱えているわけではない。この点は軍事組織と企業組織の最も大きな違いの一つであろう。それゆえにクレフェルトは新兵が連隊に統合されていくプロセスについて、相当の紙幅を費やして論じているのである。死に直面しながら崩壊しない軍隊組織を作り上げるうえで、この部分は決定的に重要なのである。

しかしながら、軍事組織も企業組織も同じ組織であるから、学べる点も多々存在する。企業経営に携わっている人が本書から学べる最も重要な部分は、官僚制機構の組織デザインに関することではないかと筆者は考えている。

組織デザインというと、マトリクス組織やブランド・マネジャー制など、いわゆる水平関係の構築に関することを頭に思い浮かべる人が多いのではないだろうか。実際、組織デザインのレクチャーを企画していると、事前にそのような期待の声を耳にすることがある。しかし、水平関係の構築は、あくまでも追加的な措置であり、実際に組織が高い機能を発揮するうえでは、その基本骨格がどれほどうまくできているかが本質的なポイントである。「基本骨格」とは、言うまでもなく、組織の官僚制機構のことである。

組織の基本骨格である官僚制機構を設計する際に最も重要なのは、〈事前〉に決めておくことと〈事後〉に処理することをどのように切り分けて考えるか、という点である。不確実性が低く、事前に将来起こることがすべて予想できるなら、マニュアルやルールを事前に用意しておくことで、組織は目的を達成できる。もう少し不確実性が高く、作業のやり方をすべて規定するマニュアルを用意できなくても、到達するべき目標だけでも事前に決めることができるのであれば、目標だけ規定して、その目標を達成する方法は担当者に任せる、という方法をとることが可能である。マニュアルやルール、あるいは目標水準など、〈事前〉に決めておくことを組織論では「標準化」という。

しかし、どのような組織も将来をすべて予測して、完璧なマニュアルを〈事前〉に用意しておくことはできない。不確実性が高い環境であれば、マニュアルだけでなく、部下たちの達成するべき目標も時とともに臨機応変に変更していかなければならないこともあるだろう。

それゆえに、〈事前〉に対処法が用意されていない例外や、各人の目標を変更しなければならないような事態が発生したときに、〈事後〉的に上司（経営管理者）たちが分析・判断して、それを部下に伝達するという仕組み、すなわちヒエラルキーが必要になる。

官僚制機構は、〈事前〉の標準化と〈事後〉のヒエラルキーによる例外判断という二つの調整メカニズムから成り立っている。これが基本である。一般に「官僚制」というと硬直化した組織を連想させるが、その硬直性は、原理的には事前に決められた標準化から発生するものであり、例外を適宜判断する経営管理者たちのヒエラルキーに起因するものではない。経営管理者たちに臨機応変に判断する能力が備わっており、彼（彼女）らのイニシアティブが活用されているかぎり、官僚制は不確実性に対して柔軟に対応できる組織なのである。

〈事前〉の標準化と〈事後〉のヒエラルキーという二つの調整手段が組織の基本だと分かったとしても、実際にはどこまでを〈事前〉に用意し、どこからを〈事後〉の判断に任せるかというのは、組織デザインを行ううえで非常に難しい問題である。将来起こりうる不測の事態をどの程度まで予測して、事前の決め事をどれほど詳細に作っておくか、あるいはどこから事後的な現場の判断やその上司たちの判断に委ねるか、という〈事前〉と〈事後〉の切り分け方によって、同じ「官僚制機構」といってもタイプの異なるものが出来上がり、遂行するタスク次第で組織の能力に差が出ることになる。

クレフェルトの描いたドイツ軍とアメリカ軍は、まさにこの〈事前〉と〈事後〉の切り分けの判断という点で対照的である。アメリカ軍はどちらかと言えば、戦場で何が起こるのかを事前に予測しようと努力し、その予測に対応するマニュアルやルールの整備を行うことに労力を傾ける傾向が強かった。工業生産力に優れたアメリカが機械装備を重視し、それに合わせたテイラーの科学的管理法のような組織運営であったとクレフェルトは捉えている。

これに対して、ドイツ軍は目標については事前に決定し、その完遂を志向しつつも、その場の状況に応じた現場の指揮官のイニシアティブを重視していた。ドイツ軍は、戦争は「科学的基礎に依拠した自由な創造的活動」（本書第4章）だと捉え、人間的な営為であると考えていたのである。つまり、どちらの軍も官僚制機構として共通点はあるが、アメリカ軍は事前予測と標準化に偏り、ドイツ軍は事後的な人間の判断に偏る、という志向性の違いがあったのである。

実際の戦闘は不確実性の塊である。ドイツ軍との個々の戦闘においてアメリカ軍の損耗率が高かったのは、事前の予測とマニュアルやルールに頼る傾向が強かったアメリカ軍が戦闘の不確実性にうまく対処できなかったからだ、ということであろう。

事前の標準化を重視するアメリカ軍と現場指揮官のイニシアティブを重視するドイツ軍との対比は、本書の第5章に登場するフランツ・ハルダー上級大将の元部下たちに関するアネクドートが象徴的に物語っている。戦勝国のアメリカ軍が第二次世界大戦の教訓を取り込んで書き上げた『野戦教範一〇〇－五』の新版に対して、敗戦国ドイツの元参謀たちが辛辣なコメントを付している。詳しくは本文をお読みいただきたいが、ドイツ軍の組織が指揮官の創造性をどれほど重視していたか、その視点から見るとアメリカ軍の『教範』がいかに事前の状況予測を強調し、現場の行動まで事前に規定しようとしていたかという点が、元参謀たちのコメントで明確になる。

ただし、現場の指揮官たちの創造性やイニシアティブを重視するとは言っても、現場の暴走が許されるわけではない。指揮官の創造性は全体の戦略の中で整合化されていなければならない。そのためには、指揮官たちの戦略理解が高いレベルで揃っていないとならないはずである。

本書をていねいに読めば分かるように、将校の質の確保や彼らの教育という側面をクレフェルトは重要視している。戦略・戦術のリテラシーが高く、指揮官同士が互いにどのようなイニシアティブを発揮するのかを相互理解できるような共通の教育基盤があって初めて、現場の将校たちのイニシアティブは相互に矛盾をもたらすことなくドイツ軍全体としての戦闘力に結びついたと理解するべきであろう。

組織デザインと人材の問題は双方向に影響をおよぼす要因である。ある組織デザインのために必要な人材を論じることができるのと同様に、利用可能な人材の層がどれほど厚いかによって選択できる組織デザインは変わってくる。

だから、開戦時に存在した優秀な指揮官の層の厚さという点からも米独両軍が採用した組織デザインの特徴を考えてみなければならない。開戦によって平時の軍隊が戦時の軍隊に移行する。それまで比較的少数だった軍が巨大化する。その急速な成長に合わせて、必要な指揮官の数も急増する。

退役軍人まで含めて高い質の指揮官の層が厚く存在する社会なら、開戦と同時に有能な指揮官を十分に用意することができる。このような場合には現場の指揮官が発揮するイニシアティブに期待することができる。しかし逆に、開戦時に利用可能な指揮官の層が薄ければ、現場のイニシアティブを当てにすることができず、参謀本部の側で戦闘を事前に予測し、それに対応したルールとマニュアルを準備し、いわば「素人」の指揮官にそのルールとマニュアルを遵守させる、という傾向が強く表れることになる。

本書の第3章「軍隊と社会」で述べられているように、軍人、特に将校として生きるキャリアが尊敬のまなざしで見られていたドイツでは、優れた人材を軍に集めることができ、開戦時点で優秀な指揮官の人材プールが豊富に存在していたのであろう。これに対し、陸軍が「批判の的になるだけでなく、歴史的に孤立していた」(第3章)アメリカでは、必ずしも優秀な指揮官の層が厚く存在していたわけではなかったのではないだろうか。人材の層の厚みの違いが、両国の組織運営の違いを生み出さざるを得なかったという側面も、本書から得られる重要な知見の一つであろう。

この点は、企業組織を考えるうえで非常に重要である。優秀な経営管理者を内部で豊富に育成している企業、あるいは外部から多数惹きつけることができる企業は、経営管理者たちの自律的な判断の余地を多く残し、彼(彼女)らのイニシアティブを発揮させる組織デザインを採用することが可能である。逆に、それが難しい状況では、経営管理者の直面する状況を事前に本部が予測し、標準的なルールを設計して、意思決定のやり方まで標準化し、現場の経営管理者たちにそれを遵守させるような組織運営をしなければならなくなる。

開戦時の軍隊の急拡大とパラレルに考えるなら、この点は企業の成長率が高い場合に特に注意が必要だということが分かるはずである。企業の成長率がある水準を超えると、利用可能な優秀な経営管理者の層が枯渇し、まだ十分に成熟していない人材も経営管理者に任命せざるを得なくなる。若手の判断ミスから発生する損害を許容できる組織であれば、おおらかに新任管理職の判断に任せることで次の経営管理者を育成できるかもしれない。

しかし、経営管理者のミスを許容できない企業の場合には、本部で様々な状況を事前に予測して、事前のルールやマニュアルを用意する必要が出てくる。熟練の足りない経営管理者がミスをしたり、コンプライアンス上の問題を起こしたりすれば、この傾向はさらに強まるだろう。現場のオペレーションのマニュアル化だけではなく、経営管理者の判断・意思決定も標準化が進められることになる。

経営管理者を確保するスピードが追いつかないほど高い成長率を経験すると、経営管理者たちのイニシアティブが抑制され、意思決定のやり方がルール化され、組織の硬直性が高まる可能性がある。自社の成長率が高いのは自分たちの戦略がうまく機能しているからだと、経営陣は自社の経営に自信を深めるかもしれない。しかしそのようなポジティブなフィードバック情報を得ている時は、同時に、自社の組織硬直化と将来の「戦闘力」の低下を心配しなければならない時期でもある。クレフェルトの『戦闘力』は、軍事組織の優れた研究書であるが、同時に企業組織に関連して重要な気づきを豊富に与えてくれる良書である。

ここで私が指摘した論点以外にも、企業組織の外向きの「戦闘力」を維持するための重要な示唆が本書には多数盛り込まれている。これほど示唆に富む研究書の優れた邦訳が出版されたことは、日本のビジネスパーソンにとっても、また経営組織論の研究者にとっても、大変喜ばしいことである。訳者の学識と努力に心から敬意を表するとともに、本書がきっかけとなって日本社会の社会科学的教養の幅が広がっていくことを心から祈っている。

Oberfeldwebel
上級軍曹
Oberkommando des Heer (OKH)
ドイツ陸軍最高司令部
Offiziersstellvertreter
准尉
Panzergruppe
装甲集団
Reichs Arbeits Dienst (RAD)
国家労働奉仕団
Reifeprüfung
高校卒業資格〔ギムナジウムでの六年間の教育を経て得られる証書〕
Stab
参謀
Stabsfeldwebel
本部曹長
Trosse
支援兵
Truppenamt
部隊局
Truppenführung
軍隊指揮
Truppengeneralstab
部隊参謀本部員
Verantwortungsfreudigkeit
責任を担う姿勢
（直訳は、責任を担う喜び）
Versorgungstruppen
補給部隊
Volksdeutsche
民族ドイツ人
Vorprüfung
士官候補生予備試験
Wehrkreis
軍管区
Wehrkreisprüfung
参謀本部要員候補生試験
Wehrunfähig (Wu)
防衛任務に不適
Weisung
指示・指令
Zersetzung der Wehrkraft
軍事力破壊（軍刑法上の犯罪）
Zulagen
手当（金銭的）

付録C　ドイツ語用語集[2]

Abitur
　アビトゥーア（ドイツの大学入学資格）
Armeegruppe
　軍集団
Auffrischung
　（兵員の）戦力回復
Auftragstaktik
　任務指向型指揮制度
Aushebung
　入隊
Beamter
　文官
Befehlen
　命令
Beurteilung
　士官評価書（直訳は評価、見積もり）
Bildungsoffiziere
　教育担当士官（第一次世界大戦時）
Drückenberger
　責任逃れする人間
Einjährige
　一年志願兵（1919年以前）
Einzelkämpfer
　個人としての兵士
Erholungsheim
　保養所
Ernstfall
　緊急事態（訓練ではなく実際の戦争）
Ersatzheer
　国内予備軍
erster Generalstabsoffizier (Ia)
　先任参謀（作戦参謀）
Fechtende Truppen
　戦闘部隊
Feldausbildungsdivisionen
　野戦訓練師団
Feldersatzbattalion
　野戦補充大隊
Feldheer
　野戦軍
Feldwebel
　軍曹
Garnisonsverwendungsfähig (GV)
　駐屯地関係任務に適性あり
Gefreiter
　上等兵
geistige Betreuung
　精神的支援（直訳は精神面強化）
Generalstab
　参謀本部
Hauptfeldwebel
　曹長
Heer
　陸軍
Heeres Dienstvorschrift (HDv)
　陸軍教範
Heeres-Personal Amt (HPA)
　陸軍人事局
Heimat
　内地
Kampfgemeinschaft
　戦闘共同体
　（本文では戦友との強い仲間意識）
Kampfkraft
　戦闘力
Kriegsakademie
　陸軍大学校
Kriegsverwendungsfähig (Kv)
　戦闘適性あり
Laufbahn
　ラウフバーン（経歴）
Marschbattalion
　行進大隊
Musterung
　（新兵の）予備検査
Nachprüfung
　士官候補生最終試験
Nationalsozialistische Führungsoffiziere (NSFO)
　国家社会主義指導士官

2　本用語集は包括的でも体系的でもなく、本文に出てきたドイツ語の用語を単純にまとめたものである。

39	モレッタ川（第二次）、1944年2月16～19日
40	フィオッチャ、1944年2月21～23日
41	サンタ・マリア・インファンテ、1944年5月12～13日
42	サン・マルティーノ、1944年5月12～13日
43	スピーニョ、1944年5月14～15日
44	カステッロノラート、1944年5月14～15日
45	モンテ・グランデ、1944年5月17～19日
46	フォルミア、1944年5月16～18日
47	イートリ＝フォンディ、1944年5月20～22日
48	テラチーナ、1944年5月22～24日
49	モレッタ攻勢、1944年5月23～24日
50	アンツィオ＝アルバーノ道路、1944年5月23～24日
51	アンツィオ突破、1944年5月23～25日
52	チステルナ、1944年5月23～25日
53	セッツェ、1944年5月25～27日
54	ヴェッレトリ、1944年5月26日
55	ヴィラ・クロチェッタ、1944年5月27～28日
56	カンポレオーネ駅、1944年5月26～28日
57	アルデーア、1944年5月28～30日
58	ラヌーヴィオ、1944年5月29日～6月1日
59	カンポレオーネ、1944年6月29～30日 〔原文には6月31日とあるが、30日の誤りだと思われる。〕
60	タルト＝テヴェレ、1944年6月3～4日
61	セーヌ川、1944年8月23～25日
62	モゼル＝メッツ、1944年9月6～11日
63	メッツ、1944年9月1日
64	シャルトル、1944年8月16日
65	ムラン、1944年8月23～25日
66	シャトー・サラン、1944年11月10～11日
67	モランジュ＝コティル、1944年11月13～15日
68	ブーラガルトロフ、1944年11月14～15日
69	ベーレンドルフ（第一次）、1944年11月24～25日
70	ベーレンドルフ（第二次）、1944年11月26日
71	ブルバッハ＝デュルゼル、1944年11月27～30日
72	サール・ユニオン、1944年12月1～2日
73	シングラン＝ビナン、1944年12月6～7日
74	セイユ川、1944年11月8～12日
75	モルアンジュ＝フォルクモン、1944年11月13～16日
76	フランカルトロフ＝サン・アヴォール、1944年11月20～27日
77	デュルスティル＝ファヴェルスヴィレール、1944年11月28～29日
78	ザール川〔フランス語ではサール川〕、1944年12月5～7日

付録B　表1-1の戦闘について

番号	戦　闘
1	サレルノ港、1943年9月9～11日
2	アンフィシアター、1943年9月9～11日
3	セレ＝カローレ回廊、1943年9月11日
4	タバコ工場〔エボリ近郊の戦略的要地に所在〕、1943年9月13～14日
5	ヴィエトリ（第一次）、1943年9月12～14日
6	バッティパーリア（第一次）、1943年9月12～15日
7	ヴィエトリ（第二次）、1943年9月12～14日
8	バッティパーリア（第二次）、1943年9月12～15日
9	エボリ、1943年9月17～18日
10	グラッツァニゼ、1943年10月12～14日
11	カプア、1943年10月13日
12	トリフリスコ、1943年10月13～14日
13	モンテ・アチェロ、1943年10月13～14日
14	カイアッツォ、1943年10月13～14日
15	カステル・ヴォルトゥルノ、1943年10月13～15日
16	ドラゴーニ、1943年10月15～17日
17	運河（第一次）〔ナポリ北方〕、1943年10月15～20日
18	運河（第二次）、1943年10月17～18日
19	フランコリーゼ、1943年10月20～22日
20	モンテ・グランデ、1943年10月16～17日
21	サンタ・マリア・オリヴェート、1943年11月4～5日
22	モンテ・ルンゴ、1943年11月6～7日
23	ポッツィッリ、1943年11月6～7日
24	モンテ・カミーノ（第一次）、1943年11月5～7日
25	モンテ・カミーノ（第二次）、1943年11月8～12日
26	モンテ・ロトンド、1943年11月8～10日
27	モンテ・カミーノ（第三次）、1943年12月2～6日
28	カラブリット、1943年12月1～2日
29	モンテ・マッジョーレ、1943年12月2～3日
30	アプリリア（第一次）、1943年12月25日～1944年1月6日
31	工場〔アプリリアに所在する戦略的要地の呼称〕、1944年1月27日
32	カンポレオーネ、1944年1月29～31日
33	カンポレオーネ反攻、1944年2月3～5日
34	カロチェート、1944年2月7～8日
35	モレッタ川防御、1944年2月7～9日
36	アプリリア（第二次）、1944年2月9日
37	工場反攻、1944年2月11～12日
38	ボーリング場、1944年2月16～19日

（もしくは、一九四一年版に含まれるより管理的な内容）を実際に読んだ軍人は少数であろうし、その内容を消化した者はもっと少ないだろう。しかし、双方に示された見解は追求すべき理想をなしており、直接的にせよ、間接的にせよ、無数の面で実践に影響をおよぼしたのである。

最後に一つだけ述べておく。本書はドイツ陸軍に焦点を絞っている。この理由から、用語、分類、組織などの大半についてドイツ流に従っている。この方針によって時には難題が生じることもあった。例えば、ドイツの師団司令部（Kommand）と同等の組織はアメリカの師団のどの部分にあたるのかを判断するのは決して容易ではなかった。可能な限り、類似するものの間で比較するように心がけたつもりである。

兵は機械により明るかったといった点は歴史的な著作でもしばしば記述されており、おそらく真実だったであろうが、統計に比重を置く方法を採用したことで本書では示せなくなった。また、ドイツ陸軍は第二次世界大戦でいかなる国家の軍隊よりも強力に戦ったという、筆者が議論した歴史家全員の意見が一致した事実も、この問題に関する体系的な意見聴取が全く実施されなかったので、利用できなかった[1]。残念ながら、歴史家は勝手に自らの必要に応じて史料を創作することはできない。また、質問票や印象論による説明で遠い過去を再現する方法もないのである。

その結果、本書に含まれる統計表以外の史料は原則として論証が目的ではなく、単に論点を具体化するために使っている。その主たる例外は、もちろん指揮の原則をめぐる議論と士官のイメージや地位に関する記述である。これらの重要な点について統計データが得られないことは明らかであるため、読者自らが結論を導き出せるように、公式の教範から長文の引用を収録している。

文書に基づく歴史、とりわけ軍事史の研究は、常に危険を伴う作業である。重要なことの大部分は記録されておらず、記録が残っているものの大半は重要ではない。公的な記録の信頼性を確認するには、時には個人の回想だけでなく、フィクションにすら依拠することもあり得る。だが、これらはその性質上、まさに主観的なものであり、全体像を示すものではおそらくないだろう。つまり、例えば休暇の配分や訓練方法などについて、公式の記録が現場での実態を反映しているか、反映しているとすればどの程度かを判断するうえで、誤りを防ぐ方法は存在しないのである。

しかし、本書のような比較研究では、文書による記録の信頼性はさほど重要ではない。そうした記録は軍の実態について真相を示すものではないかもしれないが、少なくとも軍が目指していた方向は示しているであろう。一九三六年版の『軍隊指揮』に含まれる戦争の本質に関する好戦的な考察

1　同じ理由から、アメリカには膨大な資料があるが、ドイツにはそれに相当するものが全く存在しない場合は利用しなかった。それらは主に、戦時中にアメリカ兵に対して実施された無数の意見調査で、『アメリカ兵（*The American Soldier*）』という書籍で公表されたものである。ドイツは多くの理由からサンプル調査や世論調査の技術において後れをとっており、いずれにせよそれらに対する関心も低かった。それゆえ、例えばドイツ兵はアメリカ兵よりも軍隊での生活に満足していたか否かを歴史家が判断する手段が端的に存在しないのである。誤っているか否かにかかわらず、こうした資料を組織の在り方を示すものとして活用したいという誘惑は大きかったが、ほとんどの場合で抗う必要があった。

付録A　方法論についての注記

本書の目的は、ドイツ陸軍の卓越した戦闘力の秘密を究明することにあった。この目的を達成するのに比較の手法を選んだ。なぜなら、この手法でしか事実をもって語らしめることができないからである。

比較研究をいささかなりとも客観的なものと主張するには、「重厚なもの」、すなわち技術的に許される限り多様な点を含む必要があった。それに対して、他国の軍隊、つまり様々な理由で同じような深さで分析できないイギリス、ソ連、日本についてはわずかに言及するのみで省く結果になった。例えば、イギリスの連隊制度について詳細に記述すれば、〔出身〕地域の同一性と部隊の結束力の重要性に関するさらなる証拠となり、興味深いものとなったかもしれない。だが、本書の枠組みの範疇でこの手の散漫な記述をしても、単なる扇情的なものにしかならないであろう。

二カ国の軍隊に絞った比較研究は、当然ながら方法論の面ではある種の危険を冒すことになる。いかなる歴史的事象も、ましてや二つの軍隊が全く同じであることはないため、類似した対象で比較していないという批判に常にさらされる可能性がある。アメリカ陸軍がドイツ陸軍と異なっていたことは疑いようもない。アメリカ陸軍は経験がはるかに浅く、物的資源により大きく依存していた。また、アメリカ軍全体における陸軍の重要性は、ドイツ陸軍が国防軍で占めていた地位に匹敵するものではなかった。

他方、この二カ国の軍隊の違いを誇張すべきではない。双方とも、ほとんどが似たような白人の血統を引く兵士からなっており、仏教徒や神道信者の兵士が少ないという意味でしかないにせよ、少なくとも西洋世界に属していた。また、双方とも当時は現代的かつ技術的な組織であり、ほぼ同じ体系の兵器や装備を運用していた。最後に、双方の軍は陸地で勝利を収めるという国家の意思を体現しており、その点で同様の任務を有していたのである。

さらに、別の観点から見ると、異なる軍隊を比較するのがとりうる唯一の選択肢である。全く同じ二つの分野を比較して何か得られるだろうか。

これらの決して軽視できない問題点を脇に置くと、比較そのものを客観的にするための方法を見つけ出す必要があった。これを可能にする唯一の方法は、他のすべての証拠を排除し、ほぼ無視する水準まで統計に比重を置くことであった。しかし、例えばドイツ陸軍には頑健な農夫（歩兵にうってつけの人材と考えられた）がより多く含まれていたことや、アメリカ

Prologue 11 (1979): 211-35.
Stouffer, S. A. et al. *The American Soldier*. 4 vols. Princeton, 1949.
U.S. Army, Medical Department. *Medical Statistics in World War II*. Washington, D. C., 1975.
——. *Personnel in World War II*. Washington, D. C., 1963.
War Department, ed. *Absence Without Leave*. Washington, D. C., 1944.
——. *Decorations and Awards*. Washington, D. C., 1947.
——. *Technical Manual TM 14-509, Army Pay Tables*. Washington, D. C., 1945.
——. *World Wide Strength Index*. n.p., n.d.
Weigley, R. F. "A Historian Looks at the Army." *Military Review* 52 (February 1972): 25-36.
——. *History of the United States Army*. New York, 1967.
——. "To the Crossing of the Rhine, American Strategic Thought to World War II." *Armed Forces and Society* 5 (1979): 302-20.

その他史料

War Office, ed. *Statistics of the Military Effort of the British Empire during the Great War*. London, 1922.

Huie, W. D. *The Execution of Private Slovik*. New York, 1954.
Huntington, S. P. *The Soldier and the State*. Cambridge, Mass., 1957.（邦訳は、サミュエル・ハンチントン著、市川良一訳『ハンチントン　軍人と国家（上・下巻）』原書房、2008年）
Janowitz, M. *The Professional Soldier, a Social and Political Portrait*. New York, 1960.
Little, R., ed. *Handbook of Military Institutions*. London, 1971.
Mantell, D. M. *True Americanism: Green Berets and War Resisters, a Study of Commitment*. New York, 1974.
Marshall, S. L. A. *Soldaten im Feuer*. Frauenfeld, 1951.
Menninger, W. C. *Psychiatry in a Troubled World*. New York, 1948.
Moskos, C. C. "Eigeninteresse, Primärgruppen und Ideologie." In *Beiträge zur Militärsoziologie*, edited by R. König. Cologne, 1968.
Palmer, R. R. *The Procurement and Training of Ground Combat Troops*. Washington, D. C., 1948.
Pappas, G. S. *Prudens Futuri; the US Army War College 1901-1967*. Carlisle, Pa., n.d.
Parish, N. F. "New Responsibilities of Air Force Officers." *Air University Review*. 3 (March-April 1972).
Pennington, L. A. *The Psychology of Military Leadership*. New York, 1943.
Pershing Report. *Infantry Journal* 15 (1919): 691-706.
Personnel Research Section, the Adjutant General's Office. "Personnel Research in the Army: vi. the Selection of Tank Drivers." *Psychological Bulletin* 41 (1943): 499-508.
Report of the Secretary of War's Board on Officer-Enlisted Men Relationships. Washington, D. C., 1946.
Rose, A. M. "The Social Psychology of Desertion from Combat." *American Sociological Review* 16 (1951): 614-29.
Savage, P. L., and Gabriel, R. A. "Cohesion and Disintegration in the American Army." *Armed Forces and Society* 2 (1976): 340-76.
Seidenfeld, M. A. "The Adjutant General's School and the Training of Psychological Personnel for the Army." *Psychological Bulletin* 40 (1942):381-84.
Sissoh, E. D. "The New Army Rating." *Personnel Psychology* 1 (1948): 365-81.
Steele, R. W. "'The Greatest Gangster Movie Ever Filmed': Prelude to War."

——. *Physical Standards in World War II*. Washington, D. C., 1967.
Bendix, R. *Higher Civil Servants in American Society*. Boulder, Colo., 1949.
Blumenson, M. *Breakout and Pursuit*. Washington, D. C., 1961.
——, ed. *The Patton Papers 1940-1945*. 2 vols. Boston, 1974.
Coates, C. H., and Pellegrin, R. J. *Military Sociology; a Study of American Military Institutions and Military Life*. Washington, D. C., 1965.
Cole, H. M. *The Lorraine Campaign*. Washington, D. C., 1950.
Cooke, E. D. *All but Me and Thee, Psychiatry at the Foxhole Level*. Washington, D. C., 1946.
Department of the Army, ed. *The Army Almanac*. Washington, D. C., 1950.
——. *The Personnel Replacement System of the US Army*. Pamphlet No. 20-211. Washington, D. C., 1954.
——. Statistical Accounting Branch of the Adjutant General. *Army Battle Casualties and Nonbattle Deaths in World War II*. n.p., n.d.
Duncan, A. J. "Some Comments on the Army General Classification Test." *Journal of Applied Psychology* 31 (1947): 143-49.
Eaton, J. W. "Experiments in Testing for Leadership." *American Journal of Sociology* 52 (1947):523-35.
Elkin, H. "Aggressive and Erotic Tendencies in Army Life." *American Journal of Sociology* 51 (1946): 408-13.
Ellis, G., and Moore, R. *School for Soldiers, West Point and the Profession of Arms*. New York, 1974.
FBI, ed. *Uniform Crime Reports for the US and its Possessions*. Washington, D.C., 1939.
Field Manual 100-5. *Field Service Regulations*. Washington, D. C., 1941.
Forty, G. *US Army Handbook 1939-1945*. New York, 1979.
Gabriel, R. A., and Savage, P. L. *Crisis in Command; Mismanagement in the Army*. New York, 1978.
Ginzberg, E. *The Ineffective Soldier*, 3 vols. New York, 1949-.
Greenfield, K. *The Organization of Ground Combat Troops*. Washington, D. C., 1947.
Henderson, S. T., "Psychology and the War." *Psychological Bulletin* 40 (1942): 306-13.
Hittle, J. D. *The General Staff, Its History and Development*. Harrisburg, Pa., 1961 ed.

Neckargemund, 1962.
Weltz, R. *Wie Steht es um die Bundeswehr?* Hamburg, 1964.
Weniger, E. *Wehrmachtserziehung und Kriegserfahrung*. Berlin, 1938.
Wezell, ed. *Die deutsche Wehrmacht*. Berlin, 1939.
Zimmer, ed. *Wehrmedizin, Kriegserfahrungen 1939-1943*. Vienna, 1944.
Zwimmer, E. "Psychologische Lehren des Weltkrieges." *Soldatentum* 2 (1935): 181-85.

アメリカ陸軍

アーカイブ史料

ワシントンDCの国立公文書館のファイル

204-58 (87)	332/52/268	RG/332/52/265
204-58-90 (22-819)	322/Admin. File ETO 7/38	
204/58/106-253	322/Admin. File ETO 38/183	

その他の非公刊資料

Command and General Staff College, Fort Leavenworth. "History of the Army Personnel Replacement System." 1948.
Haggis, A. "An Appraisal of the Administration, Scope, Concept and Function of the US Army Troop Information Program." Ph.D. diss., Wayne State University, 1961.
Halder, F. "Gutachten zu Field Service Regulations." USAHD Study P 133. Bonn, 1953.
Historical Division, U.S. Forces, ETO. "Basic Needs of the ETO Soldier." n.p., 1946.
Office of the Chief Military Historian. "Study of Information and Education Activities, World War II." Washington, D. C., 1946.
Replacement Board, Department of the Army. "Replacement System World Wide, World War II." Washington, D. C., 1947.

公刊資料

Anderson, R. S. *Neuropsychiatry in World War II*. 2 vols. Washington, D.C., 1966.

Preradovich, N. von. *Die Militärische und Soziale Herkunft des deutschen Heeres 1 Mai 1944*. Onasbrück, 1978.

Rodnick, D. *Postwar Germany*. New Haven, 1948.

Roth, N. “Zur Formulierung psychologischer Gutachten bei Wehrpsychologischen Eignungsuntersuchungen.” *Soldatentum* 5 (1938): 175-85.

Rumschöttel, H. “Bildung und Herkunft der bayerischen Offiziere 1866 bis 1914.” *Militärgeschichtliche Mitteilungen* 2 (1970): 81-131.

Sachsse, F. *Roter Mohn*. Frankfurt am Main, 1972.

Schaffner, B. *Father Land; a Study of Authoritarianism in the German Family*. New York, 1948.

Schmirigk.“Die psychologische Beurteilung Dienstpflichtiger bei Musterung und Aushebung.” *Soldatentum* 6 (1939): 24-27.

Schwinge, E. *Die Entwicklung der Manneszucht in der deutschen, britischen und französischen Wehrmacht seit 1914*. Berlin, 1941.

Seidler, F. W. “Alkoholismus und Vollrauschdelikte in der deutschen Wehrmacht und bei der Waffen SS während des Zweiten Weltkrieges.” *Wehrwissenschaftliche Rundschau* 28 (1979): 183-87.

——. “Die Fahnenflucht in der deutschen Wehrmacht während des Zweiten Weltkrieg.” *Militärgeschichtliche Mitteilungen* 22 (1977): 23-42.

——. *Prostitution, Homosexualität, Selbstverstümmelung, Probleme der deutschen Sanitätsführung 1939-1945*. Neckargemund, 1977.

Shils, E. A., and Janowitz, M. “Cohesion and Disintegration in the Wehrmacht in World War II.” *Public Opinion Quarterly* 12 (1948): 280-315.

Simoneit, M. *Leitgedanken über die psychologische Untersuchung des Offizier-Nachwuchs in der Wehrmacht*. Berlin, 1939.

——. *Wehrpsychologie*. Berlin, 1943.（邦訳は、マックス・ジモナイト著、望月衛訳『國防心理學要論——その問題と實際的結論の概要』中川書房、1943年）

Statistisches Reichsamt, ed. *Statistisches Jahrbuch für das deutsche Reich*, vol. 57. Berlin, 1938.

Steinert, M. G. *Hitlers Krieg und die Deutschen*. Düsseldorf, 1970.

Volkmann. *Soziale Heeresmisstände als Mitursache des deutschen Zusammenbruchs*. Berlin, 1929.

Wedel, H. von. *Die Propagandatruppen der deutschen Wehrmacht.*

War I. London, 1969.

Kecskemeti, P., and Leites, N. "Some Psychological Hypotheses on Nazi Germany." *Journal of Social Psychology* 27 (1948): 91-117.

Keilig, W. *Truppe und Verbände der deutsche Wehrmacht*. 7 vols. Wiesbaden, 1950-.

Kitchen, M. *The German Officer Corps, 1890-1919*. Oxford, 1968.

Knight, M. E. *The German Executive 1890-1933*. Stanford, Calif., 1952.

Kortzfleisch, Captain von. "Der Offizierberuf im Reichsheer." *Deutschen Adelsblatt* 39, no. 22.

Lahne, W. *Unteroffiziere*. Munich, 1965.

Lerner, D. *Psychological Warfare against Nazi Germany; the Skywar Campaign, D Day to VE Day*. Cambridge, Mass., 1971.

Loewenberg, P. "Psychohistorical Perspectives on Modern German History." *Journal of Modern History* 47 (1975):229-79.

Lossow, W. von. "Mission-Type Tactics versus Order-Type Tactics." *Military Review* 52 (June 1977): 87-91.

Macksey, K. *Guderian, Panzer General*. London, 1975.

Madej, W. V. "Effectiveness and Cohesion of the German Ground Forces in World War II." *Journal of Political and Military Sociology* 6 (1978): 233-48.

Martin, A. H. "Examination of Applicants for Commissioned Rank." In *German Psychological Warfare*, edited by L. Farago. New York, 1941.

Masuhr, H. "Zur Unterstützung militärischer Menschenauslese durch soziologische Statistiken." *Soldatentum* 1 (1934): 145-61.

Meier-Welcker, H. *Untersuchungen zur Geschichte des Offizier-Korps*. Stuttgart, 1962.

Messerschmidt, M. *Die Wehrmacht im NS Staat*. Hamburg, 1969.

Militärgeschichtliches Forschungsamt, ed. *Handbuch zur deutschen Militärgeschichte*. 7 vols. Frankfurt am Main, 1965-.

Model, H-G. *Der deutsche Generalstabsoffizier*. Frankfurt am Main, 1968.

Mueller-Hillebrand, B. *Das Heer*. 3 vols. Frankfurt am Main, 1968-.

Nass, G. "Persönlichkeit des Kampfwagenführers." *Beihefte zu angewendete Psychologie* 79 (1938).

Nuber, H. *Wahl des Offizierberuf*. Leipzig, 1935.

O'Neill, R. J. *The German Army and the Nazi Party*. London, 1966.

Prüfstellen. Berlin, 1935.
——. Heeres Dienstvorschrift 29/a. *Bestimmungen über die Beförderungen und Ernennungen der Unteroffizieren und Mannschaften bei besonderen Eznsatz*. Berlin, 1939.
——. Heeres Dienstvorschrift 81/15. *Wehrmachtersatzbestimmungen bei besonderen Einsatz*. Berlin, 1942.
——. Heeres Dienstvorschrift g. 151. *Mobilmachungsplan für das Heer: E. Erhaltung des Heeres im Kriegszustand*. Berlin, 1939.
——. Heeres Dienstvorschrift 209/2, Nr. 126. "Richtlinien für die Beurteilung von Soldaten mit seelisch-nervösen Abartigkeiten（Psychopathen）und seelischnervösen Reaktionen sowie für die Uberweisung in Sonderabteilungen." Berlin, 1 August 1942.
——. Heeres Dienstvorschrift 252/1. *Vorschrift über militärärtzliche Untersuchungen der Wehrmacht* part I. Berlin, 1937.
——. Heeres Dienstvorschrift 299/1b. *Ausbildungsvorschrift für die Panzertruppen*. Berlin, 1943.
——. Heeres Dienstvorschrift 300. *Truppenführung*. 2 vols. Berlin, 1936.（邦訳は、ドイツ国防軍陸軍統帥部／陸軍総司令部編、旧日本陸軍／陸軍大学校訳『軍隊指揮――ドイツ国防軍戦闘教範』作品社、2018年）
Goerlitz, W. *History of the German General Staff, 1657-1945*. New York, 1953.（邦訳は、ヴァルター・ゲルリッツ著、守屋純訳『ドイツ参謀本部興亡史』学習研究社、1998年）
Haffner, S. *Anmerkungen zu Hitler*. Munich, 1978.（邦訳は、セバスチャン・ハフナー著、瀬野文教訳『ヒトラーとは何か』草思社、2013年）
Halder, F. *Kriegstagebuch*, vol. 2. Stuttgart, 1962.
Heeres-Sanitätsinspekteur, ed. *Die Wiedereinsatzfähigkeit nach Verwundungen, Erfrierungen, Erkrankungen*. Berlin, 1944.
Hellpach, W. *Der Deutsche Charakter*. Bonn, 1954.
Hennicke, O. "Auszüge aus der Wehrmachtkriminalstatistik." *Zeitschrift für Militärgeschichte* 5（1966）:438-56.
Hesse, K. *Der Geist von Potsdam*. Mainz, 1967.
——. *Soldatendienst im neuen Reich*. Berlin, n.d.
Hobohm, M. *Soziale Heeresmisstände als Teilursache des deutschen Zusammenbruchs von 1918*. Berlin, 1929.
Horn, D. *Mutiny on the High Sea, the Imperial German Naval Mutinies of World*

公刊資料

Absalon, R. *Wehrgesetz und Wehrdienst 1935-1945*. Boppard am Rhein, 1960.

Altrock, C. von. *Vom Sterben des deutschen Offizierkorps*. Berlin, 1922.

Ansbacher, H. L. "Attitudes of German Prisoners of War: a Study of the Dynamics of National Socialistic Fellowship." *Psychological Monographs*, no. 62. Washington, D. C., 1948.

——. "German Military Psychology." *Psychological Bulletin* 38 (1941): 370-92.

Bald, D., Lippert, E. and Zabel, R. *Zur Sozialen Herkunft des Offiziers*. Bonn, 1977.

Bigler, R. F. *Der einsame Soldat*. Frauenfeld, 1963.

Blecher. "Gedanken zur Erneuerung des Eisernen Kreuzes vor 25 Jahren." *Soldatentum* 6 (1939): 242-46.

Brickner, R. M. "The German Cultural Paranoid Trend." *American Journal of Orthopsychiatry* 12 (1942): 611-32.

Buchbender, O. *Das tonende Erz, Deutsche Propaganda gegen die Rote Armee im Zweite Weltkrieg*. Stuttgart, 1978.

——. and Schuch, H. *Heil Beil. Flugblattpropaganda im Zweiten Weltkrieg*. Stuttgart, 1974.

Bullock, A. *Hitler, a Study in Tyranny*. London, 1962 ed. (邦訳は、アラン・バロック著、大西尹明訳『アドルフ・ヒトラー　I・II』みすず書房、1958、1960年)

Cooper, M. *The German Army 1933-1945*. London, 1978.

Creveld, M. van. "Warlord Hitler; Some Points Reconsidered." *European Studies Review* 4 (1974): 57-79.

Demeter, K. *Das deutsche Offizierkorps*. Berlin, 1965.

Dicks, R. V. *Licensed Mass Murder; a Socio-Psychological Study of Some SS Killers*. London, 1972.

Doepner, F. "Zur Auswahl der Offizieranwärter im 100,000 Mann Heer." *Wehrkunde* 22 (1973): 200-203, 259-63.

Dupuy, T. N. *A Genius for War*. London, 1977.

Ein Stabsoffizier. *Das alte Heer*. Charlottenburg, 1920.

Erfurth, *W. Die Geschichte des deutschen Generalstab von 1918 bis 1945*. Göttingen, 1957.

Frahm, H. *Wehrbeschwerdeordnung*. Berlin, 1957.

Generalstab, ed. Heeres Dienstvorschrift 26. *Richtlinien für die psychologischen*

その他の非公刊資料

Bachlin, G. "Deckung des Offiziersbedarf im deutschen Heer Während des 2. Weltkrieg." U. S. Army Historical Division（USAHD）Study D 110. n.p., n.d.

Blumentritt, G. "Das alte deutsche Heer von 1914 und das neue deutsche Heer von 1939." USAHD Study B 296. Allendorf, 1947.

——. "Warum hat der deutsche Soldat in aussichtlosser Lage bis zum Schluss des Krieges 1939-1945 gekämpft?" USAHD Study B 338. Allendorf, 1947.

Denkert, "Einsatz der 3. Panzer Grenadier Division in der Ardennen-Offensive." USAHD Study B 086. n.p., 1946.

Hofmann, R. "Beurteilungen und Beurteilungnotizien im deutschen Heer." USAHD Study P 134. Koenigstein Ts., 1952.

Karldrack, G. "Offizier und Politische Bildung." Ph. D. diss., Munich University, 1970.

Messerschmidt, M. et al. "Verhältniss von algemeinbildenden und fachlichen Inhalten in der Ausbildung zum Offizier." Militärgeschichtliches Forschungsamt. Freiburg, 1971.

Mueller-Hillebrand, B. "Division Slice." USAHD Study P 072. Koenigstein Ts., 1951.

——. "Personnel and Administration." USAHD Study P 005. Koenigstein Ts., 1948.

——. "Statistisches System." USAHD Study PC 011. Koenigstein Ts., 1949.

Nothaas, J. "Social Ascent and Descent among Former Officers in the German Army and Navy after the World War." New York, 1937.

Quinett, R. L. "Hitler's Political Officers; the National Socialist Leadership Officers." Ph.D. diss., Oklahoma University, 1979.

Reinhardt, H. "Grosse und Zusammenstellung der Kommandobehörden des deutschen Feldheers im II. Weltkriege." USAHD Study P 139. n.p., n.d.

Robertson, W. A. "Officer Selection in the Reichswehr 1918-1926." Ph. D. diss., University of Oklahoma, 1978.

Simoneit, M. "Die Anwendung psychologischer Prüfungen in der deutschen Wehrmacht." USAHD Study P 007. Koenigstein Ts., 1948.

Spires, D. N. "The Career of the Reichswehr Officer." Ph.D. diss., University of Washington, 1979.

Harkabi, Y. "Basic Factors in the Arab Collapse during the Six Day War." *Orbis* 2 (1967): 677-91.

Harrell, T. W., and Churchill, R. D. "The Classification of Military Personnel." *Psychological Bulletin* 38 (1941): 331-53.

Janowitz, M., and Little, R. W. *Militär und Gesellschaft*. Boppard am Rhein, 1968.

Lang, K. *Military Institutions and the Sociology of War*. London, 1972.

McClelland, D. C. "The United States and Germany; a Comparative Study of National Character." In *The Roots of Consciousness*. New York, 1965.

——. Sturr, J. F.; Knopp, R. N.; and Wendt, H. W. "Obligations to Self and Society in the US and Germany." *Journal of Abnormal and Social Psychology* 56 (1958): 245-55.

Nöbel, W. "Das Verhalten von Soldaten im Gefecht." *Wehrwissenschaftliche Rundschau* 28 (1979): 113-21.

Parsons, T. *Essays in Sociological Theory*. Glencoe, Ill., 1954.

Richardson, F. M. *Fighting Spirit*. London, 1978.

Schall, W. "Führungsgrundsätze in Armee und Industrie." *Wehrkunde* 14 (1964): 10-18, 75-81.

Seashore, S. E. *Group Cohesiveness in the Industrial Work Group*. Ann Arbor, Mich., 1954.

Watson, P. *War on the Mind*. London, 1978.

Wright, Q. *A Study of War*. Chicago, 1965.

ドイツ陸軍

アーカイブ史料

フライブルクのドイツ連邦公文書館／軍事文書館（Bundesarchiv/Militärarchiv: BAMA）のファイル。

29234/2	H20/90	H20/485	RH19/III/494
29234/9	H20/122	H20/500	RH19/v/55
29234/11	H20/477	H20/502	RHD6/18b/31
32878/26	H20/480	H20/574	W-05-165
52535/18	H20/481	Rh7 v 298	W-05-166
H4/12	H20/482	Rh7 v 299	

参考文献

全般

未公刊資料

Luttwak, E. N. and Canby, S. L. "Mindset: National Styles in Warfare and the Operational Level of Planning, Conduct and Analysis." Canby and Luttwak. Washington, D. C., 1980.

公刊資料

Andreski, S. *Military Organization and Society*. Berkeley, California, 1968.

Barnett, C. "The Educationof Military Elites." *Journal of Contemporary History* 2（1967）:15-35.

Bericht des Kommission des Bundesminister der Verteitigung zur Stärkung der Fährungsfähigkeit und Entscheidungsverantwortung in der Bundeswehr. Bonn, 1979.

Bidwell, S. *Modern Warfare*. London, 1973.

Creveld, M. van. *Supplying War; Logistics from Wallenstein to Patton*. Cambridge, England, 1977.（邦訳は、マーチン・ファン・クレフェルト著、石津朋之監訳『補給戦　ヴァレンシュタインからパットンまでのロジスティクスの歴史（増補新版）』中央公論新社、2022年）

Doorn,J. van, ed. *Military Profession and Military Regimes*. The Hague, 1969.

——. *The Soldier and Social Change*. London, 1975.

Du Picq, A. *Combat Studies*. Harrisburg, Pa. 1947.

Dupuy, T. N. *Numbers, Predictions and War*. New York, 1979.

Erikson, E. H. *Childhood and Society*. London, 1965.

Etzioni, A. *A Comparative Analysis of Complex Organizations*. New York, 1961.

Fleishman, E. A. "Differences between Military and Industrial Organizations." In *Patterns of Administrative Performance*, edited by R. M. Stogdill and C. L. Shartle. Columbus, Ohio, 1956.

Granahan, D. V. "A Comparison of Social Attitudes among American and German Youth." *Journal of Abnormal and Social Psychology* 41（1946）: 244-57.

［著者略歴］

マーチン・ファン・クレフェルト

Martin van Creveld

ヘブライ大学名誉教授。ヘブライ大学歴史学部卒業。

ロンドン大学政治経済学院（ＬＳＥ）博士課程修了（Ph.D.）。

専門は戦略研究、軍事史。

主な著書に、『戦争文化論』（上・下巻、石津朋之監訳、原書房、２０１０年）、

『戦争の変遷』（石津朋之監訳、原書房、２０１１年）、

『エア・パワーの時代』（源田孝監訳、芙蓉書房出版、２０１４年）、

『新時代「戦争論」』（石津朋之監訳、江戸伸禎訳、原書房、２０１８年）、

『補給戦――ヴァレンシュタインからパットンまでのロジスティクスの歴史（増補新版）』

（石津朋之監訳、佐藤佐三郎訳、中央公論新社、２０２２年）などがある。

［訳者略歴］

塚本勝也

つかもと・かつや

防衛省防衛研究所戦史研究センター安全保障政策史研究室長。
筑波大学卒業。青山学院大学大学院を経て、
フルブライト奨学生としてタフツ大学フレッチャー法律外交大学院留学。
同修士、博士課程修了（Ph.D.）。２０１８～２０１９年、
ダートマス大学米国外交政策・国際安全保障フェロー。
訳書に、アレックス・ローランド『戦争と技術』（創元社、２０２０年）、
共訳書に、エルブリッジ・A・コルビー『拒否戦略――中国覇権阻止への米国の防
衛戦略』（日本経済新聞出版、２０２３年）などがある。

戦闘力　なぜドイツ陸軍は最強なのか

2025年3月25日　1版1刷

著　者 ——— マーチン・ファン・クレフェルト
訳　者 ——— 塚本勝也

発行者 ——— 中川ヒロミ
発　行 ——— 株式会社日経BP
日本経済新聞出版
発　売 ——— 株式会社日経BP マーケティング
〒105-8308　東京都港区虎ノ門4-3-12

装　幀 ——— 野網雄太
D T P ——— マーリンクレイン
印刷・製本 —— 中央精版印刷

Printed in Japan　ISBN978-4-296-11358-3

本書籍に関するお問い合わせ、ご連絡は下記にて承ります。
https://nkbp.jp/booksQA